化学工业出版社"十四五"普通高等教育规划教材

 国家级一流本科专业建设成果教材　　 高等院校智能制造人才培养系列教材

机械原理

徐明刚　刘峰斌　主编

Theory of Machines and Mechanisms

 化学工业出版社

·北京·

内 容 简 介

本书是"高等院校智能制造人才培养系列教材"之一，主要面向机械专业或近机类相关专业，旨在打造适合培养应用型高校相关专业人才的教材体系，以培养适应新工科发展需求的应用型人才。

本书内容从机构分析、机构设计、机构系统到机械系统方案，以设计为主线，强调基本概念、基本理论、基本方法，注重理论与工程实践的结合。首先介绍了机械原理的对象、内容和学习方法等内容，其次详细探讨了机构的结构分析、运动分析、力分析和效率、机械运转及其速度波动的调节、机械的平衡等基本原理；然后深入分析了连杆机构、凸轮机构、齿轮机构、齿轮系、间歇运动机构等常用机构相关的概念、特点与设计；最后概括介绍了机械系统方案设计。

本书是高等院校机械工程或近机类专业本科生专业课程的教材，同时也可为从事机械工作的科研及工程人员提供参考。

图书在版编目（CIP）数据

机械原理 / 徐明刚, 刘峰斌主编. -- 北京 ：化学
工业出版社, 2024. 11. --（高等院校智能制造人才培养
系列教材）. -- ISBN 978-7-122-46677-8

Ⅰ. TH111

中国国家版本馆 CIP 数据核字第 2024PQ1792 号

责任编辑：金林茹

责任校对：宋　玮　　　　　装帧设计：韩　飞

出版发行：化学工业出版社
　　　　　（北京市东城区青年湖南街 13 号　邮政编码 100011）
印　　装：北京云浩印刷有限责任公司
787mm×1092mm　1/16　印张 17¾　字数 400 千字
2025 年 4 月北京第 1 版第 1 次印刷

购书咨询：010-64518888　　　售后服务：010-64518899
网　　址：http://www.cip.com.cn
凡购买本书，如有缺损质量问题，本社销售中心负责调换。

定　　价：59.00 元

高等院校智能制造人才培养系列教材
建设委员会

丛书序

党的二十大报告指出，要建设现代化产业体系，坚持把发展经济的着力点放在实体经济上，推进新型工业化，加快建设制造强国、质量强国、航天强国、交通强国、网络强国、数字中国。实施产业基础再造工程和重大技术装备攻关工程，支持专精特新企业发展，推动制造业高端化、智能化、绿色化发展。推动战略性新兴产业融合集群发展，构建新一代信息技术、人工智能、生物技术、新能源、新材料、高端装备、绿色环保等一批新的增长引擎。其中，制造强国、高端装备等重点工作都与智能制造相关，可以说，智能制造是我国从制造大国转向制造强国、构建中国制造业全球优势的主要路径。

制造业是一个国家的立国之本、强国之基，历来是世界各主要工业国高度重视和发展的重要领域。改革开放以来，我国综合国力得到稳步提升，到 2011 年中国工业总产值全球第一，分别是美国、德国、日本的 120%、346% 和 235%。党的十八大以来，我国进入了新时代，发展的格局更为宏大，"一带一路"倡议和制造强国战略使我国工业正在实现从大到强的转变。我国不但建立了全球最为齐全的工业体系，而且在许多重大装备领域取得突破，特别是在三代核电、特高压输电、特大型水电站、大型炼化工、油气长输管线、大型矿山采掘与炼矿综采重点工程建设项目、重大成套装备、高端装备、航空航天等领域取得了丰硕成果，补齐了短板，打破了国外垄断，解决了许多"卡脖子"难题，为推动重大技术装备高质量发展，实现我国高水平科技自立自强奠定了坚实基础。进入新时代的十年，制造业增加值从 2012 年的 16.98 万亿元增加到 2021 年的 31.4 万亿元，占全球比重从 20% 左右提高到近 30%；500 种主要工业产品中，我国有四成以上产量位居世界第一；建成全球规模最大、技术领先的网络基础设施……一个个亮眼的数据，一项项提气的成就，勾勒出十年间大国制造的非凡足迹，标志着我国迎来从"制造大国""网络大国"向"制造强国""网络强国"的历史性跨越。

最早提出智能制造概念的是美国人 P.K.Wright，他在其 1988 年出版的专著 *Manufacturing Intelligence*（《制造智能》）中，把智能制造定义为"通过集成知识工程、制造软件系统、机器人视觉和机器人控制来对制造技工们的技能与专家知识进行建模，以使智能机器能够在没有人工干预的情况下进行小批量生产"。当然，因为智能制造仍处在发展阶段，各种定义层出不穷，国内外有不同专家给出了不同的定义，但智能机器、智能传感、智能算法、智能设计、解决制造过程中不确定问题的智能方法、智能维护是智能制造的核心关键词。

从人才培养的角度而言，实现智能制造还任重道远，人才紧缺的局面很难在短时间内扭转，相关高校师资力量也不足。据不完全统计，近五年来，全国有 300 多所高校开办了智能制造专业，其中既有双一流高校，也有许多地方院校和民办高校，人才培养定位、课程体系、教材建设、实践环节都面临一系列问题，严重制约着我国智能制造业未来的长远发展。在此情况下，如何培养出适应不同行业、不同岗位要求的智能制造专业人才，是许多开设该专业的高校面临的首要任务。

智能制造的特点决定了其人才培养模式区别于其他传统工科：首先，智能制造是跨专业的，其所涉及的知识几乎与所有工科门类有关；其次，智能制造是跨行业的，其核心技术不仅覆盖所有制造行业，也适用于某些非制造行业。因此，智能制造人才培养既要考虑本校专业特色，又不能脱离社会对智能制造人才的需求，既要遵循教育的基本规律，又要创新教育体系和教学方法。在课程设置中要充分考虑以下因素：

- 考虑不同类型学校的定位和特色；
- 考虑学生已有知识基础和结构；
- 考虑适应某些行业需求，如流程制造，离散制造，混合制造等；
- 考虑适应不同生产模式，如多品种、小批量生产、大批量生产等；
- 考虑让学生了解智能制造相关前沿技术；
- 考虑兼顾应用型、技能型、研究型岗位需求等。

改革开放 40 多年来，我国的高等教育突飞猛进，高等教育的毛入学率从 1978 年的 1.55%提高到 2021 年的 57.8%，进入了普及化教育阶段，这就意味着高等教育担负的历史使命、受教育的对象都发生了深刻的变化。面对地方应用型高校生源差异化大，因材施教，做好智能制造应用型人才培养，解决高校智能制造应用型人才培养的教材需求就是本系列教材的使命和定位。

要解决好这个问题，首先要有一个好的定位，有一个明确的认识，这套教材定位于智能制造应用人才培养需求，就是要解决应用型人才培养的知识体系如何构造，智能制造应用型人才的课程内容如何搭建。我们知道，应用型高校学生培养的主要目的是为应用型学科专业的学生打牢一定的理论功底，为培养德才兼备、五育并举的应用型人才服务，因此在课程体系、基础课程、专业教育、实践能力培养上与传统综合性大学和"双一流"学校比较应有不同的侧重，应更着眼于学生的实用性需求，应培养满足社会对应用技术人才的需求，满足社会实际生产和社会实际发展的需求，更要考虑这些学校学生的实际，也就是要面向社会发展需求，为社会各行各业培养"适销对路"的专业人才。因此，在人才培养的过程中，对实践环节的要求更高，要非常注重理论和实践相结合。据此，在应用型人才培养模式的构建上，从培养方案、课程体系、教学内容、教学方式、教材建设上都应注重应用型人才培养的规律，这正是我们编写这套智能制造相关专业教材的目的。

这套教材的突出特色有以下几点：

① 定位于应用型。这套教材不仅有适应智能制造应用型人才培养的专业主干课程和选修课程教

材，还有基于机械类专业向智能制造转型的专业基础课教材，专业基础课教材的编写中以应用为导向，突出理论的应用价值。在编写中引入现代教学方法和手段，结合教学软件和工业仿真软件，使理论教学更为生动化、具象化，努力实现理论课程通向专业教学的桥梁作用。例如，在制图课程中较多地使用工业界成熟设计软件，使学生掌握比较扎实的软件设计能力；在工程力学教学中引入有限元软件，实现设计计算的有限元化；在机械设计中引入模块化设计的概念；在控制工程中引入MATLAB 仿真和计算机编程内容，实现基础教学内容的更新和对专业教育的支撑，凸显应用型人才培养模式的特点。

② 专业教材突出实用性、模块化、柔性化。智能制造技术是利用先进的制造技术，以及数字化、网络化、智能化等知识和控制理论来解决制造过程中不确定和非固定模式的问题，使得制造过程具有智能的技术，它的特点是综合性和知识内涵的丰富性以及知识本身的创新性。因此，在教材建设上与以前传统的知识技术技能模式应有大的区别，更应注重对学生理念、意识、认知、思维方式和系统解决问题能力的培养。同时考虑到各行业、各地和各校发展阶段和实际办学水平的不同，希望这套教材尽可能为各校合理选择教学内容提供一个模块化、积木式结构，并在实际编写中尽量提供项目化案例，以便学校根据具体情况做柔性化选择。

③ 本系列教材注重数字资源建设，更多地采用多媒体的互动方式，如配套课件、教学视频、测试题等，使教材呈现形式多样化，数字内容更为丰富。

由于编写时间紧张，智能制造技术日新月异，编写人员专业水平有限，书中难免有不当之处，敬请读者及时批评指正。

高等院校智能制造人才培养系列教材建设委员会

前　言

党的二十大报告强调，"教育、科技、人才是全面建设社会主义现代化国家的基础性、战略性支撑。"培养具有较强社会适应能力和竞争能力的高素质应用型人才是时代所需。当前，新工科教育异军突起，工程教育专业认证成为主流，产学研一体发展迅速，为适应高水平应用型大学的机械类专业机械原理课程的教学需求，编写一本既具有系统性又具备前沿性的教材，对于培养合格的机械工程人才具有重要意义。

本书围绕机械原理相关内容展开，结合新的人才培养需求，对传统机械原理的内容进行了整合与拓展。从机构分析、机构设计、机构系统到机械系统方案，以设计为主线，强调基本概念、基本理论、基本方法，注重理论与工程实践的结合，通过引入实际工程案例，帮助读者将所学知识应用于解决实际问题中。

全书共分 12 章：第 1 章主要介绍机械原理的对象、内容和学习方法等；第 2~6 章详细探讨了机构的结构分析、运动分析、力分析和效率、机械运转及其速度波动的调节、机械的平衡等；第 7~11 章深入分析了连杆机构、凸轮机构、齿轮机构、齿轮系、间歇运动机构等常用机构；第 12 章概括介绍了机械系统方案设计。同时，书中融入了一定数量的案例分析，部分案例是最新的研究成果，使读者不仅能够在实际操作中加深对机械原理的理解和应用，而且拓展了知识面。本书编写过程中也力求语言简洁明了、逻辑清晰，并配有丰富的图表和实例，以帮助读者更好地理解和掌握机械原理的知识，同时在习题编排上也突出了工程应用。

本书第 1、2 章由刘峰斌编写，第 3、4 章由刘学翱编写，第 5、6 章由豆照良编写，第 7、8 章由杨晔编写，第 9、10 章由魏领会编写，第 11、12 章由徐明刚编写。全书由徐明刚、刘峰斌、陈文彬统稿。

由于水平有限，书中疏漏之处在所难免，敬请广大读者不吝赐正。

编写组

扫码获取配套资源

目 录

第 8 章　凸轮机构及其设计　　133

第 9 章　齿轮机构　　158

第12章 机械系统方案设计   250

参考文献   264

第1章

绪 论

思维导图

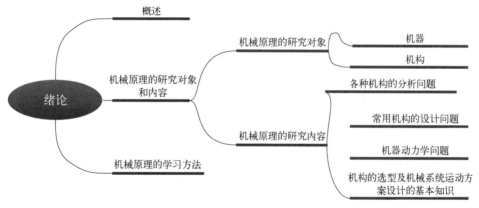

内容导入

在日常生活中，我们离不开各种机械，例如我们要乘坐各种交通工具，以及其他帮助我们劳动的各种机械。那么，什么是机械？机械的运动原理是什么？通过绪论的学习，将对机械原理的研究对象、研究内容、地位作用以及学习方法等有一个大致的了解。

学习目标

（1）了解机械原理的研究对象及内容；
（2）了解机械原理的学习方法。

1.1　概述

机械，是机构和机器的总称。就机械发展简史来说，自有文明史以来，人类就已发明了机构和机器，其组成和功能历经了多次变革性发展。例如，石器时代人类用原木或树枝做杠杆移动重石，那时人类只能利用自身人力、畜力和水或风等自然力作为动力，先后发明了如杠杆、轮车、滑轮、斜面、螺旋及绞车等以纯机构为特征的简单机械。18 世纪中叶，第一次工业革命给人类带来了强大动力和速度，出现了以蒸汽机为动力驱动的纺织机、车床、火车等，并逐渐形成各种产业。19 世纪 60 年代，电动机和内燃机的发明，推动了第二次工业革命，先后出现了三轮、四轮汽车和飞机等运输机械。第一、二次工业革命为机械发展的第一阶段，这一阶段所有机械都是由原动机、传动机构和执行机构组成的纯机械，称为传统机械。图 1.1 所示为不同时期的机械运载工具。

(a) 马车　　　　　　　　　　　　　　　(b) 蒸汽机车

(c) 电力机车　　　　　　　　　　　　　(d) 高铁列车

图1.1　不同时期的机械运载工具

20 世纪初，电子元件被发明并引入机械装置中，机械发展进入第二阶段。这个时期的机器由传统纯机械向机电装置稳定转变，形成了以机电一体系统或装置为特征的现代机械。20 世纪中叶，由于计算机的发明与发展，软件设计被引入机电产品中，形成了以机械、电子和软件有机结合为结构特征的机械装置，并逐渐向以数字化和人工智能技术植入为特征的现代机械发展，这类机械被称为智能机械系统或装置，智能机械系统的出现使机械的发展进入了第三阶段。随着传感器在机械装置中的应用，以及机械本体系统向刚、柔及软结构的方向发展，其系统控制技术也向可实现人、机及环境的自主、交互和共融的智能方向发展，这将推动机器由现代机电一体系统向智能机械系统持续转变。

当今世界正经历着一场新的技术革命，新概念、新理论、新方法、新材料和新工艺不断出现，向各行各业提供装备的机械工业也得到了迅猛的发展。现代机械既向着高速、重载、巨型、高效率、低能耗、高精度、低噪声等方向发展，同时又向微细、灵巧、柔性、智能、自适应等方向发展。对机械提出的要求也越来越苛刻：有的需用于宇宙空间，有的要在深海作业，有的需小到能沿人体血管爬行，有的又要是庞然大物，有的需速度数倍于声速，有的又要做亚微米级甚至纳米级的微位移，如此等等。处于机械工业发展前沿的机械原理学科，为了适应这种情况，新的研究课题与日俱增，新的研究方法日新月异。

为适应生产发展的需要，当前自控机构、机器人机构、仿生机构、柔性及弹性机构、变胞机构和机、电、磁、光、声、液、气、热等方面广义机构的研制有很大进展。在机械的分析与综合中，早期只考虑其运动性能，目前不仅考虑其动力性能，同时还考虑机械在运转时构件的质量分布和弹性变形，运动副中的摩擦间隙和构件的误差对机械运动性能、动力性能与外部环境的影响，以及如何进一步做好构件、机械的动力平衡、速度波动调节与振动、冲击、噪声的控制问题。

总之，机械原理学科，其研究领域十分广阔，内涵非常丰富。在机械原理的各个领域，每年都有大量的内容新颖的文献资料涌现。但是，作为技术基础，机械原理将只研究有关机械的一些最基本的原理和方法。

1.2 机械原理的研究对象及内容

机械原理，顾名思义其研究对象为机械，即机构和机器；而其研究的内容则是有关机械的基本理论问题，即关于机构和机器分析与设计的基本理论问题。

1.2.1 机械原理的研究对象

（1）机构

机构是一种用来传递与变换运动和力的可动装置。在先修课程"理论力学"中，已对一些机构（如连杆机构及齿轮机构等）的运动学及动力学问题进行过研究。

在日常生活中，常见的连杆机构有雨伞骨架、折叠椅、可调台灯、楼房窗扇启闭器、汽车挡风玻璃雨刷器等，常见的齿轮机构有机械钟、酒瓶软木塞起拔器、减速器及变速箱等，常见的螺旋机构有活动扳手、千斤顶等。而在工程实际中，常见的机构还有带传动机构、链传动机构、凸轮机构、棘轮机构、槽轮机构等。

（2）机器

至于机器，通常是根据某种使用要求而设计的用来变换或传递能量、物料和信息的执行机械运动的装置。按照用途的不同，机器可以分为动力机器、加工机器、运输机器和信息处理机器等几大类。动力机器的用途是机械能与其他能量的转换，如内燃机、蒸汽机、电动机等；加工机器的用途是改变被加工对象的形状、尺寸、性质或状态，如各种金属加工机床、包装机等；运输机器的用途是搬运人和物品，如汽车、飞机、起重机等；信息处理机器的作用是处理各种信息，如打印机、复印机、绘图机等。

各种不同的机器具有不同的形式、构造和用途，但通过分析可以看到，这些不同的机器，就其组成来说，却都是由各种机构组合而成的。

图 1.2 所示的单缸四冲程内燃机，可以把燃气燃烧时产生的热能转化为机械能。它包含由气缸 9、活塞 8、连杆 3 和曲轴 4 所组成的连杆机构，由齿轮 1 和 2 所组成的齿轮机构，以及由双凸轮轴 5 和阀门推杆 6、7 所组成的凸轮机构等。以上各部分协同配合动作，便能把燃气燃烧时的热能转变为曲轴转动的机械能。

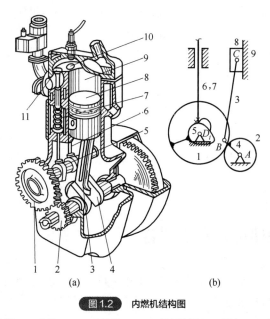

(a)　　　　　　　　　　　　(b)

图 1.2　内燃机结构图

1—大齿轮；2—小齿轮；3—连杆；4—曲轴；5—双凸轮轴；6、7—阀门推杆；8—活塞；9—气缸；10—进气门；11—排气门

从上述实例以及日常生活中接触过的其他机器可以看出，虽然各种机器的构造、用途和性能各不相同，但是从它们的组成、运动确定性以及功能关系来看，却都具有以下 3 个共同特征：

① 它们都是一种人为的实物（机件）的组合体。

② 组成它们的各部分之间都具有确定的相对运动。

③ 能够用来转换能量，完成有用功或处理信息。

通过以上分析可以看出，机器是由各种机构组成的，它可以完成能量转换、做有用机械功或处理信息；而机构则仅仅起着运动传递和运动形式转换的作用。也就是说，机构是实现预期的机械运动的实物组合体；而机器则是由各种机构所组成的能实现预期机械运动并完成有用机械功、转换机械能或处理信息的机构系统。作为机械工程的一门基础学科，机械原理研究机器和机构的一些共性问题。此外，机器的种类虽有千千万万，但是组成机器的机构，其种类却是有限的，因此机械原理将以工程实际中常用的各种机构作为具体的研究对象，探讨它们在运动和动力方面的一些共同的基本问题。

1.2.2　机械原理的研究内容

机械原理的研究内容主要有以下几个方面。

（1）各种机构的分析问题

包括机构的结构分析，即研究机构的结构组成原理、机构的可运动性及确定性条件，以及机构的结构分类等；机构的运动分析，即研究在给定原动件运动的条件下，机构中构件上点的运动轨迹以及位移、速度和加速度等运动特性；机构的力分析，即研究机器运转过程中各构件的受力情况，以及机构各运动副中力的计算方法、摩擦及机械效率等问题。

（2）常用机构的设计问题

机器的种类虽然繁多，但构成各种机器的机构类型却有限，常用的有齿轮机构、凸轮机构、连杆机构以及各种间歇机构等。本书将详细讨论这些机构的结构原理与组成、设计理论与方法以及应用等问题。

（3）机器动力学问题

主要研究在已知力作用下机械的真实运动规律、机器运转过程中速度波动的调节，以及机械运转过程中所产生的惯性力系的平衡问题。

（4）机构的选型及机械系统运动方案设计的基本知识

主要研究具体机械设计时的机构选型、组合与变异原理，以及机械系统运动方案的设计等问题。

1.3　机械原理的学习方法

（1）既要学习知识，又要培养能力

学习知识和培养能力是相辅相成的，但后者比前者更为重要。由于本课程的教学内容较多而教学时数相对较少，因此教师在讲授本课程时，通常会讲重点、讲难点、讲思路、讲方法，同时介绍课程发展前沿；而同学们在学习本课程时，也应把重点放在掌握研究问题的基本思路和方法上，即放在以知识为载体，培养自己高于知识和技能的思维方式与方法以及自主获取知识的能力上，着重于能力培养。这样，才能利用自己的能力去获取新的知识，这一点在知识更新速度加快的当今显得尤为重要。

（2）既要重视发展逻辑思维，又要培养形象思维能力

从基础课到技术基础课，学习的内容发生了变化，学习的方法也应有所转变，其中非常重要的一点就是要在发展逻辑思维的同时，重视形象思维能力的培养。这是因为技术基础课较基础课更加接近工程实际，要理解和掌握本课程的一些内容，要解决工程实际问题，要进行创造性设计，单靠逻辑思维是远远不够的，还必须发展形象思维能力。

（3）温故知新，注意运用先修课程有关知识

机械原理作为一门技术基础课，它的先修课包括高等数学、物理、理论力学和工程制图等。

其中，理论力学与本课程的学习关系最为密切。机械原理是将理论力学的有关原理应用于实际机械，它具有自己的特点。在学习机械原理的过程中，要注意运用理论力学等先修课程的有关知识。

（4）学以致用，做到举一反三

机械原理与工程实际密切相关，因此在其学习过程中要更加注意理论联系实际。与其密切相关的实验、课程设计、机械设计大奖赛以及课外科技活动等，将为学生提供理论联系实际和学以致用的机会。此外，现实生活中有很多构思巧妙和设计新颖的机构，在学习机械原理的过程中，要注意观察、分析和比较，并把所学知识运用于生活和工程实际，做到举一反三。

第2章

机构的结构分析

扫码获取配套资源

思维导图

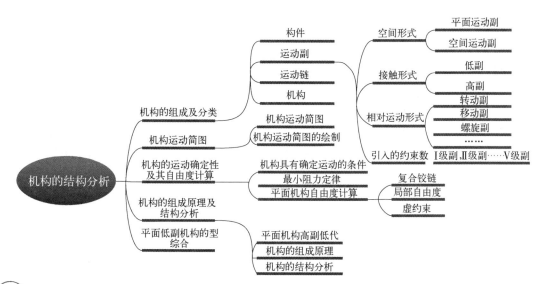

内容导入

机构是机械系统的基本组成单元，其结构设计与分析是机械工程重要内容之一。机构的结构不仅直接关系到其运动性能、承载能力和使用寿命，还影响着整个机械系统的稳定性和效率。因此，对机构进行深入的结构分析，是确保机械系统设计成功与优化的关键。

本章将学习机构的结构分析相关内容，主要包括机构的组成、机构运动简图、机构自由度计算、机构的组成原理等，为后续的机构设计和分析打下坚实基础。

学习目标

（1）掌握机构的组成及分类；
（2）掌握机构运动简图，会读会绘制机构的运动简图；
（3）掌握机构自由度计算；
（4）掌握机构的组成原理、结构分析；
（5）理解平面机构的高副低代；
（6）了解平面低副机构的型综合。

2.1　概述

　　机械原理对于机械问题的研究主要包括两个方面：一是对已有的机械进行分析，包括结构分析、运动分析和动力分析等；二是对新机构进行设计，即机构综合，其中包括机构的选型、运动设计及动力设计等。

　　机构结构分析的主要内容及目的是：

　　① 研究机构的组成要素及机构运动简图的绘制。即研究机构是怎样组成的和如何分类的，以及为了了解机构，对机构进行分析与综合，研究如何用简单的图形，即机构运动简图，把机构的结构及运动状况表示出来。

　　② 研究机构的自由度及其具有确定运动的条件。机构是具有相对运动的构件组合体，为了判别机构是否具有确定的运动，必须研究机构的自由度及机构具有确定运动的条件。

　　③ 研究机构的组成、变换原理以及结构分析与综合。研究机构的组成原理和变换原理，有利于机构的结构分类与分析以及新机构的创造。根据组成原理，将各种机构进行结构分类，有利于机构进行运动及动力学分析和机构的结构综合；根据变换原理，对机构的组成要素和基本机构进行结构变换，有利于创造出机构的巧结构和新类型，并对机构结构进行合理设计。

2.2　机构的组成及分类

　　虽然不同机构的形式、结构各不相同，但都可视为具有相对机械运动的构件组合体。这种构件组合体将各构件按一定方式组成可相互运动的连接。总的说来，机构是由构件和运动副组成的。

2.2.1　构件

　　任何机器都是由许多零件组合而成的。如图 1.2 所示的单缸四冲程内燃机就是由气缸、活塞、连杆体、连杆头、曲轴、齿轮等一系列零件组成的。在这些零件中，有的是作为一个独立的运动单元体而运动的，有的则由于结构和工艺上的需要，与其他零件刚性地连接为一个整体而运动，例如图 2.1 中的连杆就是由连杆体、连杆头、螺栓、螺母等零件刚性地连接在一起作为一个整体而运动的。这些刚性地连接在一起的零件共同组成一个独立的运动单元体。机器中每一个独立的运动单元体称为一个构件。可见，构件是组成机构的基本要素之一。所以从运动的观点来看，也可以说任何机器都是由若干个（两个以上）构件组合而成的。

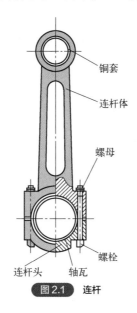

图 2.1　连杆

简言之，构件与零件的区别在于：构件是参与运动的最小单元体，零件是单独加工制造的最小单元体。

2.2.2　运动副

机构都是由构件组合而成的，其中每个构件都至少与另一个构件以一定的方式相连接，这种连接既使两个构件直接接触，又使两个构件能产生一定的相对运动。每两个构件间的这种直接接触所形成的可动连接称为运动副。例如，轴 1 与轴承 2 的配合［图 2.2（a）］、滑块 2 与导轨 1 的接触［图 2.2（b）］、两齿轮轮齿的啮合［图 2.2（c）］等都构成了运动副。

为了使运动副元素始终保持接触，运动副必须封闭。凡是借助构件的结构形状所产生的几何约束来封闭的运动副称为几何封闭或形封闭运动副，如图 2.2（a）、（b）所示；借助于推力、重力、弹簧力、气液压力等来封闭的运动副称为力封闭运动副，如图 2.2（c）所示运动副。

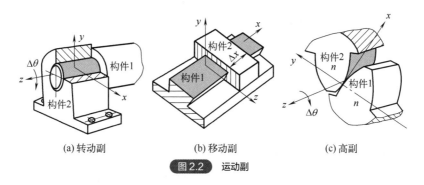

(a) 转动副　　　　　　(b) 移动副　　　　　　(c) 高副

图 2.2　运动副

构成运动副的两个构件之间的接触形式不外乎点、线、面 3 种。两个构件上参与接触而构成运动副的点、线、面部分，称为运动副元素。图 2.2 中的运动副元素分别为柱面、平面、线段。

运动副有多种分类方法，具体如下。

（1）按运动副的接触形式分类

面与面相接触的运动副［图 2.2（a）、（b）］在承受载荷方面与点、线相接触的运动副［图 2.2（c）］相比，其接触部分的压强较低。因此，面接触的运动副称为低副，而点、线接触的运动副称为高副。高副相比于低副更易磨损。

（2）按相对运动的形式分类

构成运动副的两构件之间的相对运动若为平面运动，则称为平面运动副；若为空间运动，则称为空间运动副。两构件之间只做相对转动的运动副，称为转动副或回转副，两构件之间只做相对移动的运动副，则称为移动副。

（3）按运动副引入的约束数分类

构件在未构成运动副之前，在空间中共有 6 个相对自由度，即 3 个相对移动自由度和 3 个相对转动自由度。两个构件直接接触构成运动副后，构件的某些独立运动将受到限制，自由度随之减少。运动副对构件的独立运动所加的限制称为约束。运动副每引入 1 个约束，构件便失去 1 个自由度。两个构件间形成的运动副引入了多少个约束，限制了构件的哪些独立运动，取决于运动副的类型。

设运动副的自由度以 f 表示，它是指一个运动副中两个构件之间允许产生相对运动的数目。其所受到的约束度以 s 表示，它是指一个运动副中自由度受到约束的数目。则在空间中两者的关系：$f=6-s$。在平面中，它们共有 3 个相对自由度，则两者的关系：$f=3-s$。

按照运动副引入的约束数进行分类，引入 1 个约束的运动副称为 I 级副，引入 2 个约束的运动副称为 II 级副，依次类推，还有 III 级副、IV 级副、V 级副。

（4）按接触部分的几何形状分类

根据组成运动副的两构件在接触部分的几何形状，可分为圆柱副、平面与平面副、球面副、螺旋副、球面与平面副、球面与圆柱副、圆柱与平面副等。

综合以上各种分类方法，在表 2.1 中列出了各种运动副所属类型、代号及表示符号。

表 2.1　常用运动副的类型及表示符号

运动副名称及代号	运动副模型	运动副级别及封闭方式	运动副符号	
			平面表示符号	空间表示符号
平面运动副　转动副 R		V 级副　几何封闭		三维　轴面　端面

运动副名称及代号	运动副模型	运动副级别及封闭方式	运动副符号	
			平面表示符号	空间表示符号
平面运动副	移动副 P	V级副 几何封闭		
	平面高副 （RP）	IV级副 力封闭		
	槽销副 （RP）	IV级副 几何封闭		
	复合铰链 R	2-V级副 几何封闭		
空间运动副	点高副 （RRRPP）	I级副 力封闭		
	线高副 （RRPP）	II级副 力封闭		

运动副名称及代号	运动副模型	运动副级别及封闭方式	运动副符号	
			平面表示符号	空间表示符号
空间运动副	平面副 F（RPP）	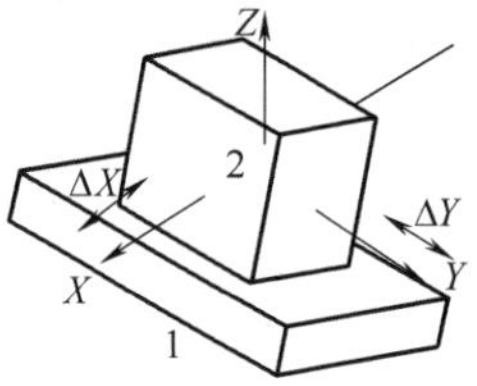 Ⅲ级副 力封闭	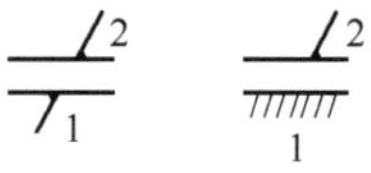	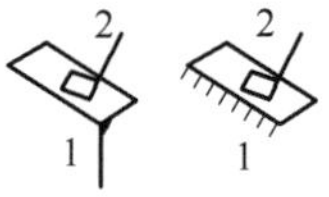
	球面副 S（RRR）	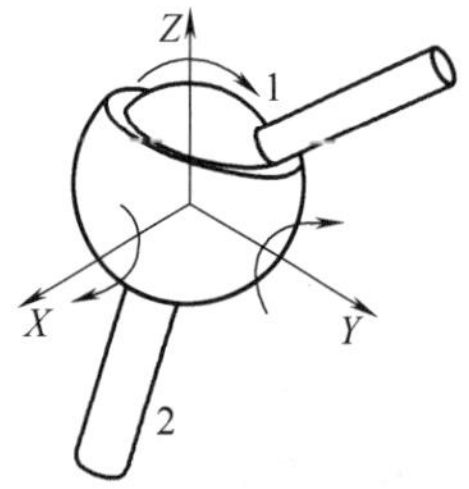 Ⅲ级副 几何封闭	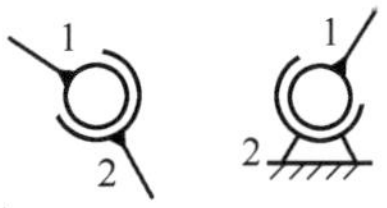	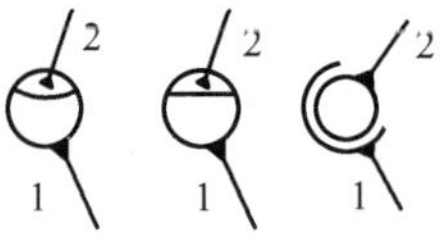
	球销副 S′（RR）	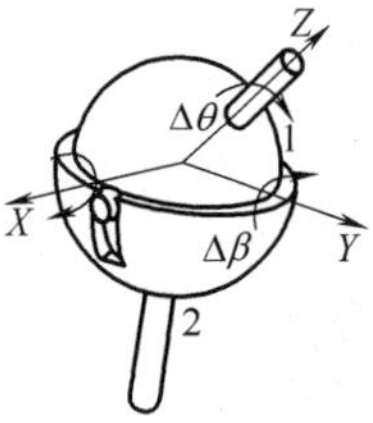 Ⅳ级副 几何封闭	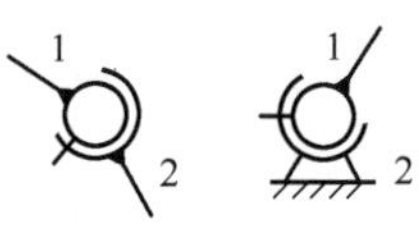	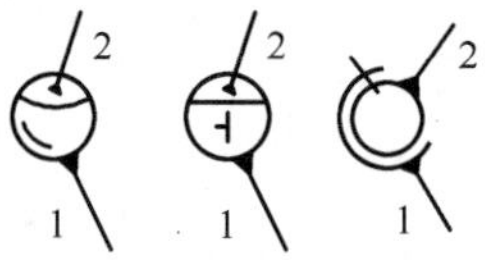
	螺旋副 H（RP）	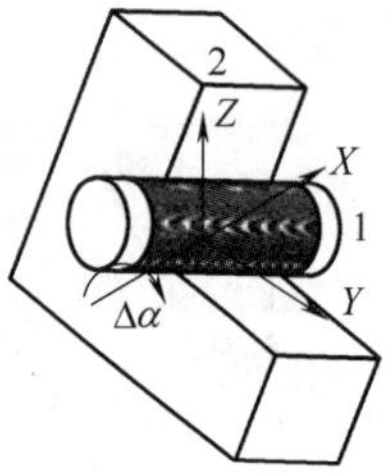 Ⅴ级副 几何封闭	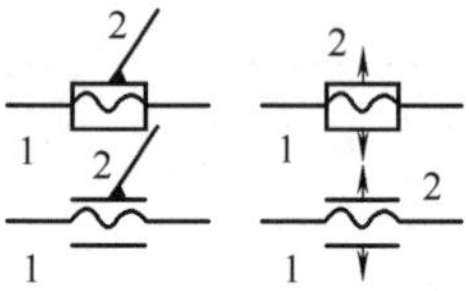 （开合螺母）	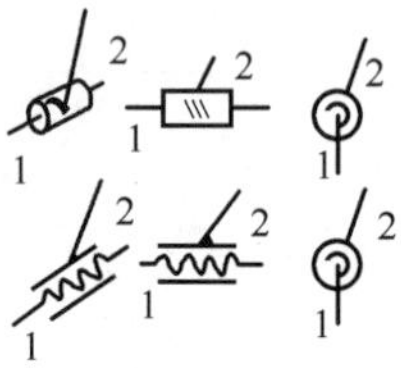
	胡克铰链 U（RR）	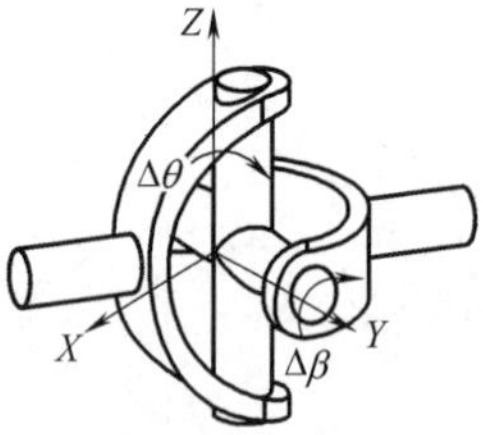 Ⅳ级副 几何封闭	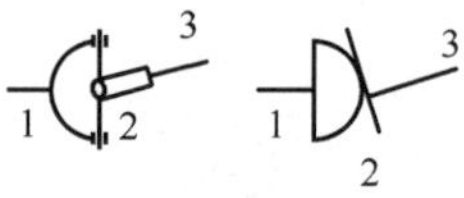	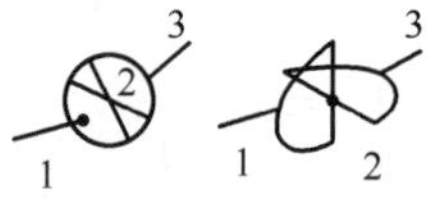

2.2.3 运动链

两个以上构件通过运动副连接而构成的系统，称为运动链。如果组成运动链的各构件构成首末封闭的系统［如图 2.3（a）～（c）所示］，则称为闭式运动链，简称闭链。如果组成运动链的各构件未构成首末封闭的系统［如图 2.3（d）、（e）所示］，则称为开式运动链，简称开链。

传统的机械中以闭式运动链为主，随着生产线中机械手和机器人的应用日益普遍，机械中开式运动链也逐渐增多。

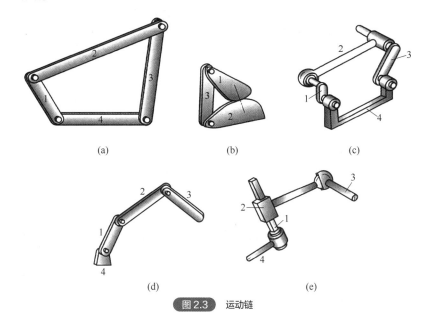

(a)　　　　　　　　　(b)　　　　　　　　　(c)

(d)　　　　　　　　　(e)

图 2.3　运动链

2.2.4　机构

在运动链中，将某一构件加以固定，而让另一个（或几个）构件按给定运动规律相对于该固定构件做运动，若运动链中其余各构件都能得到确定的相对运动，则此运动链称为机构。机构中固定不动的构件称为机架，按照给定运动规律独立运动的构件称为原动件（或主动件），而其余活动构件称为从动件。

如图 2.4（a）所示铰链四杆机构中，构件 4 作为机架是固定不动的，若取构件 1 为原动件，则构件 2 及 3 就为从动件。在此机构中，构件 1 和构件 3 都与机架以转动副连接，称为连架构件或连架杆；构件 1 为能做整周转动的连架杆，称为曲柄；构件 3 则为只能在一定范围内做摆动的连架杆，称为摇杆。连杆机构通常就依据其中的两个连架杆的类型来加以命名，故图 2.4 所示的机构称为曲柄摇杆机构。此外，在含有移动副的四杆机构中，连架杆还常有相对于导轨做平移运动的滑块、做整周转动的转块和做往复摆动的摇块，以及回转导杆或摆动导杆等

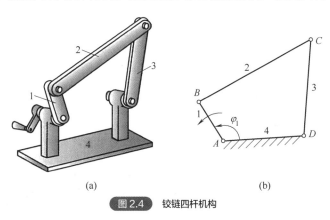

(a)　　　　　　　　　(b)

图 2.4　铰链四杆机构

构件形式。机构原动件的运动及动力通常是由原动机或驱动装置来提供的，所以即使机构原动件的运动规律不知道，只要其运动形式符合原动机或驱动装置的运动形式要求，那么机构在其结构及尺寸确定的情况下，该机构的各构件运动形式都将是确定的。

组成机构的各构件的相对运动均在同一平面内或在相互平行的平面内，则该机构称为平面机构；机构各构件的相对运动不在同一平面内或平行平面内，则该机构称为空间机构。

2.3 机构运动简图

2.3.1 机构运动简图

由于机构各部分的运动是由其原动件的运动规律、该机构中各运动副的类型和机构的运动尺寸（确定各运动副相对位置的尺寸）决定的，而与构件的外形（高副机构的运动副元素除外）、断面尺寸、组成构件的零件数目及固连方式等无关，所以只要根据机构的运动尺寸，按一定的比例尺定出各运动副的位置，就可以用运动副符号（表 2.1）、一般构件的表示方法（表 2.2）和常用机构运动简图的符号（表 2.3）将机构的运动传递情况表示出来。这种用以表示机构运动传递情况的简化图形称为机构运动简图。图 2.4（b）就是图 2.4（a）所示铰链四杆机构的机构运动简图。

表 2.2　构件及其以运动副相连接的表达方法

表 2.3 常用机构运动简图符号

在支架上的电动机		齿轮齿条传动	
带传动		圆锥齿轮传动	
链传动		圆柱蜗杆传动	
摩擦轮传动		凸轮机构	
外啮合圆柱齿轮传动		槽轮机构	外啮合 内啮合
内啮合圆柱齿轮传动		棘轮机构	外啮合 内啮合

对现有机械进行分析或设计新机械时，都需要绘出其机构运动简图。机构运动简图将使了解机械的组成及对机械进行运动和动力分析变得十分简便。如果只是为了表明机械的结构状况，也可以不按严格的比例来绘制简图，通常把这样的简图称为机构示意图。

2.3.2 机构运动简图的绘制

机构运动简图的一般绘制方法及步骤如下。

（1）认清机构组成的构件数目和各运动副的类型及其位置

首先需要确定机构的原动件和执行构件，然后沿着运动传递的路线搞清楚原动件的运动是怎样经过传动部分传递到执行构件的，从而认清该机械是由多少构件组成的，各构件之间组成了何种运动副以及它们所在的相对位置，这样才能正确绘出其机构运动简图。

（2）选择适当的视图平面

视图平面的选择，以能够简单清楚地把机械的机构结构及运动传递情况正确地表示出来为原则。通常可选择机械中多数构件的运动平面作为视图平面，必要时也可选择两个或两个以上的视图平面，然后将其展示到同一图面上。

（3）选择适当的比例尺，按机械的运动尺寸画出机构运动简图

选择适当的长度比例尺 μ_l=实际尺寸（m）/图示尺寸（mm），定出各运动副的相对位置，从机械的原动件开始，按传动顺序标出各构件的编号和运动副的代号，并用各运动副的代表符号、常用机构的运动简图符号和简单线条，绘制机构运动简图。最后，在原动件上标识箭头以表示其运动方向。

下面通过具体例子来说明机构运动简图的绘制步骤。

例 2-1：绘制图 2.5 所示牛头刨床机构的运动简图。

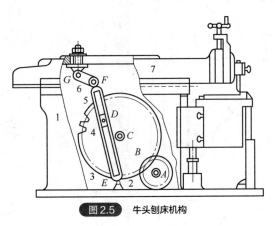

图2.5 牛头刨床机构

解：①从原动件开始，按照运动传递的顺序，分析各构件之间的相对运动性质，并确定连接各构件的运动副类型。

图 2.5 中，安装于机架 1 上的主动齿轮 2 将回转运动传递给与之相啮合的齿轮 3，齿轮 3 带动滑块 4 而使导杆 5 绕 E 点摆动，并通过连杆 6 带动滑枕 7 使刨刀做往复直线运动。齿轮 2、3 及导杆 5 分别与机架 1 组成转动副 A、C 和 E。构件 3 与 4、5 与 6、6 与 7 之间的连接组成转动副 D、F 和 G，构件 4 与 5、滑枕 7 与机架 1 之间组成移动副，齿轮 2 与 3 之间的啮合为平面高副。

② 合理选择视图平面。在本例中，选择与各转动副回转轴线垂直的平面作为视图平面。

③ 合理选择长度比例尺 μ_l（单位：m/mm），根据机构的实际运动尺寸和长度比例尺，定出各运动副之间的相对位置，用构件和运动副的规定符号绘制机构运动简图，如图 2.6 所示。

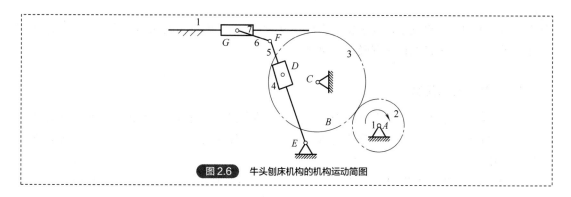

图 2.6　牛头刨床机构的机构运动简图

2.4　机构的运动确定性及其自由度计算

为了按照一定的要求进行运动的传递及变换，当机构的原动件按给定的运动规律运动时，该机构其余构件的运动一般也应是完全确定的。为此，首先要了解一个机构在什么条件下才能实现确定的运动；其次要知道机构有多少个自由度。下面分别对机构具有确定运动的条件以及机构自由度的计算问题进行讨论。

2.4.1　机构具有确定运动的条件及最小阻力定律

（1）机构具有确定运动的条件

在图 2.4（b）所示的铰链四杆机构中，若给定一个独立的运动参数，如构件 1 的角位移规律 $\varphi_1(t)$，则不难看出，此时构件 2、3 的运动便都完全确定了。

而如图 2.7 所示的铰链五杆机构，若也只给定一个独立的运动参数，如构件 1 的角位移规律 $\varphi_1(t)$，此时构件 2、3、4 的运动并不能确定。例如，当构件 1 占有位置 AB 时，构件 2、3、4 可以在位置 C、D、E，也可以在位置 C'、D'、E' 或其他位置。但是，若再给定另一个独立的运动参数，如构件 4 的角位移规律 $\varphi_4(t)$，则不难看出，此机构各构件的运动便完全确定了。

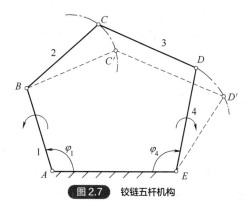

图 2.7　铰链五杆机构

机构具有确定运动时所必须给定的独立运动参数的数目，称为机构的自由度，其数目常以 F 表示。由此可知，铰链四杆机构的自由度 $F=1$，而铰链五杆机构的自由度 $F=2$。

由于一般机构的原动件都是和机架相连的，对于这样的原动件，一般只能给定一个独立的运动参数。所以在此情况下，为了使机构具有确定的运动，则机构的原动件数目应等于机构的自由度的数目，这就是机构具有确定运动的条件。

（2）最小阻力定律

对于实际应用的机构，由于摩擦力等运动阻力的存在，当机构原动件的数目小于机构的自由度时，机构的运动也并非毫无规律地随意乱动，而是优先沿阻力最小的方向运动，即遵循最小阻力定律。

如图 2.8 所示的送料机构，其自由度为 2，而原动件只有一个，即曲柄 1。根据最小阻力定律，机构将沿阻力最小的方向运动。因转动副中摩擦力小于移动副中摩擦力，因此在推程时摇杆 3 将首先沿逆时针方向转动，直到推爪臂 3′ 碰上挡销 a' 为止，这一过程使推爪向下运动，并插入工件的凹槽中。此后，摇杆 3 与滑块 4 成为一体，一起向左推送工件。在回程时，摇杆 3 要先沿顺时针方向转动，直到推爪臂 3′ 碰上挡销 a'' 为止，这一过程使推爪向上抬起脱离工件。此后，摇杆 3 又与滑块 4 成为一体一并返回。如此继续进行，就可将工件一个个推送向前。

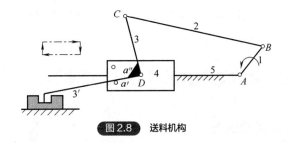

图 2.8 送料机构

由此可见，所谓机构的自由度，实质上就是机构具有确定位置时所必须给定的独立运动参数的数目。在机构中引入独立运动参数的方式，通常是使某一构件按给定的运动规律运动。

综上所述，机构的运动状态与机构的自由度 F 和机构原动件的数目有着密切关系：

① 机构的自由度 F 不能小于或等于零，否则机构将无法运动。

② 若 $F>0$，而原动件数<F，则机构能动，但构件间的运动不确定。

③ 若 $F>0$，而原动件数>F，则构件间不能实现确定的相对运动或产生破坏。

④ 若 $F>0$ 且与原动件数相等，则机构各构件间的相对运动是确定的。

因此，机构具有确定运动的条件是：机构的自由度应大于零，且机构的原动件数应等于机构的自由度数。

2.4.2 平面机构自由度的计算

由于在平面机构中，各构件只做平面运动，所以每个自由构件具有 3 个自由度。而每个平面低副各提供 2 个约束，每个平面高副只提供 1 个约束。设平面机构中共有 n 个活动构件，在各构件尚未用运动副连接时，它们共有 $3n$ 个自由度。而当各构件用运动副连接之后，设共有 P_l 个低副和 P_h 个高副，则它们将给机构提供（$2P_l+P_h$）个约束，故机构的自由度为

$$F = 3n - (2P_l + P_h) \qquad (2\text{-}1)$$

利用这一公式不难算得前述铰链四杆（图 2.4）和五杆机构（图 2.7）的自由度分别为 1 和

2，与前述分析一致。

> **例 2-2：** 试计算图 1.2 所示内燃机的自由度。
>
> **解：** 由其机构运动简图不难看出，该机构共有 6 个活动构件（即活塞 8、连杆 3、曲轴 4、双凸轮轴 5、进排气阀门推杆 6 与 7），7 个低副（即转动副 *A*、*B*、*C*、*D* 和由活塞，进、排气阀门推杆与缸体构成的 3 个移动副），3 个高副（1 个齿轮高副，及由进、排气阀门推杆与凸轮构成的 2 个高副）。
>
> 因此，该机构的自由度为
> $$F = 3n - \left(2P_l + P_h\right) = 3 \times 6 - \left(2 \times 7 + 3\right) = 1$$

2.4.3　计算机构自由度时应注意的事项

计算平面机构的自由度时，还有一些应注意的事项必须正确处理，否则得不到正确的结果。现将这些应注意的事项简述如下。

（1）正确计算运动副的数目

在计算机构的运动副数时，必须注意如下三种情况：

① 如果两个以上的构件在同一处连接构成了复合铰链，如表 2.1 所示的 3 个构件组成的复合铰链，由表中不难看出它实际上是 2 个转动副。由 *m* 个构件组成的复合铰链，共有（*m*-1）个转动副。在计算机构的自由度时，应注意机构中是否存在复合铰链。

> **例 2-3：** 试计算图 2.9 所示直线机构的自由度。
>
> **解：** 可以看出，该机构在 *B*、*C*、*D*、*E* 四处都是由 3 个构件组成的复合铰链，各具有 2 个转动副。故其 *n*=7，P_l=10，P_h=0，由式（2-1）得：
> $$F = 3n - \left(2P_l + P_h\right) = 3 \times 7 - \left(2 \times 10 + 0\right) = 1$$

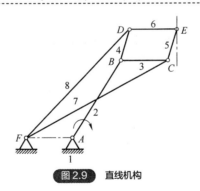

图2.9　直线机构

② 若两构件在多处接触而构成转动副，且转动轴线重合 [图 2.10（a）]；或者在多处接触而构成移动副，且移动方向彼此平行 [图 2.10（b）]；或者两构件构成平面高副，且各接触点处的公法线彼此重合 [图 2.10（c）]，则均只能算作 1 个运动副（即分别算 1 个转动副、1 个移动副与 1 个平面高副）。

③ 如果两构件在多处相接触构成平面高副，而在各接触点处的公法线方向彼此不重合（图 2.11），则构成了复合高副，它相当于 1 个低副 [图 2.11（a）为转动副，图 2.11（b）为移动副]。

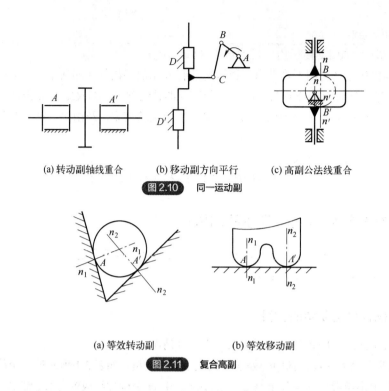

(a) 转动副轴线重合　　　(b) 移动副方向平行　　　(c) 高副公法线重合

图 2.10　同一运动副

(a) 等效转动副　　　　　(b) 等效移动副

图 2.11　复合高副

（2）除去局部自由度

在有些机构中，某些构件所产生的局部运动并不影响其他构件的运动，则称这种局部运动的自由度为局部自由度。

例如，在图 2.12 所示的滚子推杆凸轮机构中，为减少高副元素的磨损，在推杆 3 和凸轮 1 之间装了一个滚子 2。滚子 2 绕其自身轴线的转动并不影响其他构件的运动，因而它只是一种局部自由度。

在计算机构的自由度时，应从机构自由度的计算公式中将局部自由度减去。如设机构的局部自由度数目为 F'，则机构的实际自由度应为

$$F = 3n - (2P_l + P_h) - F' \qquad\qquad (2\text{-}1a)$$

对于图 2.11 所示凸轮机构，其自由度为

$$F = 3 \times 3 - (2 \times 3 + 1) - 1 = 1$$

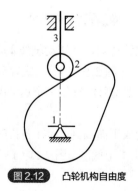

图 2.12　凸轮机构自由度

（3）除去虚约束

在运动副所带来的约束中，有些约束所起的限制作用可能是重复的，这种起重复限制作用的约束称为虚约束。

如图 2.13 所示的平行四边形机构中，连杆 3 做平面平移运动，其上各点的轨迹均为圆心在 AD 线上而半径等于 AB 的圆。若在该机构中再加上一个构件 5，使其与构件 2、4 相互平行，且长度相等，如图 2.13（b）所示。由于杆 5 上 M 点的轨迹与 BC 杆上 M 点的轨迹是相互重合的，因此加上杆 5 并不影响机构的运动，但此时若按式（2-1a）计算自由度却为

$$F = 3n - (2P_l + P_h) - F' = 3 \times 4 - (2 \times 6 + 0) - 0 = 0$$

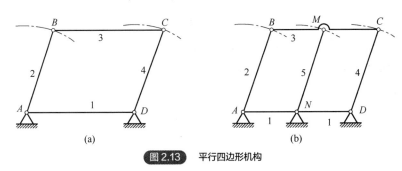

图 2.13　平行四边形机构

这个结果与实际情况不符，造成这个结果的原因是加入了构件 5，引入了 3 个自由度，但同时又增加了 2 个转动副，形式上引入了 4 个约束，即多引入了 1 个约束。但实际上这个约束对机构的运动起重复限制作用，因而它是一个虚约束。在计算机构的自由度时，应从机构的约束数中减去虚约束数。设机构的虚约束数为 P'，则机构的自由度为

$$F = 3n - (2P_l + P_h - P') - F' \tag{2-2}$$

故图 2.13（b）所示机构的自由度为

$$F = 3 \times 4 - (2 \times 6 - 0 + 1) - 0 = 1$$

常见的虚约束有以下几种情况：

① 机构中，如果用转动副连接的是两构件上运动轨迹相重合的点，则该连接将带入 1 个约束。如上例即属这种情况。

如图 2.14 所示的椭圆机构中，$\angle CAD = 90°$，BC 段与 BD 段相等，构件 CD 线上各点的运动

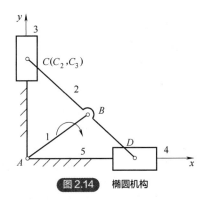

图 2.14　椭圆机构

轨迹均为椭圆。该机构中转动副 C 所连接的 C_2 与 C_3 两点的轨迹就是重合的，均沿 y 轴做直线运动，故将带入 1 个虚约束。若分析转动副 D，也可得出类似结论。

② 机构中，如果用双转动副杆连接的是两运动构件上距离始终保持不变的两点，也将带入 1 个虚约束。

如上例机构中所存在的 1 个虚约束，也可看作是由双转动副的杆 1 将 A、B 两点（该两点之间的距离始终不变）相连而带入的。图 2.13 所示的情况也可以说是属于此种情况。

③ 在机构中，不影响机构运动传递的重复部分所带入的约束为虚约束。如设机构重复部分中的构件数为 n'，低副数为 P'_l 及高副数为 P'_h，则重复部分所带入的虚约束数 P' 为

$$P' = 2P'_l + P'_h - 3n' \tag{2-3}$$

在图 2.15 所示的轮系中，为改善受力情况，在主动齿轮 1 和齿圈 3 之间采用了三个完全相同的齿轮 2、2′及 2″，但从机构运动传递的角度来说，仅有一个齿轮即可，其余两个齿轮并不影响机构的运动传递，故它们带入的两个约束均为虚约束，即

$$P' = 2P'_l + P'_h - 3n' = 2 \times 2 + 4 - 3 \times 2 = 2$$

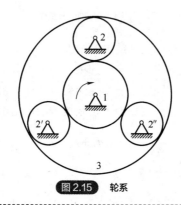

图 2.15 轮系

例 2-4：如图 2.16 所示为一个送纸机构，该机构中构件 DE、FG、HI 平行且长度相等，凸轮 1 与凸轮 2 固连。试计算该机构的自由度，并判断该机构是否具有确定的运动。

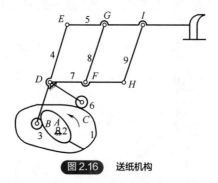

图 2.16 送纸机构

解：由图可知，该机构的各构件均在同一平面运动，A、E、I、H 为转动副，D 为复合铰链，构件 3 和构件 6 的转动均为局部自由度，引入 2 个高副 B、C。运动过程中，F 与 G 点间的距离始终保持不变，用双副构件 8 连接，引入了 1 个虚约束，计算运动副时应去掉。因此，活动构

件数 $n=5$，$P_l=6$，$P_h=2$，则机构自由度为：

$$F = 3 \times 5 - 2 \times 6 - 2 = 1$$

由于该机构的自由度大于 0，且与机构的原动件数相等，故该机构具有确定的运动。

2.5　机构的组成原理及结构分析

2.5.1　平面机构的高副低代

对机构进行结构分析和运动分析时，为了使平面低副机构分析方法适用于所有平面机构，可以根据一定条件将机构中的高副虚拟地以低副代替，这种以低副来代替高副的方法称为高副低代。

高副低代的基本原则是不能改变机构的结构特性及运动特性，为此在高副低代时应注意以下几点。

（1）代替前后机构的自由度不变

为保证代替前后机构自由度完全相同，最简单的方法是用 1 个含有 2 个低副的虚拟构件（如图 2.17 所示）来代替 1 个高副。这是因为 1 个高副引入 1 个约束，而 1 个构件和 2 个低副也引入 1 个约束。

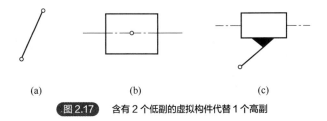

(a)　　　　(b)　　　　(c)

图 2.17　含有 2 个低副的虚拟构件代替 1 个高副

（2）代替前后机构的瞬时速度和瞬时加速度不变

如图 2.18（a）所示的高副机构，构件 1 和 2 分别绕点 A 和点 B 转动，其高副两元素均为圆弧。由图可知，在机构运动过程中，AO_1、BO_2 及两高副元素在接触点处的公法线长度 O_1O_2 均保持不变。因此，可以用图 2.18（b）所示的四杆机构 AO_1O_2B 代替原机构，即用含有两个转动副 O_1、O_2 的虚拟连杆 4 代替机构中的高副 C，即可保证代替前后机构的瞬时速度和加速度不变。

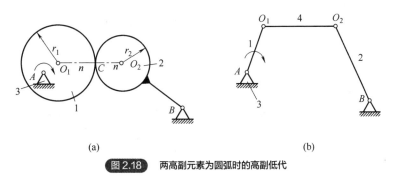

(a)　　　　　　　　　　　(b)

图 2.18　两高副元素为圆弧时的高副低代

需要注意的是，如果高副元素为非圆曲线，由于曲线各处曲率中心的位置不同，故在机构运动过程中，随着接触点的改变，曲率中心 O_1、O_2 相对于构件 1、2 的位置及 O_1、O_2 间的距离也会随之改变。因此，对于一般的高副机构，在不同位置有不同的瞬时代换机构。

如图 2.19 所示，当高副两元素之一为直线时，由于直线的曲率中心位于无穷远处，故高副低代时，虚拟构件这一端的转动副将转化为移动副。

如图 2.20 所示，当高副两元素之一为一个点时，因该点的曲率半径为零，其曲率中心与两构件的接触点重合，故高副低代时，虚拟构件这一端的转动副中心 Q 即在 C 点处。

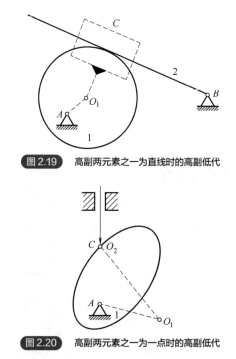

图 2.19　高副两元素之一为直线时的高副低代

图 2.20　高副两元素之一为一点时的高副低代

根据上述方法将含有高副的平面机构进行高副低代后，即可将其视为平面低副机构。故在讨论机构组成原理和结构分析时，仅需研究含低副的平面机构。

2.5.2　机构的组成原理

任何机构中都包含原动件、机架和从动件系统 3 部分。由于机架的自由度为零，一般每个原动件的自由度为 1，且根据运动链成为机构的条件可知，机构的自由度数与原动件数应相等，所以，从动件系统的自由度数必然为零。

在研究机构的组成原理前，首先分析从动件系统的组成单元——杆组。

（1）杆组

把最后不能再拆的最简单的自由度为零的构件组，称为基本杆组或阿苏尔杆组，简称杆组。

对于只含低副的平面机构，如果杆组中含有 n 个活动构件、P_l 个低副，由于杆组自由度为零，故有：

$$3n - 2P_l = 0 \quad \text{或} \quad P_l = \frac{3}{2}n \tag{2-4}$$

为保证 n 和 P_l 均为整数，n 只能取 2，4，6，…（偶数）。根据 n 的取值不同，杆组可分为以下情况。

① $n=2$，$P_l=3$ 的双杆组。双杆组为最简单，也是应用最多的基本杆组。根据其 3 个运动副的不同情况，常见的有如图 2.21 所示的 5 种形式。双杆组又称为 Ⅱ 级杆组。

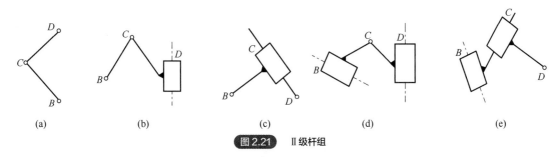

(a)　　　　　　(b)　　　　　　(c)　　　　　　(d)　　　　　　(e)

图 2.21　Ⅱ 级杆组

② $n=4$，$P_l=6$ 的多杆组。多杆组中最常见的是如图 2.22 所示的 Ⅲ 级杆组，其特征是具有一个三副构件，且每个内副所连接的分支构件是双副构件。

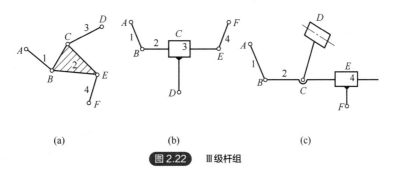

(a)　　　　　　　　(b)　　　　　　　　(c)

图 2.22　Ⅲ 级杆组

比 Ⅲ 级杆组级别更高的基本杆组在实际机构中很少遇到，故此处不做介绍。

（2）机构的组成原理

任何机构都可以看作是由若干个基本杆组依次连接于原动件和机架上而构成的。这就是机构的组成原理。

根据上述原理，当对现有机构进行运动分析或动力分析时，可将机构分解为机架和原动件及若干个基本杆组，然后对相同的基本杆组以相同的方法进行分析。例如，对于图 2.23（a）所示的破碎机，因其自由度 $F=1$，故只有 1 个原动件。如将原动件 1 及机架 6 与其余构件拆开，则由构件 2、3、4、5 所构成的杆组的自由度为零。而且还可以再拆分为由构件 4 与 5 和构件 2 与 3 组成的两个基本杆组［图 2.23（b）］，它们的自由度均为零。

反之，当设计一个新机构的机构运动简图时，可先选定一个机架，并将数目等于机构自由度数 F 的原动件用运动副连于机架上，然后将一个个基本杆组依次连于机架和原动件上，就构成了一个新机构。但应注意，在杆组并接时，不能将同一杆组的各个外接运动副（如杆组 4、5 中的转动副 E、F）接于同一构件上（图 2.24），否则将起不到增加杆组的作用。

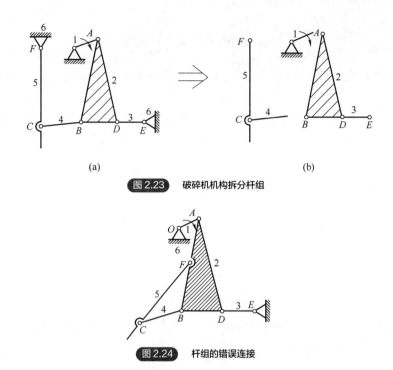

图 2.23   破碎机构拆分杆组

图 2.24   杆组的错误连接

2.5.3　机构的结构分析

机构结构分析就是将已知机构分解为原动件、机架和若干个基本杆组，进而了解机构的组成，并确定机构的级别。

机构结构分析的步骤如下：

① 除去虚约束和局部自由度，计算机构的自由度并确定原动件。

② 拆分杆组。从远离原动件的构件开始拆分，按基本杆组的特征，首先试拆Ⅱ级组，若不可能时再试拆Ⅲ级组。每拆出一个杆组后，剩下部分仍组成机构，且自由度数与原机构相同，直至全部拆分成杆组，最后只剩下Ⅰ级机构。

③ 确定机构的级别。

例 2-5：试计算图 2.25 所示机构的自由度，并确定机构的级别。

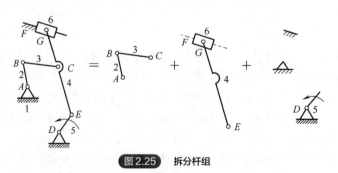

图 2.25   拆分杆组

解：该机构无虚约束和局部自由度，$n=4$，$P_l=6$，其自由度 F 为

$$F = 3 \times 5 - 2 \times 7 = 1$$

构件 5 为原动件，距离 5 最远与其不直接相连的构件 2、3 可以组成Ⅱ级杆组，剩下的构件

4 和 6 也可以组成Ⅱ级杆组，最后剩下构件 5 与机架 1 组成Ⅰ级机构。该机构由Ⅰ级机构和两个Ⅱ级杆组组成，因而为Ⅱ级机构。

对于图 2.25 所示的机构，若以构件 2 为原动件，则机构将成为Ⅲ级机构，读者可自行验证。这说明，拓扑结构相同的运动链，当指定的机架或原动件不同时可能形成级别不同的机构。因此，对一个具体机构，必须根据实际工作情况指定原动件，并用箭头标明其运动方向。

2.6　平面低副机构的型综合

为了在设计新机器时对机构的形式有择优的可能，可按给定的机构自由度要求把一定数量的构件和运动副进行排列搭配，组成多种可能的机构类型，这一过程称为机构的型综合。

如前所述，根据机构组成原理，可按基本杆组进行机构结构的型综合，即按机构自由度要求先确定其原动件个数和机架，然后按预期实现的运动规律和机构构件数的要求选取基本杆组类型，最后按照排列组合的方式将它们依次连接到原动件和机架上，每连接一个杆组就得到一种机构形式，从而获得各种机构形式。显然，这种方法规律性强、易掌握，但较难获得全部的机构类型。

由于机构为具有固定构件的运动链，故机构结构的型综合实质上为其运动链结构的型综合，所以可就运动链进行机构结构的型综合，以求得全部的机构类型。由于机构中的高副可以用低副代替，移动副可认为是转动副演化而来的，所以机构综合常以全转动副机构为例来加以研究。下面重点以单自由度平面全转动副机构的型综合为例加以说明。

对于平面单自由度运动链综合，设一单自由度平面全转动副机构共有 N 个（包含机架）构件及 P 个转动副，若将其机架的约束解除，则该机构就变成一个具有 4 个自由度的全转动副运动链了。该运动链应满足下列关系：

$$3N - 2P = 4 \qquad (2-5)$$

假设组成上述运动链的 N 个构件中，有 n_2 个两副构件、n_3 个三副构件、n_4 个四副构件以及 n_i 个 i 副构件，则

$$n_2 + n_3 + n_4 + \cdots + n_i = N \qquad (2-5a)$$

$$2n_2 + 3n_3 + 4n_4 + \cdots + in_i = 2P \qquad (2-5b)$$

当组成的运动链存在多个封闭环时，由于单闭环运动链的构件数与运动副数相等，故多环运动链可认为是在单环的基础上叠加了 $P-N$ 个运动链组成的。设多环运动链的环数为 L，则

$$L = P - N + 1 \qquad (2-5c)$$

满足式（2-5）~式（2-5c）的平面单自由度运动链有无穷多。其中，对于单自由度的平面运动链，其构件数总是偶数，而常见运动链的构件数、运动副数和闭环数的可能组合有：

N=4，P=4，L=1；
N=6，P=7，L=2；
N=8，P=10，L=3；
N=10，P=13，L=4。
它们分别为四杆、六杆、八杆及十杆运动链。

由此可知，四杆运动链只有一个闭环，故仅有一种基本形式［图 2.3（a）］。六杆运动链具有两个闭环，并有两种基本结构形式，即瓦特（Watt）型［图 2.26（a）］和斯蒂芬森（Stephensen）型［图 2.26（b）］。而八杆与十杆运动链分别有三个和四个闭环，它们的基本形式分别有 16 种和 230 种。

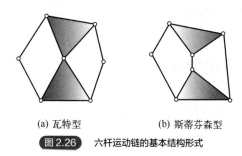

(a) 瓦特型　　　　　　　(b) 斯蒂芬森型

图 2.26　六杆运动链的基本结构形式

通常，把这种由构件和运动副组成的基本运动链的结构形式，称为机构的构型或拓扑结构。显然机构的构型与构件的尺寸及形状无关，而仅决定于构件及运动副的类型及数目，以及构件与运动副之间的邻接和附随关系。在构件数目和运动副的类型及数目均相同的两个运动链中，如果它们具有相同的拓扑结构，则称它们为同构，否则，称它们为异构。所以四杆运动链只有 1 种异构构型，而六杆运动链有 2 种异构构型，八杆运动链则有 16 种异构构型。

此外，对于四杆运动链的一种异构体，可将其中的转动副用移动副代替，则又有 3 种结构形式，如图 2.27 所示。即平面四杆运动链有全转动副、含一个移动副、含两个移动副且相邻和含有两个移动副且不相邻 4 种基本结构形式。

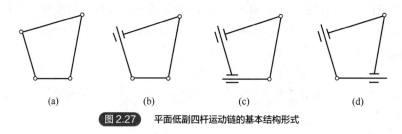

(a)　　　　　　(b)　　　　　　(c)　　　　　　(d)

图 2.27　平面低副四杆运动链的基本结构形式

 思考和练习题

2-1　何谓构件？何谓运动副及运动副元素？运动副是如何分类的？

2-2　机构运动简图有何用处？它能表示出原机构哪些方面的特征？

2-3　机构具有确定运动的条件是什么？当机构的原动件数少于或多于机构的自由度时，机构的运动会是怎样的？

2-4　在计算平面机构的自由度时，应注意哪些事项？

2-5　何谓机构的组成原理？何谓基本杆组？它具有什么特性？如何确定基本杆组的级别及机构的级别？

2-6　图 2.28 所示为一简易冲床的初拟设计方案。设计者的思路是：动力由齿轮 1 输入，使轴 A 连续回转，而固装在轴 A 上的凸轮 2 与杠杆 3 组成的凸轮机构，将使冲头 4 上下运动以达到冲压的目的。试绘出其机构运动简图，分析其是否能实现设计意图，并提出修改方案。

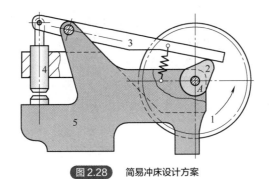

图 2.28 简易冲床设计方案

2-7 试绘制图 2.29 所示两种直线导引机构的运动简图，并计算其自由度。其中，图 2.29（a）为六杆直线导引机构；图 2.29（b）为八杆直线导引机构。

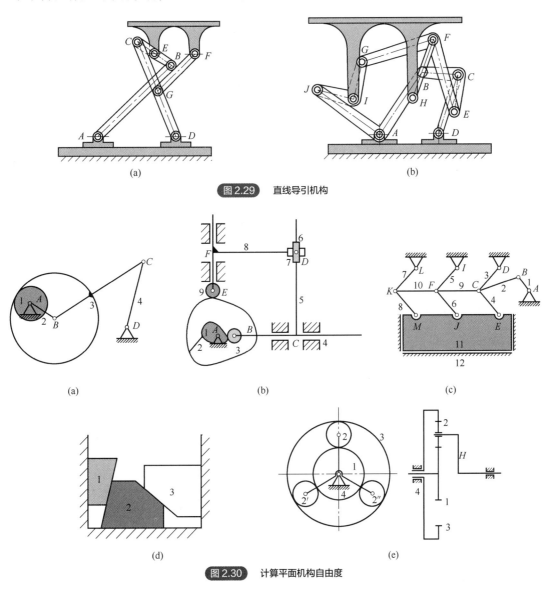

(a)　　　　　　　　　(b)

图 2.29 直线导引机构

(a)　　　　　　　(b)　　　　　　(c)

(d)　　　　　　　　(e)

图 2.30 计算平面机构自由度

2-8　图 2.30（a）为齿轮-连杆组合机构，图 2.30（b）为凸轮-连杆组合机构（图中在 D 处为铰接在一起的两个滑块），图 2.30（c）为精压机构，图 2.30（d）为一楔块机构，图 2.30（e）为齿轮系机构，试计算图示各机构的自由度。

2-9　图 2.31 所示为双缸内燃机的机构运动简图，试计算其自由度，并分析组成此机构的基本杆组。如果在该机构中改选构件 5 为原动件，试问组成此机构的基本杆组是否与前有所不同？

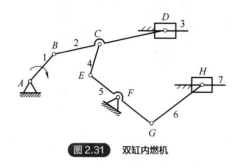

图 2.31　双缸内燃机

第3章

平面机构的运动分析

扫码获取配套资源

思维导图

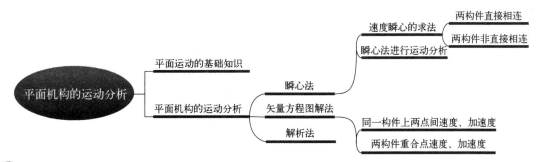

内容导入

平面机构的运动分析是机械设计与研究的核心环节。在已知机构尺寸和原动件运动规律的前提下，需探究机构中其他构件的运动特性，如位移、速度、加速度等，这是机构优化设计的重要依据。

本章将学习平面机构的运动分析，主要内容包括图解法与解析法进行机构的运动分析。

学习目标

（1）回顾平面运动的基础知识；

（2）理解瞬心的定义、特点，掌握瞬心的求法，能够用速度瞬心法进行特定机构速度分析；

（3）能够使用图解法对机构进行运动分析；

（4）了解解析法在机构运动分析中的应用。

3.1　概述

机构的目的是传递运动和力，当一个机构各构件的几何尺寸确定后，需要通过一些方法，计算得到各构件的运动和力。评价运动和力的指标是各构件的速度和加速度，进而获得机构的运动性能和动力性能，以便充分发挥机构的效能或为改进机构的设计提供依据。目前存在很多方法能够计算平面机构的速度和加速度，这里主要介绍三种方法，即利用速度瞬心法计算机构的速度，利用图解法和解析法对机构的速度和加速度进行分析。

3.2　平面运动基础知识

为了更好地理解本章后续内容，首先复习一些基础知识。在平面内，一个构件只有三种运动方式，分别为转动、平动和转动加平动的复合运动。如图 3.1（a）所示，构件从初始位置运动到目标位置是通过绕构件末端点的转动来完成的；图 3.1（b）中的构件从初始位置运动到目标位置是通过沿水平方向平移来完成的；图 3.1（c）中的构件从初始位置到目标位置的运动可以分为：先从初始位置沿构件末端点转动到中间位置，再沿着水平方向平移。注意，平面内构件的任一运动，都可以分解为一个转动和一个平移。纯转动可以理解为平移量为 0，纯平移也可以理解为转动量为 0。

下面分析同一构件上不同点的运动速度，当构件只有旋转运动时，如图 3.2（a）所示，构件 1 绕 O 点做顺时针旋转运动，其角速度为 ω。构件 1 上的 A 点和 B 点的角速度相同，均为 ω。此时，A 点的线速度大小为 $v_A=\omega L_{AO}$，方向垂直于直线 OA；B 点的线速度大小为 $v_B=\omega L_{BO}$，方向垂直于直线 OB。可以看到纯转动构件上各点的速度大小均不一样，其方向也不一样，但均垂直于相应的旋转半径。

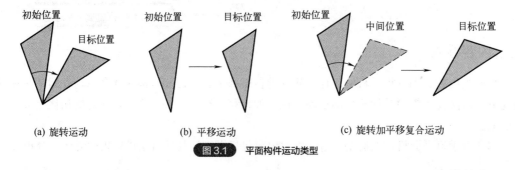

(a) 旋转运动　　　　(b) 平移运动　　　　(c) 旋转加平移复合运动

图 3.1　平面构件运动类型

当构件只有直线运动时，如图 3.2（b）所示，构件 2 沿 X 轴正方向移动，速度大小为 v。构件 2 上的 A 点和 B 点的线速度相同，均为 v；由于构件 2 无转动，A 点和 B 点的角速度为 0，也可以认为构件 2 的旋转中心在垂直于运动方向的无穷远处。

当构件既有转动又有平动时，这里分成两种情况进行阐述。第一种情况是构件通过两个转动副与大地相连，如图 3.3（a）所示，构件 1 绕 O 点做顺时针旋转运动，其角速度为 ω_1，构件 2 绕 P 点做顺时针旋转运动，其角速度为 ω_2。此时构件 2 的运动既有转动又有平动，构件 2 上 A 点的绝对速度 $v_A=v_P+v_{AP}$，其中 v_P 和 v_{AP} 分别为 P 点速度和 A 点对 P 点的相对速度，其大小分别为：$v_P=\omega_1 L_{OP}$，$v_{AP}=\omega_2 L_{PA}$。同理 B 点的绝对速度也可求出，由图 3.3（a）可知，A、B 两点的

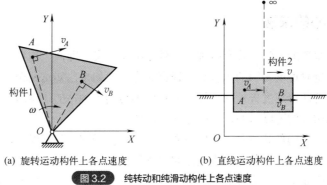

(a) 旋转运动构件上各点速度　　(b) 直线运动构件上各点速度

图 3.2　纯转动和纯滑动构件上各点速度

线速度大小和方向均不同。

　　第二种情况是构件通过一个转动副和一个移动副与大地相连，如图 3.3（b）所示，构件 1 沿着水平方向移动，速度为 v_P，构件 2 绕 P 点做顺时针旋转运动，其角速度为 ω。此时构件 2 的运动既有转动又有平动，构件 2 上的 A、B 两点速度的大小和方向如图所示，可以看到，A、B 两点的线速度大小和方向均不同。

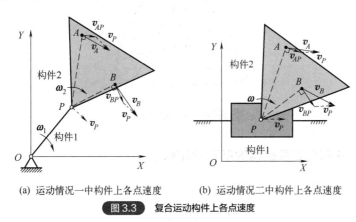

(a) 运动情况一中构件上各点速度　　(b) 运动情况二中构件上各点速度

图 3.3　复合运动构件上各点速度

3.3　瞬心法进行机构速度分析

　　当一个构件相对于另一个构件在平面内运动时，存在一个重合点，在这个点处，这两个构件的相对速度为零，这个点被称作速度瞬心，简称为瞬心。速度瞬心也是这两个构件瞬时绝对速度相同的重合点。如果两个构件中有一个是静止的，那么这个点被称为绝对速度瞬心，简称为绝对瞬心；如果两个构件都是运动的，那么这个点被称为相对速度瞬心，简称为相对瞬心。由于每两个构件存在一个速度瞬心，根据排列组合原理，一个机构中的速度瞬心总数为：

$$N = \frac{M(M-1)}{2} \tag{3-1}$$

　　其中，M 表示机构中的构件数。根据式（3-1）可知，平面四杆机构有 6 个速度瞬心，平面六杆机构有 15 个速度瞬心，平面八杆机构有 28 个速度瞬心。

3.3.1 速度瞬心的求法

确定速度瞬心位置的方法一般有两种，一种是根据定义，即两个构件的相对速度为零的点或者两个构件瞬时绝对速度相同的重合点。根据此方法，如果已知这两个构件上任意两重合点的相对速度，那么这两个速度矢量的垂线的交点便为这两个构件的速度瞬心。另一种方法是根据三心定理确定两构件的速度瞬心，三心定理表述如下：

位于平面内的三个构件共有三个速度瞬心，且它们位于同一条直线上，其中一个瞬心将另外两个瞬心的连线分成与各自角速度成反比的两条线段。

三心定理的证明如下，如图 3.4 所示为平面内的三个构件，为了简单起见，设构件 1 是固定的，其中构件 1 和构件 2 的瞬心为 P_{12}，构件 1 和构件 3 的瞬心为 P_{13}。假设构件 2 和构件 3 的瞬心 P_{23} 在 P_{12} 和 P_{13} 所在的直线外的一点 K 处，显然重合点 K_2 和 K_3 的速度方向不同，则 K 点不可能成为瞬心 P_{23}，故 P_{23} 必与 P_{12} 和 P_{13} 在同一直线上。

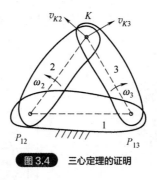

图3.4　三心定理的证明

（1）求图 3.5 所示四杆机构的所有速度瞬心

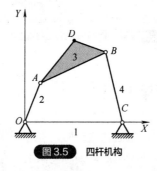

图3.5　四杆机构

平面四杆机构共有 6 个速度瞬心，首先根据速度瞬心的定义，通过转动副连接的两个构件，其瞬心为转动副中心，故可以直接确定四个瞬心的位置，即 P_{12}、P_{23}、P_{34}、P_{14}，如图 3.6（a）所示。

根据三心定理，构件 1、2 和 3 的三个瞬心在一条直线上，故 P_{13} 在直线 $P_{12}P_{23}$ 的延长线上；同理，构件 1、3 和 4 的三个瞬心也在一条直线上，P_{13} 在直线 $P_{14}P_{34}$ 的延长线上。通过两个延长线的交点，确定构件 1 和 3 的速度瞬心 P_{13} 的位置，如图 3.6（b）所示。同样地，根据三心定理，构件 2 和 4 的速度瞬心 P_{24} 的位置在直线 $P_{23}P_{34}$ 和直线 $P_{12}P_{14}$ 的延长线交点处，如图 3.6（c）所示。至此，四杆机构的六个速度瞬心位置均求出。

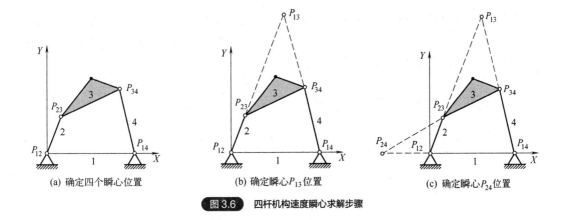

(a) 确定四个瞬心位置　　　　　(b) 确定瞬心 P_{13} 位置　　　　　(c) 确定瞬心 P_{24} 位置

图3.6 四杆机构速度瞬心求解步骤

（2）求图3.7所示曲柄滑块机构的所有速度瞬心

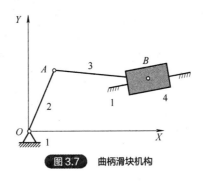

图3.7 曲柄滑块机构

曲柄滑块机构共有 6 个速度瞬心，该机构中含有三个转动副，可直接确定三个瞬心位置，即 P_{12}、P_{23}、P_{34}。构件 1 与构件 4 通过移动副相连接，移动副在运动上可以等效为旋转中心在无穷远处的转动副，故可以确定 P_{14} 的位置在垂直于滑块移动方向的无穷远处，如图 3.8（a）所示。

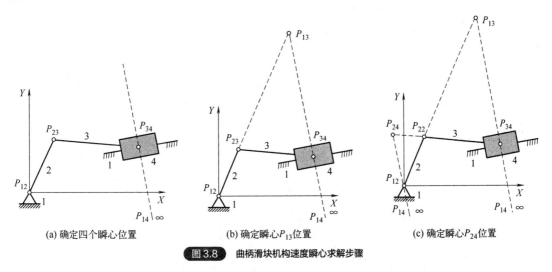

(a) 确定四个瞬心位置　　　　　(b) 确定瞬心 P_{13} 位置　　　　　(c) 确定瞬心 P_{24} 位置

图3.8 曲柄滑块机构速度瞬心求解步骤

根据三心定理，构件 1 和 3 的速度瞬心 P_{13} 的位置在直线 $P_{12}P_{23}$ 和直线 $P_{14}P_{34}$ 的延长线交点处，如图 3.8（b）所示。确定构件 2 和 4 的速度瞬心 P_{24} 的位置方法如下，过点 P_{12} 作平行于

$P_{14}P_{34}$ 的直线，此直线即为瞬心 P_{12} 和瞬心 P_{14} 的连接线，这是由于所有的平行线均相交于无穷远处，直线 $P_{23}P_{34}$ 和直线 $P_{12}P_{14}$ 的延长线交点处即为构件 2 和 4 的速度瞬心 P_{24} 的位置，如图 3.8（c）所示。至此，曲柄滑块机构的六个速度瞬心位置均求出。

（3）求图 3.9 所示凸轮机构的所有速度瞬心

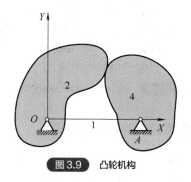

图 3.9　凸轮机构

此凸轮机构中共有三个构件，故此机构共有三个速度瞬心。根据机构中的两个转动副，直接得到两个速度瞬心 P_{12} 和 P_{14}，如图 3.10 所示。构件 2 和构件 4 是通过高副连接的，且既有转动又有滑动。这里可以采用高副低代法，通过确定接触点处两条曲线的曲率中心 P_{23} 和 P_{34}，得到一个假想构件 3。然后根据三心定理，构件 2 和构件 4 的瞬心 P_{24} 同时在直线 $P_{23}P_{34}$ 和直线 $P_{12}P_{14}$ 上，进而得到瞬心 P_{24} 的位置。

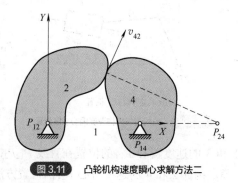

图 3.10　凸轮机构速度瞬心求解方法一

上述凸轮机构中，构件 2 和构件 4 的相对速度 v_{42} 的方向为过接触点的公切线方向，如图 3.11 所示。根据速度瞬心的定义，瞬心 P_{24} 在过接触点且垂直于相对速度方向的直线上。再根据三心定理，可确定瞬心 P_{24} 的位置。至此，凸轮机构的三个速度瞬心位置均求出。

图 3.11　凸轮机构速度瞬心求解方法二

需要注意的是，当一个构件与另一个构件之间只发生纯转动，不发生滑动，如图 3.12 所示，那么这两个构件的速度瞬心即为接触点位置。

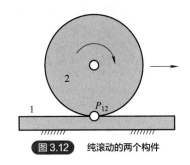

图 3.12　纯滚动的两个构件

3.3.2　速度瞬心法在机构运动分析中的应用

找出机构的瞬心是为了对机构进行运动分析，下面通过实例讲解如何利用机构的瞬心进行机构的速度和角速度分析。通常，在分析之前只知道机构的原动件的运动状态，以图 3.5 所示的铰链四杆机构为例，构件 2 以角速度 ω_2 逆时针绕 O 点旋转，下面我们根据速度瞬心法来求得点 A、B、D 的速度以及构件 2 和 3 的角速度，如图 3.13 所示。

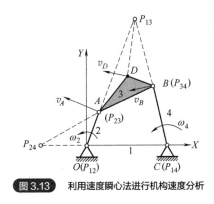

图 3.13　利用速度瞬心法进行机构速度分析

由于构件 2 的角速度已知，则 A 点在全局坐标系下的速度为：

$$v_A = \omega_2 L_{OA} \tag{3-2}$$

构件 1 和构件 3 的速度瞬心在点 P_{13} 处，由于构件 1 为固定构件，故点 P_{13} 为绝对速度瞬心，即构件 3 绕点 P_{13} 转动。A 点为构件 2 和构件 3 的速度瞬心，可根据 A 点的速度求得构件 3 的角速度：

$$\omega_3 = \frac{v_A}{L_{AP_{13}}} \tag{3-3}$$

得到构件 3 的角速度后，可求得构件 3 上点 B 和 D 的速度，分别为：

$$v_B = \omega_3 L_{BP_{13}} \tag{3-4}$$

$$v_D = \omega_3 L_{DP_{13}} \tag{3-5}$$

由于 B 点为构件 3 和构件 4 的速度瞬心，故可根据 B 点速度求得构件 4 的角速度：

$$\omega_4 = \frac{v_B}{L_{BC}} \tag{3-6}$$

构件 4 的角度还可以通过相对瞬心 P_{24} 来求得，根据速度瞬心的定义，构件 2 和构件 4 在点 P_{24} 处的绝对速度相同，即：

$$v_{P_{24}} = \omega_2 L_{OP_{24}} = \omega_4 L_{CP_{24}} \tag{3-7}$$

通过推导可得：

$$\frac{\omega_4}{\omega_2} = \frac{L_{OP_{24}}}{L_{CP_{24}}} \tag{3-8}$$

可知，构件 4 和构件 2 的角速度与其绝对瞬心速度到相对瞬心的距离成反比。

通过上述分析可知，利用速度瞬心法对简单机构进行运动分析时，比较简单快捷。但是存在的问题是，如果两个杆件接近平行，其瞬心位置相对较远，往往会落在图纸之外。对于构件数目较多的机构，其瞬心位置数目也较多，求解也就相对复杂。另外，速度瞬心法难以求解机构的加速度。

3.4 图解法进行机构运动分析

相对运动图解法简称图解法，是通过作矢量图的方式进行机构的运动分析。利用图解法进行机构运动分析的本质是理论力学中的速度合成和加速度合成定理。利用图解法进行机构运动分析时，经常遇到两类问题，一是同一构件上两点间的速度、加速度求解问题，二是组成移动副两构件的重合点间的速度、加速度求解问题。本节将重点讲述这两类问题的求解方法。

3.4.1 同一构件上两点间的速度、加速度求解方法

如图 3.14 所示，同一构件上存在两个点——A 点和 B 点，其速度分别为 v_A 和 v_B。B 点的速度可以表示为 A 点速度和 B 点相对 A 点的速度之和，即：

$$\boldsymbol{v}_B = \boldsymbol{v}_A + \boldsymbol{v}_{BA} \tag{3-9}$$

矢量 $\boldsymbol{v}_A$、$\boldsymbol{v}_B$ 以及 $\boldsymbol{v}_{BA}$ 能够组成一个封闭图形。

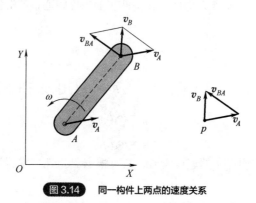

图 3.14 同一构件上两点的速度关系

同样地，如图 3.15 所示，B 点的加速度 $\boldsymbol{a}_B$ 可以表示为 A 点加速度 $\boldsymbol{a}_A$ 和 B 点相对 A 点的加速度 $\boldsymbol{a}_{BA}$ 之和。这里 $\boldsymbol{a}_{BA}$ 可以分解为 B 点相对 A 点的法向加速度 $\boldsymbol{a}_{BA}^n$ 和 B 点相对 A 点的切向加速度 $\boldsymbol{a}_{BA}^t$，故 B 点的加速度为：

$$\boldsymbol{a}_B = \boldsymbol{a}_A + \boldsymbol{a}_{BA}^n + \boldsymbol{a}_{BA}^t \tag{3-10}$$

其中 $\boldsymbol{a}_{BA}^n$ 的方向垂直于直线 AB，$\boldsymbol{a}_{BA}^t$ 的方向由 B 指向 A，矢量 $\boldsymbol{a}_A$、$\boldsymbol{a}_B$、$\boldsymbol{a}_{BA}^n$ 和 $\boldsymbol{a}_{BA}^t$ 能够组成一个封闭图形。

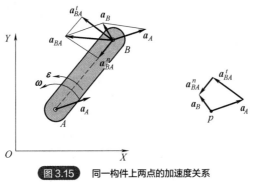

图 3.15 同一构件上两点的加速度关系

下面利用上述方法对一个四杆机构进行运动分析，如图 3.16 所示为一个四转动副四杆机构。其中构件 2 为主动件，以角速度 ω_2 逆时针绕 O 点匀速转动，方向为逆时针方向。求 A、B、D 点的速度 v_A、v_B、v_D 和加速度 $\boldsymbol{a}_A$、$\boldsymbol{a}_B$、$\boldsymbol{a}_D$，以及构件 3 和 4 的角速度 ω_3、ω_4 和角加速度 ε_3、ε_4。

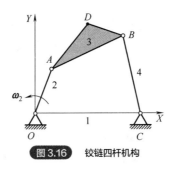

图 3.16 铰链四杆机构

（1）速度分析

点 A 和 B 位于构件 3 上，利用式（3-9）中的点 A 与 B 的相对速度关系，可得：

$$\boldsymbol{v}_B = \boldsymbol{v}_A + \boldsymbol{v}_{BA} \tag{3-11}$$

由于构件 2 只有绕 O 点的旋转运动，故 A 点的速度大小 $v_A = \omega_2 l_{AB}$，方向垂直于直线 OA。由于 B 点也在构件 4 上，故 B 点的速度方向垂直于直线 BC，$\boldsymbol{v}_{BA}$ 的方向垂直于直线 AB。此时，式（3-11）可以表示为：

$$\begin{array}{ccccc} \boldsymbol{v}_B & = & \boldsymbol{v}_A & + & \boldsymbol{v}_{BA} \end{array} \tag{3-12}$$

大小： ? $\omega_2 l_{AB}$?

方向：$\perp BC$ $\perp OA$ $\perp AB$

式（3-12）含有两个未知数，由于此式是一个矢量方程，故此式可解，具体求解方法为绘制速度多边形。由于 v_A 为绝对速度，首先绘制表示 v_A 的向量。需要说明的是，由于作图的图纸大小有限，在作图之前应根据图纸的大小选择合适的比例尺，如这里定义速度比例尺为 μ_v=实际速度（m/s）/图中长度（mm）。任取一点 p 作为原点，作经过点 p 的向量 $\overrightarrow{pa}$，长度为 v_A/μ_v，方向垂直于 OA，此向量表示速度矢量 v_A，如图 3.17 所示。

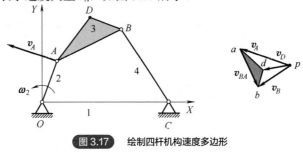

图 3.17 绘制四杆机构速度多边形

然后过点 a 作垂直于 AB 的直线 ab，过点 p 作垂直于 BC 的直线 pb，两直线相交于点 b，则向量 $\overrightarrow{ab}$ 即为 B 点相对 A 的速度 v_{BA}，向量 $\overrightarrow{pb}$ 为 B 点绝对速度 v_B。v_{BA} 的大小为图中向量 $\overrightarrow{ab}$ 的长度乘以比例尺 μ_v，即 $v_{BA}=\mu_v|\overrightarrow{ab}|$。同理，$v_B=\mu_v|\overrightarrow{pb}|$。

此时，构件 3 的角速度大小 $\omega_3 = \dfrac{v_{BA}}{l_{AB}}$，根据 v_{BA} 的方向可判断 ω_3 为顺时针方向。同理，构件 4 的角速度大小 $\omega_4 = \dfrac{v_B}{l_{BC}}$，根据 v_B 的方向可判断 ω_4 为逆时针方向。

对于 D 点速度，由于点 A、B、D 均位于构件 3 上，可作 $\triangle abd$ 相似于 $\triangle ABD$，如图 3.17 所示，同一构件上各点间的相对速度矢量构成的图形 abd 称为该构件图形 ABD 的速度影像。点 A 和 B 的速度已知，可根据影像法求出构件 3 上任意一点的速度，则向量 $\overrightarrow{pd}$ 表示 D 点的绝对速度 v_D，其大小为 $v_D=\mu_v|\overrightarrow{pd}|$。

（2）加速度分析

对于此类问题的加速度分析，同样采用同一构件上两点间的加速度关系来建立约束关系。如前所述，构件 3 上 A、B 两点间的加速度关系如式（3-10）所示。

由于构件 2 以角速度 ω_2 匀速转动，故 A 点的切向加速度为 0，其法向加速度大小为 $a_A^n = \omega_2^2 l_{AB}$。对于 B 点加速度，法向加速度和切向加速度均存在。根据式（3-10），A 点与 B 点的加速度关系可表示为：

$$a_B^n \quad + \quad a_B^t \quad = \quad a_A^n \quad + \quad a_{BA}^n \quad + \quad a_{BA}^t \qquad (3\text{-}13)$$

大小：	$\omega_4^2 l_{BC}$	?	$\omega_2^2 l_{OA}$	$\omega_3^2 l_{AB}$	?
方向：	$B\rightarrow C$	$\perp BC$	$A\rightarrow O$	$B\rightarrow A$	$\perp AB$

式（3-13）中只含有两个未知量，故是可解的，求解方法是通过绘制加速度多边形来求解。定义加速度比例尺为 μ_a=实际速度（m/s²）/图中长度（mm）。任取一点 p' 作为原点，作经过点 p' 的向量 $\overrightarrow{p'a'}$，长度为 a_A^n/μ_a，方向由 A 指向 O，此向量表示加速度矢量 a_A^n，如图 3.18 所示；过

p'作向量$\overrightarrow{p'b''}$，长度为a_B^n/μ_a，方向由B指向C，此向量表示加速度矢量$\boldsymbol{a}_B^n$；过a'作向量$\overrightarrow{a'a''}$，长度为a_{BA}^n/μ_a，方向由B指向A，此向量表示加速度矢量$\boldsymbol{a}_{BA}^n$。

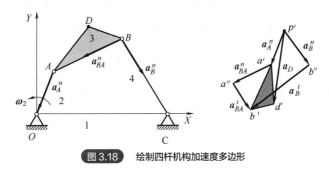

图3.18　绘制四杆机构加速度多边形

过a''作直线$a''b'$，垂直于AB，过b''作直线$b''b'$，垂直于BC，两直线相较于b'点，则向量$\overrightarrow{a''b'}$表示加速度矢量$\boldsymbol{a}_{BA}^t$，向量$\overrightarrow{b''b'}$表示加速度矢量$\boldsymbol{a}_B^t$，向量$\overrightarrow{p'b'}$表示加速度矢量$\boldsymbol{a}_B$。则B点处的加速度大小为$a_B=\mu_a|\overrightarrow{p'b'}|$，方向由$p'$指向$b'$。

此时，构件3的角加速度大小$\varepsilon_3=\dfrac{a_{BA}^t}{l_{AB}}$，根据$\boldsymbol{a}_{BA}^t$的方向可判断$\varepsilon_3$为顺时针方向。同理，

构件4的角加速度大小$\varepsilon_4=\dfrac{a_B^t}{l_{BC}}$，根据$\boldsymbol{a}_B^t$的方向可判断$\varepsilon_4$为逆时针方向。

对于D点加速度，由于点A、B、D均位于构件3上，且点A和B的加速度已知，故可求出D点加速度。同理，可根据加速度影像法求出构件3上任意一点的加速度。作$\triangle a'b'd'$相似于$\triangle ABD$，如图3.18所示，则向量$\overrightarrow{p'd'}$表示D点的绝对加速度$\boldsymbol{a}_D$，其大小为$a_D=\mu_a|\overrightarrow{p'd'}|$。

3.4.2 组成移动副两构件的重合点间的速度、加速度求解方法

如图3.19所示，构件1与构件2组成移动副。构件1绕C点以角速度$\boldsymbol{\omega}_1$、角加速度$\boldsymbol{\varepsilon}_1$做旋转运动，构件2相对于构件1沿移动副的方向移动。B点为构件1和构件2的重合点，在构件1上表示为B_1，在构件2上表示为B_2，其速度分别为$\boldsymbol{v}_{B1}$和$\boldsymbol{v}_{B2}$。B_2点的速度$\boldsymbol{v}_{B2}$可以表示为B_1点速度$\boldsymbol{v}_{B1}$和B_2点相对B_1点的速度$\boldsymbol{v}_{B2B1}$之和，即：

$$\boldsymbol{v}_{B2}=\boldsymbol{v}_{B1}+\boldsymbol{v}_{B2B1} \tag{3-14}$$

矢量$\boldsymbol{v}_{B2}$、$\boldsymbol{v}_{B1}$以及$\boldsymbol{v}_{B2B1}$能够组成一个封闭图形。

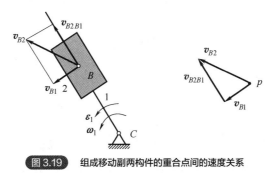

图3.19　组成移动副两构件的重合点间的速度关系

同样地，如图 3.20 所示，B_2 点的加速度 $\boldsymbol{a}_{B2}$ 可以表示为 B_1 点加速度 $\boldsymbol{a}_{B1}$、B_2 点相对 B_1 点的加速度 $\boldsymbol{a}_{B2B1}$ 以及科氏加速度 $\boldsymbol{a}_{B2B1}^k$ 之和。B_1 点加速度 $\boldsymbol{a}_{B1}$ 可分解为法向加速度 $\boldsymbol{a}_{B1}^n$ 和切向加速度 $\boldsymbol{a}_{B1}^t$；B_2 点相对 B_1 点的加速度 $\boldsymbol{a}_{B2B1}$ 可分解为法向加速度 $\boldsymbol{a}_{B2B1}^n$ 和切向加速度 $\boldsymbol{a}_{B2B1}^t$，由于构件 1 和 2 构成移动副，故 $\boldsymbol{a}_{B2B1}^n = \boldsymbol{0}$。因此，$B_2$ 点的加速度可表示为：

$$\boldsymbol{a}_{B2} = \boldsymbol{a}_{B1}^n + \boldsymbol{a}_{B1}^t + \boldsymbol{a}_{B2B1}^t + \boldsymbol{a}_{B2B1}^k \qquad (3\text{-}15)$$

科氏加速度 $\boldsymbol{a}_{B2B1}^k$ 的大小为 $2v_{B2B1}\omega_1$，其方向是将 v_{B2B1} 沿 ω_1 的方向转 90°，矢量 $\boldsymbol{a}_{B2}$、$\boldsymbol{a}_{B1}^n$、$\boldsymbol{a}_{B1}^t$、$\boldsymbol{a}_{B2B1}^t$ 和 $\boldsymbol{a}_{B2B1}^k$ 能够组成一个封闭图形。

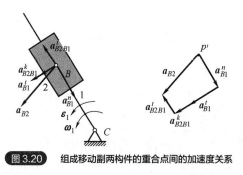

图 3.20 组成移动副两构件的重合点间的加速度关系

下面我们利用上述方法对一个曲柄滑块机构进行运动分析，如图 3.21 所示。其中构件 1 为主动件，以角速度 ω_1 逆时针绕 A 点匀速转动，方向为逆时针方向。求构件 3 的角速度 ω_3 和角加速度 ε_3。

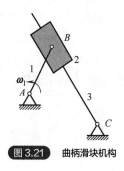

图 3.21 曲柄滑块机构

（1）速度分析

B 点在构件 2 上表示为 B_2，在构件 3 上表示为 B_3，根据组成移动副两构件的重合点间的速度关系，可得：

$$v_{B3} = v_{B2} + v_{B3B2} \qquad (3\text{-}16)$$

由于 B 点同时也位于构件 1 上，故 $v_{B2} = v_{B1} = \omega_1 l_{AB}$，其方向垂直于直线 AB；v_{B3B2} 的方向平行于 BC，v_{B3} 的方向垂直于 BC。故式（3-16）可以表示为：

$$v_{B3} = v_{B2} + v_{B3B2} \qquad (3\text{-}17)$$

大小：　?　　　　$\omega_1 l_{AB}$　　　　　?

方向：$\perp BC$　　　$\perp AB$　　　$/\!/ BC$

式（3-17）含有两个未知数，故此式可解，具体求解方法为绘制速度多边形。首先选择合适

的比例尺 μ_v，任取一点 p 作为原点，经过点 p 作向量 $\overrightarrow{pb_2}$，长度为 v_{B2}/μ_v，方向垂直于 AB 的向量，此向量表示速度矢量 $\boldsymbol{v}_{B2}$，如图 3.22 所示。

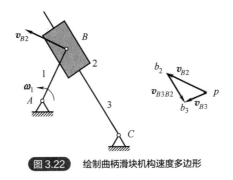

图 3.22 绘制曲柄滑块机构速度多边形

然后过点 b_2 作平行于 BC 的直线 b_2b_3，过点 p 作垂直于 BC 的直线 pb_3，两直线相交于点 b_3，则向量 $\overrightarrow{b_2b_3}$ 即为点 B_3 相对点 B_2 的速度 $\boldsymbol{v}_{B3B2}$，向量 $\overrightarrow{pb_3}$ 为点 B_3 绝对速度 $\boldsymbol{v}_{B3}$。$\boldsymbol{v}_{B3}$ 的大小为图中向量 $\overrightarrow{pb_3}$ 的长度乘以比例尺 μ_v，即 $v_{B3}=\mu_v|\overrightarrow{pb_3}|$。故构件 3 的角速度大小 $\omega_3=\dfrac{v_{B3}}{l_{BC}}$，根据 $\boldsymbol{v}_{B3}$ 的方向可判断 ω_3 为逆时针方向。

（2）加速度分析

由于构件 1 为匀速转动，B_2 点只有法向加速度 $\boldsymbol{a}_{B2}=\boldsymbol{a}_{B2}^n$，大小为 $\omega_1^2 l_{AB}$，方向由 B 指向 A；B_2 点既有法向加速度又有切向加速度，其法向加速度大小 $a_{B3}^n=\omega_3^2 l_{BC}$，方向由 B 指向 C，切向加速度 $\boldsymbol{a}_{B3}^t$ 大小未知，方向垂直于直线 BC；B_3 点相对于 B_2 点的科氏加速度大小 $a_{B3B2}^k=2v_{B3B2}\omega_3$，其方向是将 v_{B3B2} 沿 ω_3 的方向转 90°；B_3 点相对于 B_2 点的切向加速度大小未知，方向平行于直线 BC。故 B_3 点和 B_2 点间的加速度关系可表示为：

$$\boldsymbol{a}_{B3}^n \quad + \quad \boldsymbol{a}_{B3}^t \quad = \quad \boldsymbol{a}_{B2} \quad + \quad \boldsymbol{a}_{B3B2}^k \quad + \quad \boldsymbol{a}_{B3B2}^t \qquad (3\text{-}18)$$

大小： $\quad \omega_3^2 l_{BC} \qquad ? \qquad \omega_2^2 l_{OA} \qquad 2v_{B3B2}\omega_3 \qquad ?$

方向： $\quad B{\to}C \qquad \perp BC \qquad B{\to}A \qquad \perp BC \qquad /\!/ BC$

式（3-19）中只含有两个未知量，故是可解的，通过绘制加速度多边形来求解。定义合适的加速度比例尺 μ_a，并任取一点 p' 作为原点。经过点 p' 作向量 $\overrightarrow{p'b_2'}$，长度为 a_{B2}/μ_a，方向由 B 指向 A，此向量表示加速度矢量 $\boldsymbol{a}_{B2}$，如图 3.23 所示；过点 b_2' 作向量 $\overrightarrow{b_2'k_2'}$，长度为 a_{B3B2}^k/μ_a，方向由图 3.21 中矢量 v_{B3B2} 绕 ω_3 方向转 90°，此向量表示矢量 $\boldsymbol{a}_{B3B2}^k$；过 p' 作向量 $\overrightarrow{p'b_3''}$，长度为 a_{B3}^n/μ_{va}，方向由 B 指向 C，此向量表示加速度矢量 $\boldsymbol{a}_{B3}^n$。

过 k' 作直线 $k'b_3'$ 平行于 BC，过 b_3'' 作直线 $b_3''b_3'$ 垂直于 BC，两直线相交于 b_3' 点，则向量 $\overrightarrow{k'b_3'}$ 表示加速度矢量 $\boldsymbol{a}_{B3B2}^t$，向量 $\overrightarrow{b_3''b_3'}$ 表示加速度矢量 $\boldsymbol{a}_{B3}^t$。此时，构件 3 的角加速度大小

$$\varepsilon_3 = \frac{a_{B3}^t}{l_{BC}} = \mu_a \frac{\overline{b_3''b_3'}}{l_{BC}}$$ ，根据 a_{B3}^t 的方向可判断 ε_3 为逆时针方向。

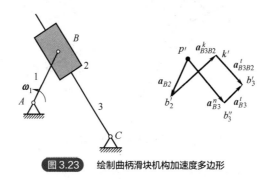

图 3.23 绘制曲柄滑块机构加速度多边形

3.5 解析法进行机构的运动分析

利用解析法进行机构的运动分析是：首先建立机构的位置约束方程，然后对位置约束方程进行求导得到速度方程和加速度方程，最后将这些方程进行求解得到机构的位置、速度以及加速度信息。下面利用解析法对铰链四杆机构进行运动分析，如图 3.24 所示，在四杆机构 $ABCD$ 中，构件 1 为主动件，以角速度 ω_1 绕 A 点逆时针转动，其转角为 φ_1。求此时构件 2 和构件 3 的角位移 φ_2 和 φ_3，角速度 $\dot{\varphi}_2$ 和 $\dot{\varphi}_3$，以及角加速度 $\ddot{\varphi}_2$ 和 $\ddot{\varphi}_3$。

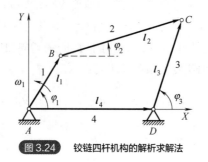

图 3.24 铰链四杆机构的解析求解法

（1）位置分析

首先建立直角坐标系，取铰链 A 的中心为原点，直线 AD 为 X 轴正方向。该四杆机构能够组成一个封边的向量多边形，故可以得到向量方程为：

$$l_1 + l_2 = l_3 + l_4 \tag{3-19}$$

这里规定各向量的方位角自 X 轴逆时针旋转为正、顺时针为负，将此向量方程分别向 X 轴和 Y 轴投影，得到两个标量方程，如下：

$$l_1 \cos\varphi_1 + l_2 \cos\varphi_2 = l_3 \cos\varphi_3 + l_4$$
$$l_1 \sin\varphi_1 + l_2 \sin\varphi_2 = l_3 \sin\varphi_3 \tag{3-20}$$

对式（3-20）求解，可得到未知量 φ_2 和 φ_3 的值，具体求解过程如下：

首先消去 φ_2，可得：

$$l_2^2 = l_1^2 + l_3^2 + l_4^2 + 2l_3l_4\cos\varphi_3 - 2l_1l_4\cos\varphi_1 - \\ 2l_1l_3\cos\varphi_1\cos\varphi_3 - 2l_1l_3\sin\varphi_1\sin\varphi_3 \tag{3-21}$$

整理，得：

$$A\sin\varphi_3 + B\cos\varphi_3 + C = 0 \tag{3-22}$$

其中，$A = -2l_1l_3\sin\varphi_1$，$B = 2l_3l_4 - 2l_1l_3\cos\varphi_1$，$C = l_1^2 + l_3^2 + l_4^2 - l_2^2 - 2l_1l_4\cos\varphi_1$ （3-23）

这里引入参数 y，令 $y = \tan\dfrac{\varphi_3}{2}$，根据半角正切公式可以得到：

$$\cos\varphi_3 = \frac{1-y^2}{1+y^2}, \quad \sin\varphi_3 = \frac{2y}{1+y^2} \tag{3-24}$$

将式（3-24）代入式（3-22），可得：

$$(C-B)y^2 + 2Ay + B + C = 0 \tag{3-25}$$

求解，可得：

$$y = \tan\frac{\varphi_3}{2} = \frac{A \pm \sqrt{A^2 + B^2 - C^2}}{B - C} \tag{3-26}$$

故

$$\varphi_3 = 2\arctan\frac{A \pm \sqrt{A^2 + B^2 - C^2}}{B - C} \tag{3-27}$$

由式（3-27）可知，给定一个 φ_1 值后，φ_3 存在两个值。这是由于在同样的杆长条件下存在两种装配方式，如图 3.25 中实线和虚线所示。在进行实际机构分析时，φ_3 取哪个值需要根据机构初始位置和连续转动条件来确定。式（3-27）的正负号只需确定一次，在后续的计算中一般不会改变。

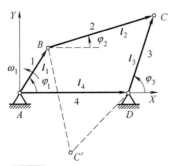

图 3.25　四杆机构的不同装配方式

在确定 φ_3 的值后，φ_2 的值可以直接根据式（3-28）得到，即：

$$\varphi_2 = \arctan \frac{l_3 \sin \varphi_3 - l_1 \sin \varphi_1}{l_3 \cos \varphi_3 + l_4 - l_1 \cos \varphi_1} \tag{3-28}$$

（2）速度分析

速度是位移对时间的导数，故可以直接将式（3-27）和式（3-28）对时间求导得到角速度 $\dot{\varphi}_2$ 和 $\dot{\varphi}_3$，但较为繁琐。这里将式（3-20）的位移方程对时间进行求导，可以得到速度方程为：

$$\begin{aligned} l_1\dot{\varphi}_1 \sin \varphi_1 + l_2\dot{\varphi}_2 \sin \varphi_2 &= l_3\dot{\varphi}_3 \sin \varphi_3 \\ l_1\dot{\varphi}_1 \cos \varphi_1 + l_2\dot{\varphi}_2 \cos \varphi_2 &= l_3\dot{\varphi}_3 \cos \varphi_3 \end{aligned} \tag{3-29}$$

求解可得：

$$\dot{\varphi}_2 = \frac{l_1 \sin\left(\varphi_3 - \varphi_1\right)}{l_2 \sin\left(\varphi_2 - \varphi_3\right)} \dot{\varphi}_1 \tag{3-30}$$

$$\dot{\varphi}_3 = \frac{l_1 \sin\left(\varphi_1 - \varphi_2\right)}{l_3 \sin\left(\varphi_3 - \varphi_2\right)} \dot{\varphi}_1 \tag{3-31}$$

角速度的值为正表示逆时针方向，为负表示顺时针方向。

（3）加速度分析

将式（3-29）的速度方程对时间进行求导可以得到加速度方程：

$$\begin{aligned} l_1\dot{\varphi}_1^2 \cos \varphi_1 + l_2\ddot{\varphi}_2 \sin \varphi_2 + l_2\dot{\varphi}_2^2 \cos \varphi_2 &= l_3\ddot{\varphi}_3 \sin \varphi_3 + l_3\dot{\varphi}_3^2 \cos \varphi_3 \\ -l_1\dot{\varphi}_1^2 \sin \varphi_1 + l_2\ddot{\varphi}_2 \cos \varphi_2 - l_2\dot{\varphi}_2^2 \sin \varphi_2 &= l_3\ddot{\varphi}_3 \cos \varphi_3 - l_3\dot{\varphi}_3^2 \sin \varphi_3 \end{aligned} \tag{3-32}$$

求解可得角加速度为：

$$\ddot{\varphi}_2 = \frac{l_3\dot{\varphi}_3^2 - l_1\dot{\varphi}_1^2 \cos\left(\varphi_1 - \varphi_3\right) - l_2\dot{\varphi}_2^2 \cos\left(\varphi_2 - \varphi_3\right)}{l_2 \sin\left(\varphi_2 - \varphi_3\right)} \tag{3-33}$$

$$\ddot{\varphi}_3 = \frac{l_2\dot{\varphi}_2^2 + l_1\dot{\varphi}_1^2 \cos\left(\varphi_1 - \varphi_2\right) - l_3\dot{\varphi}_3^2 \cos\left(\varphi_2 - \varphi_3\right)}{l_3 \sin\left(\varphi_3 - \varphi_2\right)} \tag{3-34}$$

角加速度的正负表明加速度的变化趋势，角加速度与速度同号表示加速，异号表示减速。

思考和练习题

3-1 什么是速度瞬心？相对速度瞬心和绝对速度瞬心有什么区别？

3-2 什么是三心定理？

3-3 在进行机构运动分析时，速度瞬心法、图解法以及解析法的优点和缺点分别是什么？

3-4 求出图 3.26 所示各机构的所有瞬心。

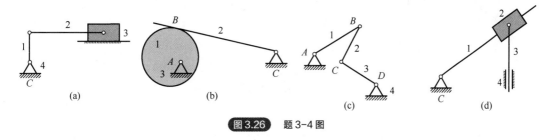

图 3.26　题 3-4 图

3-5　如图 3.27 所示的铰链四杆机构，其中各杆长分别为 l_{AB}=35.6mm、l_{BC}=73mm、l_{CD}=55.8mm、l_{AD}=59.1mm、l_{BE}=38mm、l_{CE}=45.5mm，输入杆 AB 以角速度 ω_1=5rad/s 绕 A 点逆时针匀速转动，当输入角 φ_1=130°时，

① 利用三心定理，求出 B、C、D 点处的速度 v_B、v_C、v_D，构件 2 和构件 3 的角速度 ω_2、ω_3。

② 利用相对运动图解法，求出 B、C、D 点的速度 $\boldsymbol{v}_B$、$\boldsymbol{v}_C$、$\boldsymbol{v}_D$ 和加速度 $\boldsymbol{a}_B$、$\boldsymbol{a}_C$、$\boldsymbol{a}_D$，以及构件 2、3 的角速度 ω_2、ω_3 和角加速度 ε_2、ε_3。

③ 利用解析法，求出构件 2、3 的角位移 φ_2 和 φ_3，角速度 $\dot{\varphi}_2$ 和 $\dot{\varphi}_3$，以及角加速度 $\ddot{\varphi}_2$ 和 $\ddot{\varphi}_3$，并将上述三种方法进行比较。

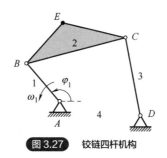

图 3.27　铰链四杆机构

3-6　如图 3.28 所示曲柄滑块机构，其中各杆长分别为 l_1=25.6mm、l_2=50.5mm、e=9.4mm，输入杆 AB 以角速度 ω_1=10rad/s 绕 A 点逆时针匀速转动，当输入角 φ_1=55°时，利用解析法求出：

① 滑块距 A 点的水平距离 S_C，速度 $\boldsymbol{v}_C$ 和加速度 $\boldsymbol{a}_C$；

② 连杆 BC 的转角 φ_1、角速度 $\boldsymbol{\omega}_2$ 和角加速度 $\boldsymbol{\varepsilon}_2$。

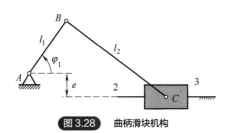

图 3.28　曲柄滑块机构

第4章

平面机构的力分析及机械效率和自锁

扫码获取配套资源

思维导图

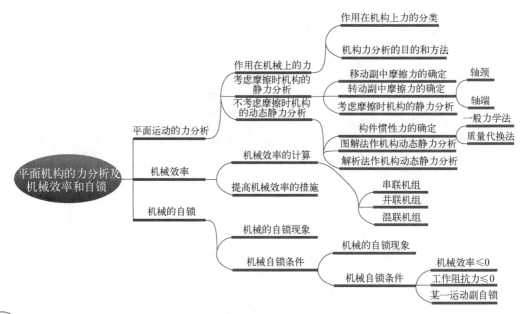

内容导入

平面机构作为一种常用的力传递装置,其力分析对于确保机构正常运行、优化设计及提高机械效率至关重要,深入理解其受力情况并分析力的大小与方向显得尤为关键。

机械效率和自锁关系到机械系统的性能、可靠性和安全性。机械效率,是衡量机械设备能量利用有效程度的重要指标,反映了输入功在机械中转换为有用功的比例,对提高机械系统的整体性能和可靠性具有重要意义。

本章将学习平面机构的力分析及机械效率和自锁等方面的知识。

 学习目标

（1）了解作用在机械上的力的分类；

（2）掌握移动副、转动副中摩擦力的确定方法，并能够用图解法对考虑摩擦时机构的受力进行分析；

（3）掌握构件惯性力的确定方法，并能够用图解法进行机构动态静力分析。

（4）了解解析法在机构动态静力分析中的应用；

（5）了解机械效率的概念，能够对串、并、混联机组进行机械效率计算；

（6）理解机械自锁的条件，能够判定机械自锁条件。

4.1　概述

在设计新机构或者对现有的机构进行改进时，都必须对机械的受力情况进行分析。平面机构的力分析包含两个方面：机构的静力分析和动力分析。静力分析能够计算机构各构件的强度和刚度、运动副中的摩擦，以及确定机械的效率，并能根据机械工作负荷确定机械所需原动机的最小功率，或根据原动机的最小功率确定机械所能克服的最大工作阻力。动力分析则提供更接近工程实际、更精确的受力和力矩大小、方向及其变化规律，对高速、重载和精密机械尤为重要，是重要的性能和质量评价指标。

4.2　作用在机械上的力

4.2.1　作用在机构上的力分类

机械在运动过程中，其各构件上受到的外力有驱动力、工作阻力及弹簧力和介质阻力等，而受到的内力有摩擦力及运动副中的反力等。此外，在运动中构件质量产生的惯性力兼有内、外力的作用。根据力对机械运动影响的不同，可将其分为两大类。

（1）驱动力

驱动机械运动的力称为驱动力，该力所做的功为正功，称为输入功，它是原动机施加于机构的力。有时构件重力、惯性力和弹簧力也充当驱动力，此外，摩擦力在带传动中也常作为驱动力。

（2）阻力

阻止机构运动的力称为阻力，该力所做的功为负功。阻力又可以分为有效阻力和有害阻力。

有效阻力又称为工作阻力，它是机械在工作过程中为了改变物体的外形、位置或状态等受到的阻力，克服这些阻力就完成了有效的工作，如机床的切削阻力和起重机的荷重等都是有效阻力。

有害阻力是指机械在运转过程中所受到的非工作阻力，该力所做的功不仅无用而且有害，如齿轮机构中的摩擦力等。

4.2.2　机构力分析的目的和方法

（1）机构力分析的目的

机构力分析的目的主要有以下两个：

① 确定机构运动副中的反力　运动副反力是运动副两元素接触处彼此作用的正压力和摩擦力的合力，它对于整个机构是内力，而对一个构件是外力。对于机构各零件强度、刚度校核，计算运动副中的摩擦和磨损，以及确定机械效率等都必须获得机构运动副反力。

② 确定机构所需的平衡力和平衡力矩　所谓平衡力或平衡力矩是指机构在已知外力作用下，为了使该机构能按给定的运动规律运动，必须加在机构上的未知力或力矩。平衡力和平衡力矩对于确定机器工作时所需的驱动功率或能承受的最大负荷都是必需的数据。

（2）机构力分析方法

机构力分析主要分为机构的静力分析和动力分析两部分。

对于低速机械，因其惯性力小，常常忽略不计，此时只需对机械作静力分析。作机械的静力分析时，考虑运动副中的摩擦力能提高机械运动副中反力和平衡力的分析精度与机械效率的准确性，有利于提高分析结果与工程实际的吻合度及其工程价值。至于不考虑摩擦下的机械受力分析，其分析方法与考虑摩擦是类似的。

对于高速及重型机械，因其惯性力很大，往往超过外力，此时需要作考虑惯性力的机械动力分析。在机械动力分析时，首先需要求出各构件的惯性力，然后将惯性力视为一般外加于相应构件上的力，再按静力分析的方法去分析，此过程也叫作机械的动态静力分析。

机械的静力分析主要是针对已确定的机械机构方案进行的，并为机构原动机的选择和机械的刚度、强度以及零部件的设计提供必要的设计依据；机械的动力分析，一般是在机械的零部件结构及其尺寸参数确定之后进行的。故本章机构的力分析将分为静力分析和动力分析两个方面加以介绍，机构力分析的方法主要有图解法和解析法两种。

4.3　考虑摩擦时机构的静力分析

机构运动中，摩擦力主要来源于机构中的运动副。在作机构的力分析之前，需要确定各运动副中摩擦力的大小，下面首先介绍常用运动副中摩擦力的确定方法，然后介绍机构的静力分析。

4.3.1　移动副中摩擦力的确定

图 4.1 所示为由滑块 1 与固定平台 2 构成的移动副，滑块所受重力为 G，并在水平力 F 的作用下向右匀速移动。此时滑块受到平台的法向反力为 $F_{N21}=G$，受到平台作用的摩擦力为

$F_{f21}=fF_{N21}$，其方向与滑块相对于平台的相对速度 v_{12} 相反，其中 f 为摩擦因数。

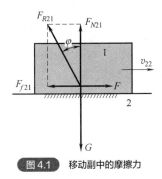

图 4.1　移动副中的摩擦力

两接触面的摩擦力大小与接触面的几何形状有关，图 4.1 为两构件沿一平面接触，摩擦力大小为 $F_{f21}=fG$。若两构件沿一槽面接触（槽形角为 2θ），如图 4.2（a）所示，此时平台 2 对滑块 1 的法向反力 $F_{N21}=G/\sin\theta$，摩擦力 $F_{f21}=fG/\sin\theta$。若两构件沿一半圆柱面接触，如图 4.2（b）所示，其接触面法向反力均指向圆心，法向反力的总和可以表示为 kG，故摩擦力 $F_{f21}=fkG$。其中 $k=1\sim\pi/2$，为接触面系数。由此可见，在其他条件相同的情况下，槽面接触和圆柱面接触的摩擦力比平面接触的摩擦力大。

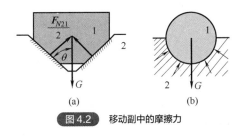

图 4.2　移动副中的摩擦力

为了简化计算，统一计算公式，不论移动副元素的几何形状如何，现均将其摩擦力的大小计算表示为以下形式：

$$F_{f21}=fF_{N21}=f_vG \tag{4-1}$$

其中，f_v 为当量摩擦因数。当移动副两元素为平面接触时，$f_v=f$；当移动副两元素为槽面接触时，$f_v=f/\sin\theta$；当移动副两元素为半圆柱面接触时，$f_v=kf$。

运动副中法向反力和摩擦力的合力为运动副中的总反力。如图 4.1 所示，法向反力 F_{N21} 和摩擦力 F_{f21} 的合力为总反力 F_{R21}。总反力与法向反力之间的夹角 φ 称为摩擦角，对于不同接触面形状的移动副，称为当量摩擦角 φ_v。故

$$\varphi_v=\arctan f_v \tag{4-2}$$

移动副中总反力的方向可按以下方法确定：

① 总反力与法向反力偏斜一个当量摩擦角 φ_v；

② 总反力 F_{R21} 的偏斜方向与构件 1 相对于构件 2 的相对速度 v_{12} 的方向相反。

下面利用上述确定总反力方向的方法对机构进行力分析，如图 4.3（a）所示，滑块 1 与升角为 α 的斜面构成移动副，此移动副的当量摩擦因数为 f_v，作用在滑块上的竖直载荷为 G，现求使滑块匀速上升和匀速下降时，分别需在滑块上施加的平衡力 F 和 F'。

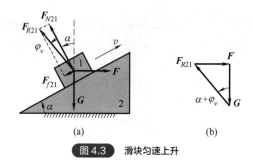

图 4.3　滑块匀速上升

首先根据当量摩擦因数 f_v 计算出摩擦角 φ_v，并根据上述移动副总反力方向的确定方法确定总反力 F_{R21} 的方向，然后根据滑块的力平衡条件作力三角形，如图 4.3（b）所示，可求得当滑块匀速上升时所需平衡力 F 大小为：

$$F=G\tan(\alpha+\varphi_v) \tag{4-3}$$

当滑块匀速下降时，总反力 F_{R21} 和法向反力的偏斜方向与下降方向相反，如图 4.4（a）所示，然后根据滑块的力平衡条件作力三角形，如图 4.4（b）所示，可求得当滑块匀速下降时所需平衡力 F' 大小为：

$$F'=G\tan(\alpha-\varphi_v) \tag{4-4}$$

图 4.4　滑块匀速下降

通过上述分析可知，滑块匀速上升时，G 为阻力；滑块匀速下降时，G 为驱动力。需要注意的是，在下降过程中，当 $\alpha>\varphi_v$ 时，F' 为正值，此时阻止滑块下降；当 $\alpha<\varphi_v$ 时，F' 为负值，此时促使滑块下降。

4.3.2　转动副中摩擦力的确定

（1）轴颈的摩擦

机器中的转动副一般表现为轴颈与轴承的相对转动，如图 4.5（a）所示。当轴转动时，轴颈与轴承将产生摩擦阻力。下面分析如何计算这个摩擦力和摩擦力矩，以及在考虑摩擦时转动副中的总反力。

如图 4.5（b）所示，轴颈 1（轴颈半径为 r）受到的径向载荷为 G，并在驱动力矩 M_d 的作用下，在轴承 2 中以 ω_{12} 的角速度顺时针匀速转动。此时转动副将产生摩擦力以阻止轴颈相对于轴承的转动，且此摩擦力大小 $F_{f21}=f_v G$，其中 $kf_v=(1\sim\pi/2)f$。摩擦力 F_{f21} 对轴颈中心的摩擦力矩 M 的大小为：

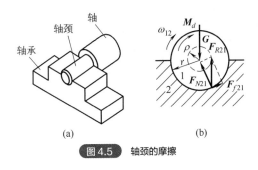

图4.5　轴颈的摩擦

$$M=F_{f21}r=f_vGr \tag{4-5}$$

轴颈受到的法向反力 F_{N21} 和摩擦力 F_{f21} 的合力为总反力 F_{R21}，总反力 F_{R21} 对轴颈中心的力矩表示为 M_f，根据力的平衡条件，$G=-F_{R21}$，$M_d=-M_f=-F_{R21}\rho$。故

$$M_f=f_vGr=F_{R21}\rho \tag{4-6}$$

可得：

$$\rho=f_vr \tag{4-7}$$

式中，f_v 和 r 均为定值，故 ρ 为固定长度。以轴颈中心 O 为圆心，ρ 为半径作圆，如图 4.5（b）中虚线所示的小圆，称为摩擦圆，ρ 为摩擦圆半径。由上述分析可知，轴承对轴颈的总反力 F_{R21} 始终与摩擦圆相切。在进行机械受力分析考虑摩擦时，转动副中总反力的方向可按如下方法确定：

① 在不考虑摩擦力的情况下，根据力的平衡条件，确定总反力的方向；

② 考虑摩擦，总反力总是与摩擦圆相切；

③ 轴承作用于轴颈的总反力对轴颈中心之矩的方向与轴颈相对于轴承的相对角速度方向相反。

（2）轴端的摩擦

轴承受轴向力时，轴端与止推轴承之间也将产生摩擦力。当轴承磨合后，轴端中心部分的压强非常大，极易压溃，对载荷较大的轴端常常做成空心的，如图 4.6 所示。

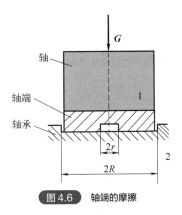

图4.6　轴端的摩擦

图 4.6 中，轴受轴向载荷为 G，轴端与轴承间的摩擦因数为 f，轴端空心圆孔半径为 r，轴承半径为 R。当轴颈在轴承内转动时，轴承对轴端中心的摩擦力矩大小为

$$M_f=fGR_V \tag{4-8}$$

其中，R_V 为当量摩擦半径。对于新轴端

$$R_V = \frac{2}{3}\left(\frac{R^3 - r^3}{R^2 - r^2}\right)$$ （4-9）

对于磨合之后的轴端

$$R_V = \frac{R + r}{2}$$ （4-10）

4.3.3　考虑摩擦时机构的静力图解分析

考虑摩擦时，机构的静力分析法有图解法和解析法，本节只介绍图解法，解析法将在后续机构的动力分析中介绍。对机构进行静力分析时，首先要确定各运动副中总反力的方向；然后取单独构件或杆组为研究对象，建立静力平衡的力矢量方程，通过作力平衡矢量图进行求解。

下面通过一个例子介绍考虑摩擦时机构的静力图解法。如图 4.7（a）所示为一曲柄滑块机构，已知各构件的尺寸和转动副半径 r，接触面状况系数和各运动副中摩擦因数 f，曲柄 1 为主动件，并在力矩 $\boldsymbol{M}_1$ 的作用下以角速度 $\boldsymbol{\omega}_1$ 匀速转动，在不计各构件的重力和惯性力的情况下，试用图解法求各运动副中总反力大小和方向，以及需要加在滑块 3 上的平衡力 $\boldsymbol{F}_r$。

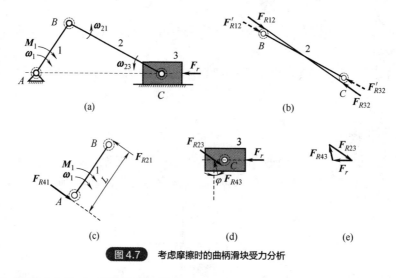

图 4.7　考虑摩擦时的曲柄滑块受力分析

根据已知条件确定转动副的摩擦圆半径 $\rho = kfr$ 和移动副的摩擦角 $\varphi = \arctan f$，画出各转动副处的摩擦圆，如图 4.7（a）所示。

首先不考虑摩擦时的情况，由于力矩 $\boldsymbol{M}_1$ 的方向与角速度 $\boldsymbol{\omega}_1$ 方向相同，力矩 $\boldsymbol{M}_1$ 为驱动力矩，故构件 1 对构件 2 的总反力 $\boldsymbol{F}_{R12}'$ 为压力。取构件 2 为分离体，因不计重力和惯性力，构件 2 为二力杆。构件 3 对构件 2 的总反力 $\boldsymbol{F}_{R32}'$ 与 $\boldsymbol{F}_{R12}'$ 大小相等、方向相反，如图 4.7（b）所示，其中，$\boldsymbol{F}_{R12}'$ 作用在 B 点，方向由 B 指向 C；$\boldsymbol{F}_{R32}'$ 作用在 C 点，方向由 C 指向 B。

当考虑摩擦时，各转动副的总反力应与摩擦圆相切。当构件 1 顺时针转动时，在转动副 B 处，构件 2 相对于构件 1 的相对角速度 $\boldsymbol{\omega}_{21}$ 方向为逆时针，总反力 $\boldsymbol{F}_{R12}$ 对转动副 B 点之矩方向应与相对角速度 $\boldsymbol{\omega}_{21}$ 方向相反，故 $\boldsymbol{F}_{R12}$ 应切于转动副 B 处摩擦圆的上方；同理，在转动副 C 处，

构件 2 相对于构件 3 的相对角速度 ω_{23} 方向也为逆时针，F_{R32} 应切于转动副 C 处摩擦圆的下方，如图 4.7（b）所示。

取曲柄 1 为分离体，如图 4.7（c）所示，曲柄受到力 F_{R21}、F_{R41} 和力矩 M_1 的共同作用，根据力平衡条件，$F_{R41}=-F_{R21}$，又因 ω_1 为顺时针方向，故 F_{R41} 与 F_{R21} 平行且切于转动副 A 处摩擦圆下方。根据构件 2 力矩平衡条件，可得

$$F_{R21}=M_1/L \tag{4-11}$$

其中，L 为 F_{R21} 与 F_{R41} 之间的力臂。

再取滑块 3 为分离体，如图 4.7（d）所示，滑块受到 F_{R23}、F_{R43} 和平衡力 F_r 的共同作用，且这三个力汇于一点。其中 F_{R43} 的方向与法向反力的夹角为摩擦角 φ，且与滑块运动方向相反。根据力的平衡条件，可得

$$F_{R23}+F_{R43}+F_r=0 \tag{4-12}$$

作出力的三角形，如图 4.7（e）所示，可得到 F_{R43} 和 F_r 的大小。

由上述分析可知，在考虑摩擦时进行机构的力分析，关键是确定运动副中总反力的方向。本例中不考虑重力及惯性力，因而可利用二力杆直接求解。在考虑重力以及惯性力时，机构中没有二力杆，因为不能直接求解。在此情况下，需要采用逐次逼近的方法，本节不讨论此方法。

4.4 不考虑摩擦时机构的动态静力分析

机构的动态静力分析相比于机构静力分析更接近工程实际，能够提供更精确的力和力矩大小、方向以及变化规律，机构的动态静力分析对高速、重载和精密机械设计与分析尤其重要。机械动态静力分析的依据是达朗贝尔原理，一般分析步骤为：首先对机构进行运动学分析，得到各构件的角加速度和质心加速度；然后确定各构件的质量和转动惯量，求出各构件的惯性力和惯性力矩；最后按照静力平衡的受力方法进行求解计算。机械的动态静力分析包括图解法和解析法，本节将分别介绍这两种方法。

4.4.1 构件惯性力的确定

构件惯性力的确定有以下两种方法。

（1）一般力学方法

在机构运动过程中，各构件可能会产生惯性力 F_i 或惯性力矩 M_i。惯性力 F_i 与构件的质量 m_i 和构件质心的加速度 a_{Si} 有关，惯性力矩 M_i 与绕过质心轴的转动惯量 J_{Si} 和构件的角加速度 α_i 有关；除此之外，构件的惯性力和惯性力矩还与构件的运动形式有关。表 4.1 为构件做平面运动时惯性力和惯性力矩的计算方法。

表 4.1　构件做平面运动时惯性力和惯性力矩的计算方法

构件运动形式		惯性力 F_i	惯性力矩 M_i
平面复杂运动		$-ma_{Si}$	$-J_{Si}\alpha_i$
平面移动	变速	$-ma_{Si}$	0

续表

构件运动形式		惯性力 F_i	惯性力矩 M_i
平面移动	等速	0	0
绕质心转动	变速	0	$-J_{Si}\alpha_i$
	等速	0	0
绕非质心转动	变速	$-ma_{Si}$	$-J_{Si}\alpha_i$
	等速	$-ma_{Si}$	0

对于表 4.1 中做平面复杂运动的构件以及绕非质心变速转动的构件，同时受到惯性力和惯性力矩。其惯性力和惯性力矩，可以用一个大小等惯性力的总惯性力来替代，下面举例说明。如图 4.8 所示，该构件质量为 m、转动惯量为 J_S，并作平面复杂运动，其质心加速度为 a_S，角加速度为 α。

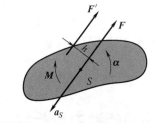

图 4.8　惯性力和惯性力矩的等效方法

此构件受到的惯性力和惯性力矩为：

$$F=-ma_S, \quad M=-J_S a_S \tag{4-13}$$

需要注意的是，惯性力的方向与质心加速度方向相反，惯性力矩的方向与角加速度方向相反。该构件的惯性力和惯性力矩可以等效为一个大小等于 F，作用线偏离质心距离为 h 的总惯性力 F'，F' 对质心之矩的方向应与角加速度方向相反，如图 4.8 所示。其中，h 的大小为：

$$h=M/F \tag{4-14}$$

（2）质量代换法

用上述一般力学方法确定构件惯性力和惯性力矩时，需要求出构件的质心加速度和角加速度，其计算较为繁琐。为了简化计算，可以按照一定条件，用集中于构件上某几个选定点的假想集中质量来代替。这样只需求各集中质量的惯性力，无需求惯性力矩，从而简化计算，这种方法称为质量代换法。假想的集中质量称为代换质量，集中质量的位置称为代换点。构件在质量代换前后，构件的惯性力和惯性力矩应保持不变，为此应该满足以下三个条件：

① 代换前后构件的质量不变；
② 代换前后构件的质心位置保持不变；
③ 代换前后构件对质心轴的转动惯量不变。

对图 4.9（a）中构件用集中在 B、K 两点的质量 m_B、m_K 来代换，如图 4.9（b）所示，其中点 B、S、K、C 在一条直线上，根据上述三个条件，可得以下三个约束方程：

$$m_B+m_K=m$$
$$m_B b=m_K k \tag{4-15}$$
$$m_B b^2+m_K k^2=J_S$$

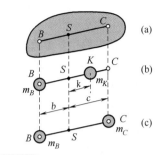

图 4.9　惯性力和惯性力矩的等效方法

上述方程组中有 4 个未知量（b、k、m_B、m_K），只有 3 个方程，故需要给定一个未知量的值。在工程上，一般选定 B 点的位置，即给定 b 的值，其余三个未知量为：

$$k=J_S/(mb)$$
$$m_B=mk/(b+k)$$ （4-16）
$$m_K=mb/(b+k)$$

同时满足上述三个条件的称为动代换，其优点是代换后构件的惯性力和惯性力矩均不变，其缺点是代换点 K 的位置不能随意选择，给工程计算带来不便。而在实际工程中，为了便于计算，常采用只满足前两个条件的质量代换，这种称为静代换。在静代换时，两个代换点的位置均可任选，即可同时确定 b 和 k，如图 4.9（c）所示。此时，两个代换质量为：

$$m_B = m_c/(b+c)$$
$$m_C = m_b/(b+c)$$ （4-17）

由此可见，静代换可以任选两个代换点质量，但是不满足代换前后对质心轴的转动惯量不变的条件，故构件的惯性力矩会产生一些误差。但此误差能为一般工程设计所接受，因其计算的便捷性常为工程上所采纳。

4.4.2　图解法做机构的动态静力分析

机构的动态静力分析方法是将惯性力视为一般外力加在相应的构件上，然后按照机构的静力分析方法进行分析。为了确定运动副中的反力，需要将机构拆为若干个构件组进行分析。而这些构件组必须满足静定条件，即构件组所列出的独立方程的数目等于构件组中所有未知力要素的数目。

在不考虑摩擦时，转动副的反力通过转动副回转中心，其大小和方向未知；移动副中反力沿导路法线方向，其位置和大小未知；平面高副中反力作用于高副两元素接触点的公法线上，仅大小未知。故当构件组中有 p_l 个低副和 p_h 个高副，则共有 $2p_l+p_h$ 个力的未知数。若该构件组共有 n 个构件，因对每个构件都可列出 3 个独立的平衡方程，故共有 $3n$ 个平衡方程。因此构件组的静定条件为：

$$3n=2p_l+p_h$$ （4-18）

下面举例说明如何利用图解法做机构的动态静力分析，如图 4.10 所示的曲柄滑块机构，已知各构件尺寸（曲柄 1 和连杆 2 长度分别为 l_1、l_2），曲柄 1 的质心 S_1 与 A 点重合，且绕 A 点的转动惯量为 J_{S1}；连杆 2 的重量为 G_2，质心位于 S_2 处，绕质心的转动惯量为 J_{S2}；滑块 3 的重量

为 G_3，质心位于 S_3 处。曲柄 1 以角速度 ω_1 和角加速度 α_1 顺时针方向转动，作用于滑块 3 上的工作阻力为 F_r。各运动副的摩擦均不计，求机构在图示位置时，各运动副中的反力以及需要加在曲柄 1 上的平衡力矩 M_b。

首先确定各构件质心加速度和角加速度。根据第 3 章中平面机构的运动分析方法，能够得到连杆 2 质心处加速度为 a_2、角加速度为 α_2、滑块 3 的加速度为 a_3，如图 4.10 所示。

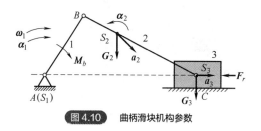

图 4.10　曲柄滑块机构参数

然后确定各惯性力和惯性力矩。其中作用在曲柄 1 上的惯性力矩大小 $M_{I1}=J_{S1}\alpha_1$，方向为逆时针；作用在连杆 2 上的惯性力大小 $F_{I2}=m_2a_2$，方向与加速度 a_2 相反，惯性力矩 $M_{I2}=J_{S2}\alpha_2$，方向与连杆 2 角加速度 α_2 方向相反，即顺时针，故连杆 2 上受到的总惯性力 $F'_{I2}=F_{I2}$，偏离质心 S_2 的距离 $h_2=M_{I2}/F_{I2}$，F'_{I2} 对质心 S_2 之矩的方向与 α_2 方向相反；作用在滑块 3 上的惯性力 $F_{I3}=m_3a_3$，方向与加速度 a_3 方向相反。将上述惯性力加在相应的构件上，如果 4.11（a）所示。

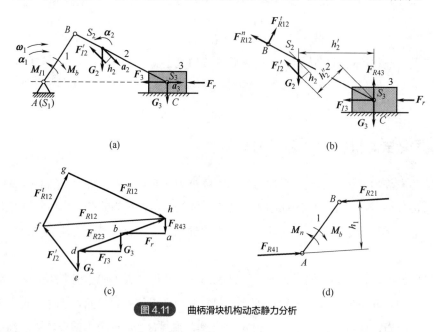

图 4.11　曲柄滑块机构动态静力分析

最后做机构的动态静力分析。根据杆组的静定条件，将此机构拆分为一个由连杆 2 和滑块 3 组成的基本杆组和作用有位置平衡力的曲柄 1。

连杆 2 和滑块 3 组成的杆组为分离体，如图 4.11（b）所示。该杆组上作用有重力 G_2、G_3，惯性力 F'_{I2}、F_{I3}，工作阻力 F_r 以及待求的运动副反力 F_{R12} 和 F_{R43}。由于不计摩擦力，F_{R12} 经过转动副 B 的中心，将 F_{R12} 分解为沿杆 BC 方向的法向分力 F^n_{R12} 和垂直于 BC 方向的切向分力 F^t_{R12}。F_{R43} 垂直于移动副的导路方向。将构件 2 对 C 点取矩，即

$$\sum M_C = F_{R12}^t l_2 - G_2 h_2' + F_{I2}' h_2'' = 0 \tag{4-19}$$

可得 $F_{R12}^t = \left(G_2 h_2' - F_{I2}' h_2''\right) / l_2$，然后根据整个杆组的力平衡条件，可得

$$F_r + G_3 + F_{I3} + G_2 + F_{I2}' + F_{R12}^t + F_{R12}^n + F_{R43} = \mathbf{0} \tag{4-20}$$

上式中仅 F_{R12}^n 和 F_{R43} 的大小未知，故可求解。这里采用图解法进行求解，如图 4.11（c）所示，选定比例尺 μ_F，从点 a 依次作向量 $\overrightarrow{ab}$、$\overrightarrow{bc}$、$\overrightarrow{cd}$、$\overrightarrow{de}$、$\overrightarrow{ef}$ 和 $\overrightarrow{ab}$，分别表示 F_r、G_3、F_{I3}、G_2、F_{I2}' 和 F_{R12}^t，然后由 a 点和 g 点作直线 ah 和 gh，分别平行于 F_{R43} 和 F_{R12}^n，两直线交点为 h，则向量 $\overrightarrow{ha}$ 和 $\overrightarrow{fh}$ 分别表示 F_{R43} 和 F_{R12}，即

$$F_{R43} = \mu_F \overrightarrow{ha}, \quad F_{R12} = \mu_F \overrightarrow{fh} \tag{4-21}$$

根据构件 3 的力平衡条件，有

$$F_{R43} + F_r + G_3 + F_{I3} + G_2 + F_{R23} = \mathbf{0} \tag{4-22}$$

由图 4.11（c）可以直接得到向量 $\overrightarrow{dh}$ 表示反力 F_{R23}，即 $F_{R23} = \mu_F \overrightarrow{dh}$。

再取曲柄 1 为分离体，如图 4.11（d）所示，其上作用有运动副反力 F_{R21}，惯性力矩 M_{I1}，待求的运动副反力 F_{R41} 和平衡力矩 M_b。根据曲柄 1 的力平衡条件，可得

$$F_{R41} = -F_{R21} \tag{4-23}$$

构件 1 对 A 点取矩，可得

$$M_b = M_{I1} + F_{R21} h_1 \tag{4-24}$$

4.4.3 解析法做机构的动态静力分析

利用解析法做机构的动态静力分析就是根据力平衡条件建立矢量方程，然后求解得到各运动副反力以及需要加在主动件上的平衡力矩。下面首先介绍一下解析法中需要用到的力对点之矩的表示方法。

如图 4.12 所示，A、B 两点位置坐标以及作用在 B 点的力矢量 F_B 大小和方向已知，则力 F_B 对 A 点的力矩 M_A 的大小为 $M_A = r F_B \sin\theta_{AB}$，方向为逆时针。采用矢量表示为：

$$M_A = \mathbf{r} \times \mathbf{F}_B \tag{4-25}$$

这里力矩为正值表示逆时针方向，负值表示顺时针方向。将矢量 $\mathbf{r}$ 逆时针旋转 $90°$ 得到 $\mathbf{r}'$，因 $\mathbf{r}' \cdot \mathbf{F}_B = r F_B \cos(90° - \theta_{AB}) = r F_B \sin\theta_{AB}$，故力 F_B 对 A 点的力矩 M_A 也可以表示为：

$$M_A = \mathbf{r}' \cdot \mathbf{F}_B \tag{4-26}$$

其直角坐标系表示形式为：

$$\begin{aligned} M_A &= -\left(y_B - y_A\right) F_{Bx} + \left(x_B - x_A\right) F_{By} \\ &= -r \sin\theta_A F_{Bx} + r \cos\theta_A F_{By} \end{aligned} \tag{4-27}$$

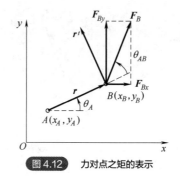

图 4.12　力对点之矩的表示

下面举例说明如何利用解析法进行机构的动态静力分析。如图 4.13 所示，当四杆机构在图示位置时，已知作用于杆件 2 上外力（包括等效惯性力等）为 $\boldsymbol{F}$，以及作用于杆件 3 上的工作阻力矩为 $\boldsymbol{M}_r$，求机构各运动副中的反力，需要加在杆件 1 上的平衡力矩 $\boldsymbol{M}_b$，以及作用在机架 4 上的振动力和振动力矩。

为了方便力方程组求解，现规定将运动副反力统一表示为 $\boldsymbol{F}_{Rij}$ 的形式，其中 $i<j$，表示构件 i 作用于构件 j 的反力，构件 j 作用于构件 i 的反力用 $-\boldsymbol{F}_{Rij}$ 表示。将各运动副中反力均分解为沿两坐标轴的分力，表示为：

$$\boldsymbol{F}_{R14} = -\boldsymbol{F}_{R41} = \boldsymbol{F}_{R14x} + \boldsymbol{F}_{R14y}$$
$$\boldsymbol{F}_{R12} = -\boldsymbol{F}_{R21} = \boldsymbol{F}_{R12x} + \boldsymbol{F}_{R12y}$$
$$\boldsymbol{F}_{R23} = -\boldsymbol{F}_{R32} = \boldsymbol{F}_{R23x} + \boldsymbol{F}_{R23y}$$
$$\boldsymbol{F}_{R34} = -\boldsymbol{F}_{R43} = \boldsymbol{F}_{R34x} + \boldsymbol{F}_{R34y}$$

（4-28）

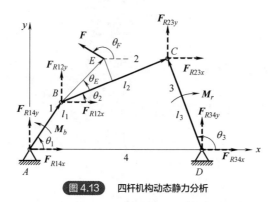

图 4.13　四杆机构动态静力分析

这里采用矢量法进行力分析，一般求解步骤为：先求出各运动副反力，再求平衡力和力矩，最后求机架上的振动力和力矩。具体求解方法如下。

首先在 A 点建立直角坐标系，画出各机构的杆矢量、力矢量以及各矢量的方位角，如图 4.13 所示。由于运动副 C 连接的构件 2 和构件 3 上的外力（$\boldsymbol{F}$ 和 $\boldsymbol{M}_r$）均为已知，故运动副 C 应为首解副。

（1）求解 $\boldsymbol{F}_{R23}$

取构件 3 为分离体，然后对 D 点取矩，可得：

$$\sum M_D = \boldsymbol{l}_3^t \cdot \boldsymbol{F}_{R23} - M_r$$
$$= -\left(y_C - y_D\right)F_{R23x} + \left(x_C - x_D\right)F_{R23y} - M_r \tag{4-29}$$
$$= -l_3 \sin\theta_3 F_{R23x} + l_3 \cos\theta_3 F_{R23y} - M_r = 0$$

再取构件 2 为分离体，对 B 点取矩，可得：

$$\sum M_B = \boldsymbol{l}_2^t \cdot \left(-\boldsymbol{F}_{R23}\right) + \boldsymbol{l}_{BE}^t \cdot \boldsymbol{F}$$
$$= \left(y_C - y_B\right)F_{R23x} - \left(x_C - x_B\right)F_{R23y} - \left(y_E - y_B\right)F_x + \left(x_E - x_B\right)F_y \tag{4-30}$$
$$= l_2 \sin\theta_2 F_{R23x} - l_2 \cos\theta_2 F_{R23y} - l_{BE}\sin\left(\theta_2 + \theta_E\right)F\cos\theta_F +$$
$$l_{BE}\cos\left(\theta_2 + \theta_E\right)F\sin\theta_F = 0$$

联立式（4-29）和式（4-30），求解可得：

$$F_{R23x} = \frac{Fl_{BE}l_3\cos\theta_3\sin\left(\theta_2 + \theta_E - \theta_F\right) + M_r l_2\cos\theta_2}{l_2 l_3\sin\left(\theta_2 - \theta_3\right)}$$
$$\tag{4-31}$$
$$F_{R23y} = \frac{Fl_{BE}l_3\sin\theta_3\sin\left(\theta_2 + \theta_E - \theta_F\right) + M_r l_2\sin\theta_2}{l_2 l_3\sin\left(\theta_2 - \theta_3\right)}$$

（2）求解 F_{R34}

根据构件 3 上的力平衡条件可得 $\sum \boldsymbol{F} = \boldsymbol{0}$，故

$$\boldsymbol{F}_{R34} = -\boldsymbol{F}_{R43} = \boldsymbol{F}_{R23} = -\boldsymbol{F}_{R32} \tag{4-32}$$

（3）求解 F_{R12}

根据构件 2 上的力平衡条件，可得 $\sum F_x = 0$，$\sum F_y = 0$，即

$$\sum F_x = F_{R12x} - F_{R23x} + F\cos\theta_F = 0$$
$$\sum F_y = F_{R12y} - F_{R23y} + F\sin\theta_F = 0 \tag{4-33}$$

故：

$$F_{R12x} = F_{R23x} - F\cos\theta_F$$
$$F_{R12y} = F_{R23y} - F\sin\theta_F \tag{4-34}$$

（4）求解 F_{R14} 和 M_b

根据构件 1 的力平衡条件

$$\boldsymbol{F}_{R14} = -\boldsymbol{F}_{R12} \tag{4-35}$$

根据构件 1 的力矩平衡条件，构件 1 对 A 点取矩，可得：

$$\sum M_A = \boldsymbol{l}_1^t \cdot \left(-\boldsymbol{F}_{R12}\right) + M_b = 0 \tag{4-36}$$

即 $M_b = l_1 \left(F_{R12x} \sin \theta_1 - F_{R12y} \cos \theta_1\right)$。

（5）求机架上的振动力 F_s 和力矩 M_s

该机构作用于机架 4 上的所有力之和为振动力矩 $\boldsymbol{F}_s$，故

$$\boldsymbol{F}_s = \boldsymbol{F}_{R14} + \boldsymbol{F}_{R34} = -\boldsymbol{F}_{R12} + \boldsymbol{F}_{R23} \tag{4-37}$$

机架 4 反作用于机构上的力矩为振动力矩，机架 4 对 A 点取矩，可得

$$\sum M_A = \boldsymbol{l}_4^t \cdot \boldsymbol{F}_{R34} + M_s = 0 \tag{4-38}$$

即 $M_s = -l_4 F_{R23y}$。

4.5 机械效率

机械运转时，总有一部分输入功消耗在有害阻力上（如运动副中的摩擦），这部分功称为损失功。设作用在机械上的输入功为 W_d，输出功为 W_r，损失功为 W_f，机器在稳定运转时，输入功等于输出功与损失功之和，即

$$W_d = W_r + W_f \tag{4-39}$$

输出功与输入功之比称为机械效率，用 η 表示，即

$$\eta = \frac{W_r}{W_d} = 1 - \frac{W_f}{W_d} \tag{4-40}$$

机械效率也可以用功率形式表示，即

$$\eta = \frac{P_r}{P_d} = 1 - \frac{P_f}{P_d} \tag{4-41}$$

其中 P_d、P_r、P_f 分别表示输入功率、输出功率和损失功率。

机械的损失功与输入功之比称为损失率，用 ξ 表示，即

$$\xi = \frac{W_f}{W_d} = \frac{P_f}{P_d} \tag{4-42}$$

可以看到 $\eta + \xi = 1$，由于摩擦损失不可避免，故必有 $\xi > 0$，$\eta < 1$。

4.5.1 机械效率的计算

下面介绍机械效率的另一种计算公式，如图 4.14 所示为一传动装置，其中 $\boldsymbol{F}$ 为驱动力，$\boldsymbol{G}$

为工作阻力，v_F 和 v_G 分别为 F 和 G 的作用点沿力作用线方向的分速度，估计式（4-41）可得

$$\eta = \frac{P_r}{P_d} = \frac{Gv_G}{Fv_F} \qquad (4\text{-}43)$$

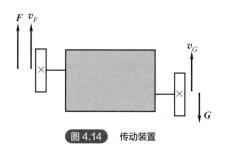

图 4.14　传动装置

假设该机械为理想机械，即不存在摩擦。此时，为克服同样的工作阻力 G，所需要的驱动力 F_0 称为理想驱动力，显然 $F_0 < F$。对于理想机械，其机械效率 $\eta_0 = 1$，即

$$\eta_0 = \frac{Gv_G}{F_0 v_F} = 1 \qquad (4\text{-}44)$$

将式（4-44）代入式（4-43），得

$$\eta = \frac{F_0 v_F}{F v_F} = \frac{F_0}{F} \qquad (4\text{-}45)$$

式（4-45）表明，机械效率也等于不计摩擦时克服工作阻力所需的理想驱动力 F_0 与克服同样工作阻力时该机械实际所需的驱动力 F 之比。

同理，机械效率也可以用力矩之比来表示，即

$$\eta = \frac{M_0}{M} \qquad (4\text{-}46)$$

其中，M_0 和 M 分别表示克服同样工作阻力所需的理想驱动力矩和实际驱动力矩。

用类似的推理方法，设在同一个驱动力 F 作用下所能克服的理想机械的工作阻力为 G_0，所能克服的实际机械的工作阻力为 G，则机械效率也可表示为：

$$\eta = \frac{G}{G_0} \qquad (4\text{-}47)$$

下面计算之前所述的图 4.3、图 4.4 中滑块分别在匀速上升和匀速下降时的效率。前面已经计算出，当滑块匀速上升和下降时，平衡力分别为 $F = G\tan(\alpha + \varphi_v)$ 和 $F' = G\tan(\alpha - \varphi_v)$。

当滑块匀速上升时，重力为阻力，平衡力为驱动力。当无摩擦时，驱动力 $F_0 = G\tan\alpha$，则滑块匀速上升时，机械效率为

$$\eta = \frac{F_0}{F} = \frac{\tan\alpha}{\tan(\alpha + \varphi_v)} \qquad (4\text{-}48)$$

当滑块匀速下降时，重力为驱动力，平衡力为阻力。当无摩擦时，阻力 $F_0 = G\tan\alpha$，则滑块匀速下降时，机械效率为

$$\eta' = \frac{F}{F_0} = \frac{\tan(\alpha - \varphi_v)}{\tan\alpha} \qquad (4\text{-}49)$$

对于一个机构或者运动副，其效率值往往需要通过实验测得。而对于常用传动机构，目前

已经积累了很多资料，表 4.2 给出了常用传动机构的效率。

表 4.2　常用传动机构的效率

名称	效率值
圆柱齿轮传动	0.90~0.99
锥齿轮传动	0.88~0.98
蜗杆传动	0.40~0.85
带传动	0.90~0.99
链传动	0.96~0.97
摩擦轮传动	0.85~0.90
滑动轴承	0.94~0.99
滚动轴承	0.98~0.99
螺旋传动	0.30~0.95

　　机器是由一系列机构组合而成的，当得到每个机构的效率后，可根据机构连接方式来确定整个机器的效率。常见的连接方式可以分为串联、并联和混联，下面分别进行讨论。

（1）串联

　　如图 4.15 所示，该机器由 k 个机构串联组成，各机构的效率分别为 η_1、η_2、$\cdots$、η_k。机器的输入功为 W_d，输出功为 W_r，且前一个机构输出功是后一个机构的输入功。

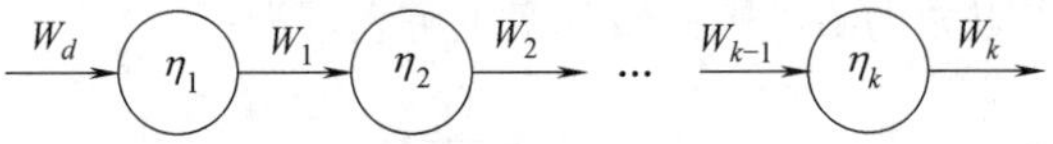

图 4.15　串联机器

该串联机器的机械效率为

$$\eta = \frac{W_1}{W_d} \times \frac{W_2}{W_1} \times \cdots \times \frac{W_k}{W_{k-1}} = \eta_1 \eta_2 \cdots \eta_k \qquad (4\text{-}50)$$

　　由式（4-47）可知，串联机器的效率等于组成该机器的各个机构效率的乘积。由此可见，只要串联机器中任一机构的效率很低，就会造成整个机器的效率很低；串联机构的数目越多，机器的效率也会越低。

（2）并联

　　如图 4.16 所示，该机器由 k 个机构并联组成，各机构的效率分别为 η_1、η_2、$\cdots$、η_k，输入功分别为 W_1、W_2、$\cdots$、W_k，则各机构的输出功分别为 $W_1\eta_1$、$W_2\eta_2$、$\cdots$、$W_k\eta_k$。这种并联机器的特点是机器的输入功是各机构输入功之和，输出功也是各机构输出功之和。

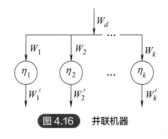

图 4.16 并联机器

则并联机器的机械效率为

$$\eta = \frac{W_1\eta_1 + W_2\eta_2 + \cdots + W_k\eta_k}{W_1 + W_2 + \cdots + W_k} \qquad (4\text{-}51)$$

由式（4-48）可知，并联机器的总效率 η 跟各机构的效率均有关。设各机构中效率最高值和最低值分别为 η_{max} 和 η_{min}，则 $\eta_{min} < \eta < \eta_{max}$。

（3）混联

混联是指机器中各机构的连接方式既有串联也有并联，如图 4.17 所示。

图 4.17 混联机器

此时需要根据实际连接方式弄清输入功至输出功的路线，分别计算出总输入功 $\sum W_d$ 和总输出功 $\sum W_r$，则总机械效率为：

$$\eta = \sum W_r \,/\, \sum W_d \qquad (4\text{-}52)$$

4.5.2 提高机械效率的措施

机械效率是衡量机械产品性能的一个重要指标，提高产品的机械效率需要从机械的设计、制造以及使用维护等多方面考虑，主要目的是减小机械输入功的损失。机械输入功的损失主要来自克服自身重力（动态惯性力）以及运动副中摩擦和介质阻力引起的消耗损失，故提高机械效率可采取以下措施。

（1）尽量简化机械的传动系统

在满足传递运动和力的前提下，机构越简单越好。这样可以减少机构中运动副的数量以及整个系统的重量，从而减少运动副的摩擦和惯性力做功带来功损失。

（2）选择合适的运动副形式

从转动副和移动副的比较来看，转动副结构简单、易制造，传动效率较高；而移动副制造和润滑较困难，易发生自锁现象，故在机构设计时，尽量选择转动副。从低副和高副比较来看，低副承载高，而高副承载低，故在高速低载场合尽量选择高副，这样有利于减少构件数目，提高机械效率。

（3）设计合理的运动副尺寸

对于转动副，由于转动副摩擦力矩的大小与轴颈半径有关，故在满足强度和刚度条件下，应尽量减小转动副的轴颈半径；对于移动副，应尽量增大滑块导轨有效支撑长度和有效横截面的宽度之比，这样有利于受力和运动。一般工程上设计要求此比值大于 1，这样不容易发生自锁，提高机械效率。

（4）尽量减小运动副中摩擦

运动副的设计应尽量有利于润滑，避免干摩擦或者边界摩擦。可采用滚动摩擦代替滑动摩擦，如用滚动轴承代替滑动轴承。

为了减少介质阻力，可对机械的外形采用流线型设计。此外，通过机构的运动设计，也能够使机构动态惯性力与机构的运动方向一致从而做正功，减小输入功的损失。

4.6 机械的自锁

4.6.1 机械的自锁现象及条件

当物体受到驱动力时，如果驱动力在物体运动方向上的分力小于摩擦力，那么无论此驱动力多大，物体都不会发生运动，这种现象叫作机械的自锁。自锁现象在工程中具有重要意义，一方面，在机械设计时，需要避免在预期运动的方向上发生自锁；另一方面，在有的机械上又需要利用自锁的特性完成制动。如手摇螺旋千斤顶具有自锁性，当转动把手把物体顶起后，不论物体的质量多大，都不能驱动螺母转动从而使物体自行降落。下面详细讨论自锁问题。

如图 4.18 所示，滑块 1 与平台 2 构成移动副，滑块与平台存在摩擦，摩擦角为 φ。滑块受到的驱动力 F 与接触面法线方向夹角为 β。

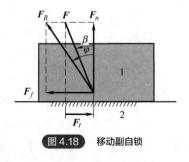

图 4.18 移动副自锁

将驱动力 F 分解为沿接触面的切向分力 F_t 和法向分力 F_n，其中 $F_t = F\sin\beta = F_n\tan\beta$ 是推动滑块移动的有效分力；滑块受到的摩擦力为 $F_f = F_n\tan\varphi$，当 $\beta \leqslant \varphi$ 时，$F_t \leqslant F_f$。即在 $\beta \leqslant \varphi$ 的情况下，无论驱动力 F 多大，其有效驱动力 F_t 总是小于驱动力 F 本身引起的摩擦力 F_f，滑块总是不能移

动,这就是自锁现象。因此,移动副发生自锁的条件是作用在滑块上的驱动力作用在其摩擦角之内。

对于如图 4.19 所示的转动副,轴颈受驱动力 F 的作用,F 的作用线在摩擦圆之内,即 $a \leq \rho$。驱动力 F 对轴颈中心的力矩为 $M_a = Fa$,驱动力 F 引起的摩擦力矩为 $M_f = F_R \rho = F\rho$。即在 $a \leq \rho$ 的情况下,无论驱动力 F 多大,均不能使轴颈转动,即出现了自锁现象。因此,转动副发生自锁的条件是作用在轴颈上的驱动力为单力,且作用在摩擦圆之内。

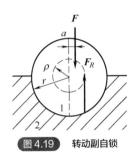

图 4.19   转动副自锁

4.6.2　机械自锁条件的确定

上面讨论了单个运动副发生自锁的条件,对于一个机械来说,还可以根据以下条件判断机械是否会发生自锁。

（1）机械效率 $\eta \leq 0$

当机械发生自锁时,驱动力所能做的功 W_d 不足以克服其引起的损失功 W_f,故此时机械效率 $\eta \leq 0$。所以,当驱动力任意增大时,机械效率总是小于等于 0,则机械发生自锁。

下面举例说明如何通过机械效率确定螺旋机构的自锁条件,螺旋机构可以等效为图 4.4 中滑块斜面机构,其中斜面升角 α 为螺旋机构的螺纹升角。螺旋机构产生自锁是指无论螺旋机构承受多大重力,螺旋机构均不会产生转动。即图 4.4 中滑块无论承受多大重力,滑块均不会向下滑动。由于机械自锁时,其机械效率总小于等于 0,根据式（4-49）滑块下降时的机械效率,并令其小于等于 0,可得:

$$\eta' = \frac{F}{F_0} = \frac{\tan(\alpha - \varphi_v)}{\tan \alpha} \leq 0 \qquad (4\text{-}53)$$

式（4-52）中,$\tan \alpha > 0$,故当 $\alpha \leq \varphi_v$ 时,$\eta' \leq 0$。可得,螺旋机构或者斜面机构自锁的条件为:其螺纹升角或斜面升角小于等于摩擦角。

（2）工作阻抗力 ≤ 0

当机械自锁时,机械已经不能运动,此时该机械所能克服的工作阻力 ≤ 0。所以,可以利用当驱动力任意增大时,工作阻抗力 ≤ 0 是否成立来判断机械是否自锁。

下面举例说明如何通过工作阻抗力 ≤ 0 确定螺旋机构的自锁条件,如图 4.20（a）所示为一个斜面压榨机构,在滑块 1 上施加 F 可将物体 4 压紧,G 为物体 4 对滑块 3 的反作用力。当 F 撤去后,无论 G 多大,滑块 2 均不会发生移动,即机构具有自锁性,试分析该机构的自锁条件。

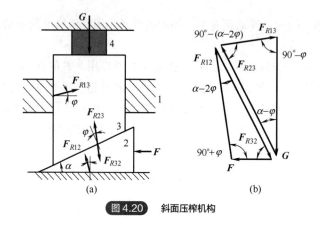

图4.20　斜面压榨机构

先求当 G 为驱动力时,该机构的阻抗力 F 的大小。设各接触面的摩擦角为 φ,根据各接触面的相对运动关系,如滑块 2 相对于固定构件 1 向右运动,滑块 3 相对于固定构件 1 向下运动,作出两滑块的受力图,如图 4.20（a）所示。然后根据力平衡方程式 $F+F_{R12}+F_{R32}=0$ 以及 $G+F_{R13}+F_{R23}=0$,作出力的多边形,如图 4.20（b）所示,可得:

$$F = F_{R32} \sin\left(\alpha - 2\varphi\right) / \cos\varphi$$
$$G = F_{R23} \cos\left(\alpha - 2\varphi\right) / \cos\varphi \tag{4-54}$$

又因 $F_{R23}=F_{R32}$,故可得 $F=G\tan(\alpha-2\varphi)$,令阻抗力 $F\leqslant 0$,得到:

$$\alpha \leqslant 2\varphi \tag{4-55}$$

故该压榨机构的反行程（G 为驱动力时）的自锁条件是 $\alpha\leqslant 2\varphi$。

（3）某一运动副发生自锁

机械自锁的实质是其中的运动副发生自锁,故对于单自由度机械,当其中某个运动副发生了自锁,整个机械也就发生自锁。所以,可以通过对机械中某一运动副的自锁条件确定该机械的自锁条件。

 思考和练习题

4-1　什么是机构的动态静力分析? 对机构进行动态静力分析的步骤有哪些?

4-2　构件组的静定条件是什么? 基本杆组都是静定杆组吗?

4-3　如图 4.21 所示为一考虑摩擦的铰链四杆机构,已知各构件的尺寸和转动副半径 r,各运动副中摩擦因子 f,曲柄 1 为主动件,并在力矩 M_1 的作用下以角速度 ω_1 逆时针匀速转动,在不计各构件的重力和惯性力的情况下,试用图解法求各运动副中总反力大小和方向,以及需要加在杆件 3 上的平衡力矩 M_b。

4-4　在图 4.22 所示的曲柄滑块机构中,各杆长分别为 $l_{AB}=0.33$m、$l_{BC}=0.6$m,连杆重量 $G_2=30$N、$J_{S2}=0.05$kg·m^2,连杆质心 S_2 靠近 B 点 1/3 处,滑块重量 $G_2=22$N。在不考虑摩擦力的情况下,求滑块的惯性力以及各运动副反力。

4-5　如图 4.23 所示为一个焊接用的楔形夹具,在焊接前需要把要焊接的两个工件 1 和 2 预先夹紧,其中 3 为夹具体,4 为楔块。夹紧后该机构发生自锁,即撤去推力 F,楔块 3 不会发生松动,试确定该机构自锁条件。

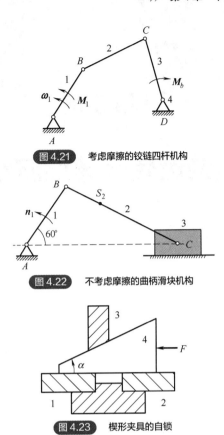

图 4.21　考虑摩擦的铰链四杆机构

图 4.22　不考虑摩擦的曲柄滑块机构

图 4.23　楔形夹具的自锁

第 5 章

机械的运转及速度波动调节

扫码获取配套资源

思维导图

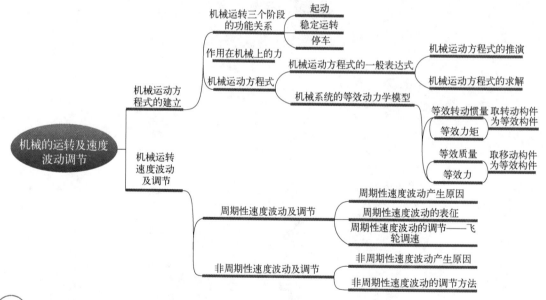

内容导入

机械设备的运转及速度控制是确保设备高效、稳定运行的关键环节，在实际应用中，由于各种因素的影响，机械设备的运转速度往往会出现波动现象，这不仅会影响设备的工作效率，还可能对设备的稳定性和使用寿命造成不利影响。因此研究机械运转速度波动的原因及其调节方法具有重要意义。通过有效的调节措施，可以减小速度波动范围，提高机械设备的运转平稳性和稳定性，进而提升设备的工作效率和使用寿命。

本章将学习机械的运转及速度波动调节相关知识，主要内容包括机械运动方程式的建立、推演与求解，机械速度波动及其调节等。

 学习目标

（1）了解机械运转三个阶段的功能关系以及作用在机械上的驱动力和工作阻力；

（2）理解动能定理，能够建立机械运动方程式，理解机械系统的等效动力学模型；

（3）理解机械运动方程式的推演与求解；

（4）掌握周期性速度波动及其调节方法，理解非周期性速度波动及其调节方法。

5.1 概述

5.1.1 本章学习的目的和意义

在前面的章节中，我们在对机构进行运动分析及力分析时，通常假设原动件作等速运动，而实际上机构原动件的运动规律是由其各构件的质量、转动惯量和作用于其上的驱动力与阻抗力等因素决定的。在一般情况下，原动件的速度和加速度是随时间而变化的，因此为了对机构进行精确的运动分析和力分析，需要首先确定机构原动件的真实运动规律，这对于高速、高精度和高自动化程度的机械设计是十分重要的。

对于高速重载机械，构件弹性变形、运动副间隙和机械运转时的周期性速度波动及回转构件的不平衡等都将影响机械的运转精度和动态性能，这些问题属于机械动力学的研究范畴。机械动力学一般研究两类问题：第一类问题是给定机械系统的运动规律，求作用在各构件的未知外力及运动副中的反力；第二类问题是给定机械系统各构件作用的外力，求机械系统的运动规律。本章主要阐述后者。

5.1.2 机械运转三个阶段的功能关系

机械在运转过程的不同阶段，其运动状态以及作用在机械上的驱动力和阻抗力是不断变化的。如图 5.1 所示为机械原动件的角速度 ω 随时间 t 变化的曲线。

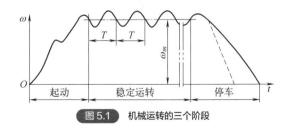

图 5.1 机械运转的三个阶段

（1）起动阶段

在起动阶段，机械原动件的角速度 ω 由零逐渐上升，直至达到正常运转速度为止。在此阶段，由于驱动力所做的功 W_d 大于阻抗力所做的功 W_r' [$W_r' = W_r + W_f$，其中 W_r 为有益（生产）功，W_f 为有害功]，所以机械积蓄了动能 E。

起动阶段的功能关系可以表示为

$$W_d = W_r' + E \qquad (5\text{-}1)$$

为缩短这一过程，在起动阶段，一般常使机械在空载下起动，或者另加一个起动电动机来增大驱动力，从而达到快速起动的目的。

（2）稳定运转阶段

稳定运转阶段是机器的正常工作阶段。在这一阶段中，原动件的平均角速度 ω_m 保持为一个常数，但原动件的角速度 ω 通常还会出现周期性的速度波动。就机械的一个运动循环（即机械原动件角速度变化的一个周期）而言，机械的总驱动功与总阻抗功是相等的，即

$$W_d - W_r' = E_B - E_A = 0 \qquad (5\text{-}2)$$

机械系统在一个周期始末的动能相等，原动件速度也相等，但在一个周期内的任何一个区间，当驱动功大于阻抗功时，机器的动能将增加，机器的主轴速度将增大；当驱动功小于阻抗功时，机器的动能将减少，机器的主轴速度将降低。

（3）停车阶段

在停车阶段，机械的驱动力不再做功，$W_d = 0$。当阻抗功将机械具有的动能消耗完时，机械便停止运转。

停车阶段的功能关系为

$$E = -W_r' \qquad (5\text{-}3)$$

在停车阶段，机械上的工作阻力通常也不再作用，为缩短停车所需时间，许多机械上都安装了制动装置。安装制动器后的停车阶段如图 5.1 中的虚线所示。

对于机械的三个运转阶段，本章重点在于稳定运转阶段，尤其是变速稳定运转情况。下面的内容主要研究在周期性变化的外力作用下，机械速度的周期性波动及其调节方法。

5.1.3 作用在机械上的驱动力和工作阻力

为了研究机械在外力作用下的真实运动规律，首先需要知道作用在机械上的外力。当忽略各构件的重力和各运动副间的摩擦力时，作用在机械上的力可分为驱动力和工作阻力两大类。

各种原动机的作用力（或力矩）与其运动参数（位移、速度）之间的关系称为原动机的机械特性。如用重锤作为驱动件时其机械特性为常数 [图 5.2（a）]，用弹簧作为驱动件时其机械特性是位移的线性函数 [图 5.2（b）]，而内燃机的机械特性是位置的函数 [图 5.2（c）]，三相交流异步电动机 [图 5.2（d）] 的机械特性则是速度的函数。

当用解析法研究机械的运动时，原动机的驱动力必须以解析式的形式表达。为了简化计算，常将原动机的机械特性曲线用简单的代数式来近似地表示。如交流异步电动机的机械特性曲线

［图 5.2（d）］的 BC 部分是工作段，就常近似地以通过 N 点和 C 点的直线代替。N 点的转矩 M_n 为电动机的额定转矩，角速度 ω_n 为电动机的额定角速度。C 点的角速度 ω_0 为同步角速度，转矩为零。该直线上任意一点的驱动力矩 M_d 为

$$M_d = M_n(\omega_0 - \omega)/(\omega_0 - \omega_n) \tag{5-4}$$

式中，M_n、ω_n、ω_0 可在电动机产品目录中查出。

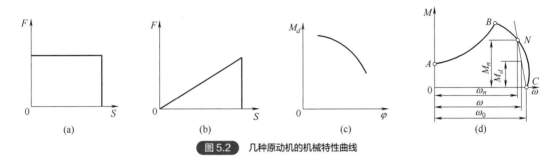

图 5.2　几种原动机的机械特性曲线

至于机械执行构件所承受的工作阻力的变化规律，则取决于机械工艺过程的特点，工作阻力按其机械特性可认为有以下五种类型：

① 工作阻力是常数，如起重机、轧钢机和车床等。

② 工作阻力是执行构件位移的函数，如曲柄压力机、振动式输送机等。

③ 工作阻力是执行构件速度的函数，如鼓风机、搅拌机等。

④ 工作阻力是时间的函数，如揉面机、球磨机等。

⑤ 工作阻力是位移和速度的函数，如高速运输机等。

驱动力和工作阻力的确定涉及许多专业知识，本书不做详细阐述。在本章讨论中认为外力是已知的。

5.2　机械运动方程式的建立

机械的运动方程式，描述的是作用在机械上的力、构件的质量、转动惯量和其运动参数之间的函数关系。本节针对应用最为广泛的单自由度刚性机械系统，基于机械系统的功能关系，介绍一种简单的等效动力学模型的建模方法。

5.2.1　机械运动方程式的一般表达式

单自由度机械系统是指只有一个自由度的机械系统，要描述它的运动规律只需要一个广义坐标，确定出该坐标随时间变化的规律即可。下面以图 5.3 所示的曲柄滑块机构为例说明单自由度机械系统的运动方程的建立方法。

曲柄滑块机构由 3 个活动构件组成。若已知曲柄 1 为原动件，其角速度为 ω_1；曲柄 1 的质心 S_1 在 O 点，其转动惯量为 J_1；连杆 2 的角速度为 ω_2，质量为 m_2，其对质心 S_2 的转动惯量为 J_{S2}，质心 S_2 的速度大小为 v_{S2}；滑块 3 的质量为 m_3，其质心 S_3 在 B 点，速度大小为 v_3。则该机构在 dt 瞬间的动能增量为

$$dE = d\left(J_1\omega_1^2/2 + m_2v_{S2}^2/2 + J_{S2}\omega_2^2/2 + m_3v_3^2/2\right)$$

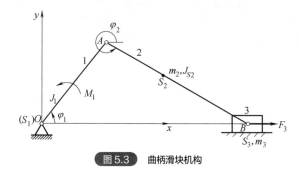

图 5.3　曲柄滑块机构

若在此机构上作用有驱动力矩 M_1 与工作阻力 F_3，则在瞬间 dt 所做的功为

$$dW = \left(M_1\omega_1 - F_3v_3\right)dt = Pdt$$

根据动能定理，机械系统在某一瞬间总的动能增量应等于在该瞬间内作用于该机械系统的所有外力所作的元功之和，由此可以得出此曲柄滑块机构的运动方程式为

$$d\left(J_1\omega_1^2/2 + m_2v_{S2}^2/2 + J_{S2}\omega_2^2/2 + m_3v_3^2/2\right) = \left(M_1\omega_1 - F_3v_3\right)dt \tag{5-5}$$

如果机械系统由 n 个活动构件组成，作用在构件 i 上的作用力为 F_i，力矩为 M_i，力 F_i 的作用点的速度为 v_i，构件的角速度为 ω_i，同理可得出单自由度刚性机械运动方程式的一般表达式为

$$d\left[\sum_{i=1}^{n}\left(m_iv_{Si}^2/2 + J_{Si}\omega_i^2/2\right)\right] = \left[\sum_{i=1}^{n}\left(F_iv_i\cos\alpha_i \pm M_i\omega_i\right)\right]dt \tag{5-6}$$

式中，α_i 为作用在构件 i 上的外力 F_i 与该力作用点的速度 v_i 间的夹角；而 "±" 号的选取决定于作用在构件 i 上的力偶矩 M_i 与该构件的角速度 ω_i 的方向是否相同，相同时取 "+" 号，反之取 "–" 号。

对于单自由度机械系统而言，只需要求解一个独立坐标随时间的变化规律，就可以描述其在外力下的真实运动。如果把复杂的单自由度机械系统简化为一个等效构件，该等效构件与原系统某一活动构件具有相同的运动规律，对此等效构件建立简单的等效动力学模型，求出该构件的真实运动后，就相当于单自由度系统中的某一个构件运动已知，进而可以获得系统中每个构件的真实运动。因此，等效构件的引入和等效模型的建立，将使单自由度机械系统真实运动的研究大为简化。

5.2.2　机械系统的等效动力学模型

仍以图 5.3 所示的曲柄滑块机构为例。该机构为单自由度机械系统，现选取曲柄 1 的转角 φ_1 为独立的广义坐标，并将式（5-5）改写为

$$d\left\{\frac{\omega_1^2}{2}\left[J_1 + J_{S2}\left(\frac{\omega_2}{\omega_1}\right)^2 + m_2\left(\frac{v_{S2}}{\omega_1}\right)^2 + m_3\left(\frac{v_3}{\omega_1}\right)^2\right]\right\} = \omega_1\left(M_1 - F_3\frac{v_3}{\omega_1}\right)dt \tag{5-7}$$

又令

$$J_e = J_1 + J_{S2}\left(\omega_2/\omega_1\right)^2 + m_2\left(v_{S2}/\omega_1\right)^2 + m_3\left(v_3/\omega_1\right)^2 \tag{5-8}$$

$$M_e = M_1 - F_3\left(v_3/\omega_1\right) \tag{5-9}$$

由式（5-8）可以看出，J_e 具有转动惯量的量纲，故称为等效转动惯量。式中，各速比 ω_2/ω_1、v_{S2}/ω_1 以及 v_3/ω_1 都是广义坐标 φ_1 的函数。因此，等效转动惯量的一般表达式可以写成函数式

$$J_e = J_e\left(\varphi_1\right) \tag{5-10}$$

又由式（5-9）可知，M_e 具有力矩的量纲，故称为等效力矩。同理，式中的速比 v_3/ω_1 也是广义坐标 φ_1 的函数。又因为外力矩 M_1 与 F_3 在机械系统中可能是运动参数 φ_1、ω_1 及 t 的函数，所以等效力矩的一般函数表达式为

$$M_e = M_e\left(\varphi_1, \omega_1, t\right) \tag{5-11}$$

根据 J_e 与 M_e 的表达式（5-8）~式（5-11），则式（5-7）可以写成如下形式的运动方程式：

$$d\left[J_e\left(\varphi_1\right)\omega_1^2/2\right] = M_e\left(\varphi_1, \omega_1, t\right)\omega_1 dt \tag{5-12}$$

由上述推导可知，对一个单自由度机械系统运动的研究可以简化为对该系统中某一个构件运动的研究。但该构件上的转动惯量应等于整个机械系统的等效转动惯量 $J_e(\varphi)$，作用于该构件上的力矩应等于整个机械系统的等效力矩 $M_e(\varphi, \omega, t)$。这样的假想构件称为等效构件。

为了保证等效构件和机械中相应的该构件具有同样的真实运动，必须满足等效前后系统的动力学效果相同，即等效构件所具有的动能应等于原机械系统所有构件所具有的动能之和，且作用在等效构件上的等效力（矩）所做的功或所产生的功率应等于作用在原机械系统上所有力和力矩所做的功或所产生的功率之和。满足这两个条件，即可认为等效构件和原机械系统在动力学上是等效的，就可将等效构件作为该系统的等效动力学模型。

当选取定轴转动构件为等效构件时，如图 5.4（a）所示，等效构件做定轴转动，转角 φ_1，角速度 ω_1，等效转动惯量 J_e，所受等效力矩为 M_e。

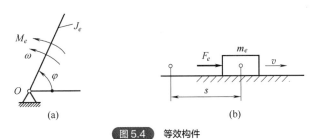

图 5.4   等效构件

等效构件也可以选用移动构件。如图 5.4（b）所示，可选滑块 3 为等效构件，其广义坐标为滑块的位移 s_3，则式（5-5）可改写为

$$d\left\{\frac{v_3^2}{2}\left[J_1\left(\frac{\omega_1}{v_3}\right)^2 + m_2\left(\frac{v_{S2}}{v_3}\right)^2 + J_{S2}\left(\frac{\omega_2}{v_3}\right)^2 + m_3\right]\right\} = v_3\left(M_1\frac{\omega_1}{v_3} - F_3\right)dt \tag{5-13}$$

式（5-13）左端方括号内的量，具有质量的量纲，设以 m_e 表示，称为等效质量，有

$$m_e = J_1 \left(\omega_1 / v_3 \right)^2 + m_2 \left(v_{S2} / v_3 \right)^2 + J_{S2} \left(\omega_2 / v_3 \right)^2 + m_3 \tag{5-14}$$

而式（5-13）右端括号内的量，具有力的量纲，设以 F_e 表示，称为等效力，有

$$F_e = M \left(\omega_1 / v_3 \right) - F_3 \tag{5-15}$$

于是，可得以滑块 3 为等效构件时所建立的运动方程式为

$$\mathrm{d}\left[m_e \left(s_3 \right) v_3^2 / 2 \right] = F_e \left(s_3, v_3, t \right) v_3 \mathrm{d}t \tag{5-16}$$

等效前后的系统动力学效果相同，是计算等效动力学模型等效量的根据。取绕定轴转动的构件作等效构件时，需要计算等效转动惯量 J_e 和等效力矩 M_e；取作直线移动的构件作等效构件时，需要计算等效质量 m_e 和等效力 F_e。

将定轴转动的等效构件对其转轴的转动惯量定义为系统的等效转动惯量 J_e，则其等效转动惯量的一般计算公式为

$$J_e = \sum_{i=1}^{n} \left[m_i \left(\frac{v_{Si}}{\omega} \right)^2 + J_{Si} \left(\frac{\omega_i}{\omega} \right)^2 \right] \tag{5-17}$$

其中 v_{Si}/ω 和 ω_i/ω 分别是构件 i 的质心速度、角速度与等效构件角速度 ω 的比值。该比值是运动学参数，取决于各构件的运动尺寸、惯性参数和机构运动的位置，是系统的固有特性，与系统的真实运动无关。因此在机械系统真实运动未知的情况下，仍可计算出等效转动惯量。

将用在定轴转动的等效构件上的力矩定义为系统的等效力矩 M_e，等效力矩的一般计算公式为

$$M_e = \sum_{i=1}^{n} \left[F_i \left(v_i / \omega \right) \cos \alpha_i \pm M_i \left(\omega_i / \omega \right) \right] \tag{5-18}$$

同样，M_e 和 J_e 一样，取决于各构件的运动尺寸、惯性参数和机构运动的位置，与系统的真实运动无关。若计算出的 M_e 为正，表示与等效构件角速度 ω 方向一致，否则相反。

需要强调的是，M_e 和 J_e 都是假想的变量。

同样，根据动力学等效的原则，也可以推导出取系统中直线移动构件为等效构件时的等效质量 m_e 和等效力 F_e。

$$m_e = \sum_{i=1}^{n} \left[m_i \left(v_{si} / v \right)^2 + J_{si} \left(\omega_i / v \right)^2 \right] \tag{5-19}$$

$$F_e = \sum_{i=1}^{n} \left[F_i \left(v_i / v \right) \cos \alpha_i \pm M_i \left(\omega_i / v \right) \right] \tag{5-20}$$

至此，将一个复杂的单自由度机械系统的动力学问题转化为了一个等效构件的动力学问题，主要步骤总结如下：

① 将具有独立坐标的构件（通常取做转动的原动件，也可以取做往复移动的构件）取作等效构件。

② 按式（5-17）或式（5-19）求出系统的等效转动惯量或等效质量，按式（5-18）或式（5-20）求出系统的等效力矩或等效力，并将其作用于等效构件上，建立单自由度机械系统的等效动力学模型。

③ 根据功能原理，列出等效模型的动力学方程，该方程只含有描述系统运动的独立坐标。

④ 求解所列出的动力学方程，得到等效构件的运动规律，即系统中具有独立坐标的构件的运动规律。

⑤ 用机构运动分析方法，由具有独立坐标的构件的运动规律，进一步求出系统中所有活动构件的运动规律。

例 5-1　图 5.5 所示为齿轮-连杆组合机构。设已知轮 1 的齿数 $z_1=20$，转动惯量为 J_1；轮 2 的齿数 $z_2=60$，它与曲柄 2′的质心在 B 点，其对 B 轴的转动惯量为 J_2，曲柄长为 l；滑块 3 和构件 4 的质量分别为 m_3、m_4，其质心分别在 C 及 D 点。在轮 1 上作用有驱动力矩 M_1，在构件 4 上作用有阻抗力 F_4，现取曲柄为等效构件，试求在图示位置时的 J_e 及 M_e。

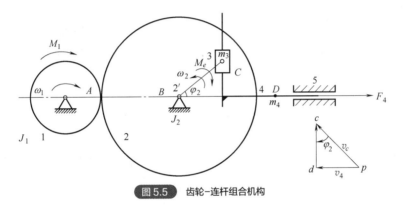

图 5.5　齿轮-连杆组合机构

解：根据式（5-17）有

$$J_e = J_1\left(\omega_1/\omega_2\right)^2 + J_2 + m_3\left(v_3/\omega_2\right)^2 + m_4\left(v_4/\omega_2\right)^2 \tag{a}$$

而由速度分析〔图 5.5（b）〕可知

$$v_3 = v_c = \omega l \tag{b}$$

$$v_4 = v_c \sin\varphi_2 = \omega_2 l \sin\varphi_2 \tag{c}$$

故

$$J_e = J_1\left(z_2/z_1\right)^2 + J_2 + m_3\left(\omega_2 l/\omega_2\right)^2 + m_4\left(\omega_2 l \sin\varphi_2/\omega_2\right)^2$$
$$= 9J_1 + J_2 + m_3 l^2 + m_4 l^2 \sin^2\varphi_2 \tag{d}$$

根据式（5-18），有

$$M_e = M_1\left(\omega_1/\omega_2\right) + F_4\left(v_4/\omega_2\right)\cos 180°$$
$$= M_1\left(z_2/z_1\right) - F_4\left(\omega_2 l \sin\varphi_2\right)/\omega_2$$
$$= 3M_1 - F_4 l \sin\varphi_2 \tag{e}$$

5.3 机械运动方程式的推演与求解

5.3.1 机械动力学方程的推演

前面已经通过等效构件建立了单自由度机械系统的等效动力学模型。在机械真实运动未知的情况下，可以求出等效构件的等效力或等效力矩、等效质量或等效转动惯量，要求机械系统的真实运动只需求解等效构件的运动规律就可以了。为此，可根据动能定理来建立外力或外力矩与等效构件运动参数间的运动方程式。该运动方程式一般有以下两种表达形式。

（1）能量形式的运动方程式

机械运转时，在任一时间间隔 $\mathrm{d}t$ 内，所有外力所作的元功 $\mathrm{d}W$ 应等于机械系统动能的增量 $\mathrm{d}E$，即 $\mathrm{d}W = \mathrm{d}E$。

前面推导的机械运动方程式（5-12）和式（5-16）为能量微分形式的运动方程式。为了便于对某些问题的求解，还需要求出用其他形式表达的运动方程式，为此将式（5-12）简写为

$$\mathrm{d}\left(J_e \omega^2 / 2\right) = M_e \omega \mathrm{d}t = M_e \mathrm{d}\varphi \tag{5-21}$$

式（5-21）称为绕定轴转动构件能量微分形式的运动方程式。

设等效构件由初始位置 0 转动到位置 1，此时转角由 φ_0 变为 φ，角速度由 ω_0 变为 ω，等效转动惯量由 J_{e0} 变为 J_e，将式（5-21）对 φ 进行积分，就可以得到动能形式的机械运动方程式：

$$\frac{1}{2} J_e \omega^2 - \frac{1}{2} J_{e0} \omega_0^2 = \int_{\varphi_0}^{\varphi} M_e \mathrm{d}\varphi \tag{5-22}$$

式（5-22）称为绕定轴转动构件能量积分形式的运动方程式。

如果选用移动构件为等效构件时，其运动方程式为

$$m_e \frac{\mathrm{d}v}{\mathrm{d}t} + \frac{v^2}{2} \times \frac{\mathrm{d}m_e}{\mathrm{d}s} = F_e \tag{5-23}$$

式（5-23）称为移动构件能量微分形式的运动方程式。

对式（5-23）进行积分，则得

$$\frac{1}{2} m_e v^2 - \frac{1}{2} m_{e0} v_0^2 = \int_{s_0}^{s} F_e \mathrm{d}s \tag{5-24}$$

式（5-24）称为移动构件能量积分形式的运动方程式。

（2）力矩形式的运动方程式

当选取以角速度 ω 绕定轴转动的构件为等效构件时，将式（5-21）改写为

$$\frac{\mathrm{d}\left(J_e \omega^2 / 2\right)}{\mathrm{d}\varphi} = M_e$$

即

$$J_e \frac{\mathrm{d}\left(\omega^2/2\right)}{\mathrm{d}\varphi} + \frac{\omega^2}{2} \times \frac{\mathrm{d}J_e}{\mathrm{d}\varphi} = M_e \qquad (5\text{-}25)$$

式中

$$\frac{\mathrm{d}\left(\omega^2/2\right)}{\mathrm{d}\varphi} = \frac{\mathrm{d}\left(\omega^2/2\right)}{\mathrm{d}t} \frac{\mathrm{d}t}{\mathrm{d}\varphi} = \omega \frac{\mathrm{d}\omega}{\mathrm{d}t} \times \frac{1}{\omega} = \frac{\mathrm{d}\omega}{\mathrm{d}t}$$

将其代入式（5-25）中，即可得力矩形式的机械运动方程式：

$$J_e \frac{\mathrm{d}\omega}{\mathrm{d}t} + \frac{\omega^2}{2} \times \frac{\mathrm{d}J_e}{\mathrm{d}\varphi} = M_e \qquad (5\text{-}26)$$

5.3.2　已知力作用下机械运动方程式的求解

建立了机械运动方程式（5-21）~式（5-26）后，可求解在已知外力作用下机械系统的真实运动规律。由于组成各种机械系统的原动机、传动机构和执行机构各不相同，所以在方程中，等效转动惯量一般是机构位置的函数，而等效力矩则可能是位置、速度和时间三个运动参数中的一个或几个参数的函数。对不同的情况，需要灵活运用相应的运动方程式求解。下面就几种常见的情况，用解析法和数值计算法加以简要介绍。

（1）等效转动惯量和等效力矩均为位置的函数

用内燃机驱动活塞式压缩机的机械系统即属这种情况。此时，内燃机给出的驱动力矩 M_d 和压缩机所受到的阻抗力矩 M_r 都可视为位置的函数，故等效力矩 M_e 也是位置的函数，即 $M_e = M_e(\varphi)$。在此情况下，如果等效力矩的函数形式 $M_e = M_e(\varphi)$ 可以积分，且其边界条件已知，则由式（5-22）可得

$$\frac{1}{2}J_e(\varphi)\omega^2(\varphi) = \frac{1}{2}J_{e0}\omega_0^2 + \int_{\varphi_0}^{\varphi} M_e(\varphi)\mathrm{d}\varphi$$

从而求得

$$\omega = \sqrt{\frac{J_{e0}}{J_e(\varphi)}\omega_0^2 + \frac{2}{J_e(\varphi)}\int_{\varphi_0}^{\varphi} M_e(\varphi)\mathrm{d}\varphi} \qquad (5\text{-}27)$$

等效构件的角加速度 α 为

$$\alpha = \frac{\mathrm{d}\omega}{\mathrm{d}t} = \frac{\mathrm{d}\omega}{\mathrm{d}\varphi} \times \frac{\mathrm{d}\varphi}{\mathrm{d}t} = \frac{\mathrm{d}\omega}{\mathrm{d}\varphi}\omega \qquad (5\text{-}28)$$

有时为了进行初步估算，可以近似假设等效力矩 M_e=常数，等效转动惯量 J_e=常数。在这种情况下，式（5-26）可简化为

$$J_e\,\mathrm{d}\omega/\mathrm{d}t = M_e$$

即

$$\alpha = \mathrm{d}\omega/\mathrm{d}t = M_e/J_e \qquad (5\text{-}29)$$

由式（5-29）积分可得

$$\omega = \omega_0 + \alpha t \qquad (5\text{-}30)$$

如果 $M_e(\varphi)$ 不是以函数表达式的形式，而是以线图或表格形式给出时，那么就需要用数值积分法求解。

（2）等效转动惯量是常数，等效力矩是速度的函数

由电动机驱动的鼓风机、搅拌机等机械系统就属这种情况。对于这类机械，应用式（5-26）来求解是比较方便的。由于

$$M_e\left(\omega\right) = M_{ed}\left(\omega\right) - M_{er}\left(\omega\right) = J_e \, \mathrm{d}\omega/\mathrm{d}t$$

将式中的变量分离后，得

$$\mathrm{d}t = J_e \, \mathrm{d}\omega/M_e\left(\omega\right)$$

积分得

$$t = t_0 + J_e \int_{\omega_0}^{\omega} \frac{\mathrm{d}\omega}{M_e\left(\omega\right)} \qquad (5\text{-}31)$$

式中，ω_0 是计算开始时的初始角速度。

由式（5-31）解出 $\omega = \omega(t)$ 以后，即可求得角加速度 $\alpha = \mathrm{d}\omega/\mathrm{d}t$。欲求 $\varphi = \varphi(t)$ 时，可利用以下关系式：

$$\varphi = \varphi_0 + \int_{t_0}^{t} \omega\left(t\right)\mathrm{d}t \qquad (5\text{-}32)$$

例 5-2 设某机械的原动机为直流并励电动机，其机械特性曲线可以近似用直线表示。当取电动机轴为等效构件时，等效驱动力矩 $M_{ed} = M_0 - b\omega$，式中，M_0 为起动转矩；b 为常数。又设该机械的等效阻抗力矩 M_{er} 和等效转动惯量 J_e 均为常数。试求该机械的运动规律。

解： 设机械等速稳定运转时电动机轴的角速度为 ω_s，此时

$$M_{ed} = M_0 - b\omega_s = M_{er}$$

则

$$\omega_s = \left(M_0 - M_{er}\right)/b \qquad (\text{a})$$

或

$$b = \left(M_0 - M_{er}\right)/\omega_s$$

于是，等效力矩 M_e 可写为

$$M_e = M_{ed} - M_{er} = M_0 - \left(M_0 - M_{er}\right)\omega/\omega_s - M_{er} = \left(M_0 - M_{er}\right)\left(1 - \omega/\omega_s\right)$$

代入式（5-34）得

$$t = \frac{J_e}{M_0 - M_{er}} \int_0^\omega \frac{\mathrm{d}\omega}{1 - \omega/\omega_s} = \frac{-J_e \omega_s}{M_0 - M_{er}} \ln\left(1 - \frac{\omega}{\omega_s}\right) \qquad (\text{b})$$

将式（b）改写为

$$\ln\left(1 - \omega/\omega_s\right) = -(M_0 - M_{er})t/(J_e \omega_s)$$

可解得

$$\omega = \omega_s \left\{1 - \exp\left[-(M_0 - M_{er})t/J_e \omega_s\right]\right\} \qquad (\text{c})$$

由式（c）可知，当 t 趋于无穷大时，$\omega = \omega_s$，也就是说机械由起动到稳定运转是一个无限趋近的过程。为估算这类机械起动时间的长短，通常给定比值 $\omega/\omega_s = 0.95$，当达到该数值时，就认为机械已进入稳定运转阶段，并据此计算机械的起动时间 t_s。

（3）等效转动惯量是位置的函数，等效力矩是位置和速度的函数

用电动机驱动的刨床、冲床等机械系统均属于这种情况。其中包含速比不等于常数的机构，故其等效转动惯量是变量。

这类机械的运动方程式根据式（5-12）可列为

$$\mathrm{d}\left[J_e(\varphi)\omega^2/2\right] = M_e(\varphi, \omega)\mathrm{d}\varphi$$

这是一个非线性微分方程，若 ω、φ 变量无法分离，则不能用解析法求解，而只能采用数值法求解。有关数值解的方法可参阅数值计算方面的书籍。

5.4　机械的速度波动及调节

5.4.1　周期性速度波动及调节

如前所述，机械在运转过程中，由于其上所作用的外力或力矩的变化，会导致机械运转速度的波动。过大的速度波动对机械的工作是不利的。因此，在机械系统设计阶段，设计者就应采取措施，设法降低机械运转的速度波动程度，将其限制在许可的范围内，以保证机械的工作质量。本节讨论机械周期性和非周期性的速度波动及其调节方法。

（1）产生周期性速度波动的原因

下面以等效力矩和等效转动惯量是等效构件位置函数的情况为例，分析周期性速度波动产生的原因。

如图 5.6（a）所示，即使在稳定运转状态下，作用在机械上的等效驱动力矩和等效阻抗力矩往往也是等效构件转角 φ 的周期性函数。设在某一时段内其所做的驱动功和阻抗功为

$$W_d(\varphi) = \int_{\varphi_a}^{\varphi} M_{ed}(\varphi)\mathrm{d}\varphi \qquad (5\text{-}33)$$

$$W_r(\varphi) = \int_{\varphi_a}^{\varphi} M_{er}(\varphi)\mathrm{d}\varphi \tag{5-34}$$

那么在该时间段内，机械动能的增量为

$$\Delta E = W_d(\varphi) - W_r(\varphi) = \int_{\varphi_a}^{\varphi}\left[M_{ed}(\varphi) - M_{er}(\varphi)\right]\mathrm{d}\varphi$$
$$= J_e(\varphi)\omega^2(\varphi)/2 - J_{ea}\,\omega^2/2 \tag{5-35}$$

机械动能 $E(\varphi)$ 随等效构件转角 φ 的变化曲线如图 5.6（b）所示。

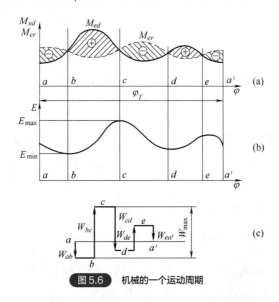

图 5.6　机械的一个运动周期

分析图 5.6 可以看出，在 bc 段、de 段，由于力矩 $M_{ed} > M_{er}$，因此驱动功大于阻抗功，多出来的功在图中以"+"号标识，称之为盈功；反之，在图中 ab 段、cd 段、ea'段，由于 $M_{ed} < M_{er}$，因而驱动功小于阻抗功，不足的功在图中以"-"号标识，称之为亏功。

如果在等效力矩 M_e 和等效转动惯量 J_e 变化的公共周期内，即图中对应于等效构件转角由 φ_a 到 φ'_a 的一段，驱动功等于阻抗功，机械动能的增量等于零，即

$$\int_{\varphi_a}^{\varphi_{a'}}\left(M_{ed} - M_{er}\right)\mathrm{d}\varphi = J_{ea'}\,\omega_{a'}^2/2 - J_{ea}\,\omega_a^2/2 = 0 \tag{5-36}$$

可见，经过等效力矩与等效转动惯量变化的一个公共周期，机械的动能、等效构件的角速度都将恢复到原来的数值。也就是说，等效构件的角速度在稳定运转过程中将呈现周期性的波动。

如果机械系统等效力矩的变化不具有周期性，则机械系统的主轴将做无规律的变速运动，即出现非周期性的速度波动。

（2）周期性速度波动的表征

为了对机械稳定运转过程中出现的周期性速度波动进行分析，下面首先介绍衡量速度波动程度的参数——平均角速度 ω_m 和运动不均匀系数 δ。

图 5.7 所示为在一个周期内等效构件角速度的变化曲线，则在周期 φ_T 内的其平均角速度 ω_m

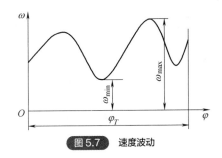

图 5.7　速度波动

$$\omega_m = \frac{\int_0^{\varphi_T} \omega \mathrm{d}\varphi}{\varphi_T} \tag{5-37}$$

在工程实际中，常用算术平均值来表示平均角速度 ω_m，即

$$\omega_m = (\omega_{\max} + \omega_{\min})/2 \tag{5-38}$$

其中，$\omega_{\max}$ 和 $\omega_{\min}$ 分别为一个变化周期内的最大和最小角速度。机械速度波动的程度不仅与速度变化的幅度 $\omega_{\max}-\omega_{\min}$ 有关，也与平均角速度 ω_m 的大小有关。综合考虑这两方面的因素，用运动不均匀系数 δ 来表示机械速度波动的程度，其定义为角速度波动的幅度 $\omega_{\max}-\omega_{\min}$ 与平均角速度 ω_m 之比，即

$$\delta = (\omega_{\max} - \omega_{\min})/\omega_m \tag{5-39}$$

为了使所设计的机械系统在运转过程中速度波动在允许范围内，设计时，机械的运动不均匀系数不得超过允许值，即

$$\delta \leqslant [\delta] \tag{5-40}$$

不同类型的机械，对运动不均匀系数 δ 大小的要求也不尽相同。表 5.1 中列出了一些常用机械运动不均匀系数的许用值[δ]，供设计时参考。

表 5.1　常用运动不均匀系数的许用值

机械名称	交流发电机	直流发电机	纺纱机	汽车、拖拉机	造纸机、织布机
[δ]	$\frac{1}{200} \sim \frac{1}{300}$	$\frac{1}{100} \sim \frac{1}{200}$	$\frac{1}{60} \sim \frac{1}{100}$	$\frac{1}{20} \sim \frac{1}{60}$	$\frac{1}{40} \sim \frac{1}{50}$
机械名称	水泵、鼓风机	金属切削机床	轧压机	碎石机	冲床、剪床
[δ]	$\frac{1}{30} \sim \frac{1}{50}$	$\frac{1}{30} \sim \frac{1}{40}$	$\frac{1}{10} \sim \frac{1}{25}$	$\frac{1}{5} \sim \frac{1}{20}$	$\frac{1}{7} \sim \frac{1}{10}$

（3）周期性速度波动的调节——飞轮调速

1）飞轮调速基本原理

机械运转速度波动对机械的工作是不利的，它不仅会影响机械的工作质量，也会影响机械的效率和寿命，所以必须设法加以控制和调节，将其限制在许可的范围之内。

由图 5.6（b）可见，机械的能量最小值 $E_{\min}$ 出现在 b 点处，而能量最大值 $E_{\max}$ 出现在 c 点

处。即在 φ_b 与 φ_c 之间将出现最大盈亏功 $\Delta W_{\max}$，即驱动功与阻抗功之差的最大值：

$$\Delta W_{\max} = E_{\max} - E_{\min} = \int_{\varphi_b}^{\varphi_c} \left[M_{ed}(\varphi) - M_{er}(\varphi) \right] \mathrm{d}\varphi \tag{5-41}$$

设 J_e=常数，则当 $\varphi = \varphi_b$ 时，$\omega = \omega_{\min}$；当 $\varphi = \varphi_c$ 时，$\omega = \omega_{\max}$。则有

$$\Delta W_{\max} = E_{\max} - E_{\min} = J_e \left(\omega_{\max}^2 - \omega_{\min}^2 \right) \big/ 2 = J_e \omega_m^2 \delta$$

或

$$\delta = \Delta W_{\max} \big/ \left(J_e \omega_m^2 \right)$$

当 δ 不满足条件式（5-40）时，可在机械上添加一个飞轮，设其转动惯量为 J_F，则有

$$\delta = \frac{\Delta W_{\max}}{\left(J_e + J_F \right) \omega_m^2} \tag{5-42}$$

可见，只要 J_F 足够大，就可达到调节机械周期性速度波动的目的。

2）飞轮转动惯量计算

由式（5-40）和式（5-42）可导出飞轮的等效转动惯量 J_F 的计算公式为

$$J_F \geqslant \Delta W_{\max} \big/ \left(\omega_m^2 [\delta] \right) - J_e \tag{5-43}$$

当调速飞轮的转动惯量 J_F 远远大于原机械系统的等效转动惯量时，J_e 可以忽略不计，于是式（5-43）可近似写为

$$J_F \geqslant \Delta W_{\max} \big/ \left(\omega_m^2 [\delta] \right) \tag{5-44}$$

分析式（5-46）可知：

① 当 $\Delta W_{\max}$ 与 ω_m 一定时，若 $[\delta]$ 下降，则 J_F 增加。所以，过分追求机械运转速度的均匀性，将会使飞轮过于笨重。

② 由于 J_F 不可能为无穷大，若 $\Delta W_{\max} \neq 0$，则 $[\delta]$ 不可能为零。因此，即使安装飞轮后机械的速度仍有波动，只是幅度有所减小而已。

③ 当 $\Delta W_{\max}$ 与 $[\delta]$ 一定时，J_F 与 ω_m 的平方值成反比。因此，最好将飞轮安装在机械的高速轴上以减小 J_F。当然，在实际设计中还必须考虑安装飞轮轴的刚性和结构上的可能性等因素。

应当指出，飞轮之所以能调速是利用了它的储能作用。由于飞轮转动惯量很大，当机械出现盈功时，它可以以动能的形式将多余的能量储存起来，从而使主轴角速度上升的幅度减小；反之，当机械出现亏功时，飞轮又可释放出其储存的能量，以弥补能量的不足，从而使主轴角速度下降的幅度减小。从这个意义上讲，飞轮在机械中的作用，相当于一个容量较大的能量储存器。

为计算飞轮的转动惯量，关键是要求出最大盈亏功 $\Delta W_{\max}$。对一些较简单的情况，最大盈亏功可直接由 M_e-φ 图看出。对于较复杂的情况，则可借助能量指示图确定。如图 5.6（c）所示，取点 a 作起点，按比例用铅垂向量线段依次表示相应位置 M_{ed} 与 M_{er} 之间所包围的面积 W_{ab}、W_{bc}、W_{cd}、W_{de} 和 $W_{ea'}$，盈功向上画，亏功向下画。由于在一个循环的起止位置处的动能相等，所以能量指示图的首尾应在同一水平线上，即形成封闭的台阶形折线。由图可以明显看出，点

b 处动能最小，点 c 处动能最大，而图中折线的最高点和最低点的距离 W_{max} 就代表了最大盈亏功 ΔW_{max} 的大小。

3）飞轮基本尺寸的确定

飞轮的转动惯量确定后，就可以确定其各部分的尺寸了。飞轮按构造大体可分为轮形和盘形两种。

① 轮形飞轮

如图 5.8 所示，轮形飞轮由轮毂、轮辐和轮缘三部分组成。与轮缘相比，轮辐及轮毂的转动惯量较小，可略去不计。设 G_A 为轮缘的重量，D_1、D_2 和 D 分别为轮缘的外径、内径与平均直径，则轮缘的转动惯量近似为

$$J_F \approx J_A = G_A\left(D_1^2 + D_2^2\right)\big/(8g) \approx G_A D^2\big/(4g)$$

或

$$G_A D^2 = 4g J_F \tag{5-45}$$

式中，$G_A D^2$ 称为飞轮矩，其单位为 N·m²。由式（5-45）可知，当选定飞轮的平均直径 D 后，即可求出飞轮轮缘的重量 G_A。需要指出的是，在选定直径 D 时，不仅要考虑结构空间的限制，还要考虑其轮缘圆周线速度不能过大，以免轮缘因离心力过大而破裂。

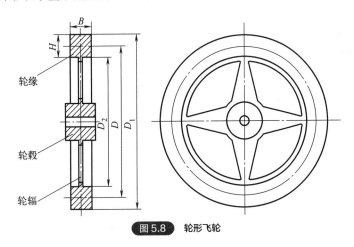

图 5.8 轮形飞轮

进一步地，设轮缘的厚度为 H，宽度为 B（二者的单位为 m），飞轮材料的单位体积重量为 γ（单位为 N/m³），则有

$$G_A = \pi D H B \gamma$$

或

$$HB = G_A\big/(\pi D \gamma) \tag{5-46}$$

当选定 H/B 比值以及飞轮的材料后，即可求得轮缘的横截面尺寸 H 和 B。

② 盘形飞轮

当飞轮的转动惯量不大时，可采用形状简单的盘形飞轮，如图 5.9 所示。设盘形飞轮的质量、外径及宽度分别为 m、D 和 b，则整个飞轮的转动惯量为

$$J_F = \frac{m}{2}\left(\frac{D}{2}\right)^2 = \frac{mD^2}{8} \qquad (5\text{-}47)$$

当根据安装空间选定飞轮直径 D 后，即可由该式计算出飞轮质量 m。又因

$$m = \pi D^2 B \rho / 4$$

故根据所选飞轮材料，即可求出飞轮的宽度 B 为

$$B = \frac{4m}{\pi D^2 \rho} \qquad (5\text{-}48)$$

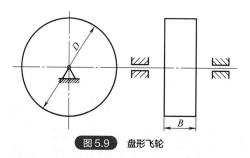

图 5.9　盘形飞轮

下面结合实例说明飞轮转动惯量的计算步骤。

例 5-3　如图 5.10（a）所示的齿轮机构，已知 $z_1 = 20$，$z_2 = 40$，轮 1 为主动轮，在轮 1 上施加力矩 M_1 为常数，作用在轮 2 上的阻抗力矩 M_2 的变化曲线如图 5.10（b）所示；两齿轮对其回转轴线的转动惯量分别为 $J_1 = 0.01\text{kg}\cdot\text{m}^2$，$J_2 = 0.02\text{kg}\cdot\text{m}^2$。轮 1 的平均角速度为 $\omega_1 = \omega_m = 100\text{rad/s}$，并已知运动不均匀系数 $\delta = 1/50$，试：

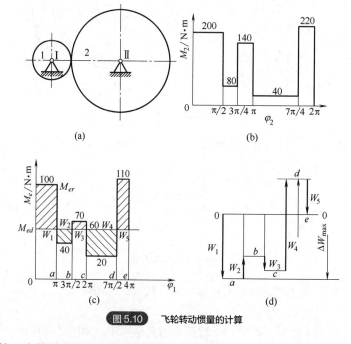

图 5.10　飞轮转动惯量的计算

① 画出以轮 1 为等效构件时的等效力矩 M_{er}-φ_1 图；

② 求 M_1 的值；

③ 求飞轮装在轴 I 上的转动惯量 J_F，并说明是飞轮装在轴 I 上好还是装在轴 II 上好？

④ 求 ω_{max}、ω_{min} 的大小及其出现的位置。

解：①求以轮 1 为等效构件时的等效阻抗力矩

$$M_{er} = M_2 \left(\frac{\omega_2}{\omega_1} \right) = M_2 \left(\frac{z_1}{z_2} \right) = \frac{M_2}{2}$$

又因 $\varphi_1 = (z_2/z_1)\varphi_2 = 2\varphi_2$，故 M_{er}-φ_1 图如图 5.10（c）所示。

② 求驱动力矩 M_1

由题可知，因齿轮 1 转动 2 周为一个运动周期，因此在 4π 周期内，总驱动功等于总阻抗功，即

$$M_{ed} \times 4\pi = \left[100 \times \pi + 40 \times \left(\frac{3}{2}\pi - \pi \right) + 70 \times \left(2\pi - \frac{3}{2}\pi \right) + 20 \times \left(\frac{7}{2}\pi - 2\pi \right) + 110 \times \left(4\pi - \frac{7}{2}\pi \right) \right]$$

$$= 240\pi \text{N} \cdot \text{m}$$

$$M_1 = M_{ed} = 60 \text{N} \cdot \text{m}$$

③ 求 J_F

以轮 1 为等效构件时的等效转动惯量为

$$J_e = J_1 + J_2 \left(\frac{\omega_2}{\omega_1} \right)^2 = J_1 + J_2 \left(\frac{z_2}{z_1} \right)^2 = 0.015 \text{kg} \cdot \text{m}^2$$

为计算飞轮的转动惯量，应作能量指示图以确定最大盈亏功。在一个周期内的盈、亏功可分别求得：

0~π：亏功，$W_1 = -40\pi \text{N} \cdot \text{m}$；

π~$3\pi/2$：盈功，$W_2 = 10\pi \text{N} \cdot \text{m}$；

$3\pi/2$~2π：亏功，$W_3 = -5\pi \text{N} \cdot \text{m}$；

2π~$7\pi/2$：盈功，$W_4 = 60\pi \text{N} \cdot \text{m}$；

$7\pi/2$~4π：亏功，$W_5 = -25\pi \text{N} \cdot \text{m}$。

作能量指示图如图 5.10（d）所示。由该图可以看出，在 a、d 点之间有最大能量变化，即

$$\Delta W_{max} = \left| W_2 + W_3 + W_4 \right| = \left| 10\pi - 5\pi + 60\pi \right| \text{N} \cdot \text{m} = 65\pi \text{N} \cdot \text{m}$$

则飞轮的转动惯量为

$$J_F = \frac{\Delta W_{max}}{\omega_1^2 \delta} - J_e = \left(\frac{65\pi}{100^2/50} - 0.015 \right) \text{kg} \cdot \text{m}^2 = 1.006 \text{kg} \cdot \text{m}^2$$

飞轮调速的实质是储存和释放能量，安装在不同转轴上的飞轮应满足：

$$\frac{1}{2} J_F \omega_1^2 = \frac{1}{2} J_F' \omega_2^2$$

则

$$J_F' = J_F \frac{\omega_1^2}{\omega_2^2} = J_F \frac{z_2^2}{z_1^2} = 1.006 \times \left(\frac{40}{20}\right)^2 \text{kg} \cdot \text{m}^2 = 4.024 \text{kg} \cdot \text{m}^2$$

由此可见，安装在轴 Ⅱ 上需要的飞轮转动惯量 J_F' 是轴 Ⅰ 上 J_F 的 4 倍，所以在结构允许的条件下，飞轮装在高速轴即轴 Ⅰ 上较好。

④ 求 $\omega_{\max}$、$\omega_{\min}$ 的大小及其出现的位置

$$\omega_{\max} = \omega_m\left(1 + \delta/2\right) = 101 \text{rad/s}, \quad \omega_{\min} = \omega_m\left(1 - \delta/2\right) = 99 \text{rad/s}$$

由图 5.10（d）不难看出，在 a 点处即 $\varphi_2 = \pi$ 时，系统的能量最低，为 $\omega_{\min}$ 出现的位置；在 d 点处即 $\varphi_2 = 7\pi/2$ 时，系统的能量最高，为 $\omega_{\max}$ 出现的位置。

5.4.2 非周期性速度波动及调节

（1）非周期性速度波动产生的原因

机械在运转过程中，如果等效力矩 $M_e = M_{ed} - M_{er}$ 的变化呈现非周期性，那么机械运转的速度也将出现非周期性的波动，从而破坏机械的稳定运转。如果长时间内 $M_{ed} > M_{er}$，则机械将越转越快，甚至可能会出现"飞车"现象，使机械遭到破坏；反之，若 $M_{ed} < M_{er}$，则机械又会越转越慢，最后导致停车。为避免上述情况发生，必须对非周期性的速度波动进行调节，使机械重新恢复稳定运转。

（2）非周期性速度波动的调节方法

对于非周期性的速度波动，无法通过安装飞轮的方式进行调节，这是因为飞轮的作用只是"吸收"和"释放"能量，而不能创造或消耗能量。

非周期性速度波动的调节问题可分为两种情况：

① 当机械的原动机所发出的驱动力矩是速度的函数且具有下降的趋势时，机械具有自动调节非周期性速度波动的能力。当驱动力矩小于阻力矩而使电动机速度下降时，电动机所产生的驱动力矩将自动增大；反之，当驱动力矩大于阻力矩导致电动机转速上升时，其所产生的驱动力矩将自动减小，从而使驱动力矩与阻力矩自动地重新达到平衡，电动机的这种性能称为自调性。

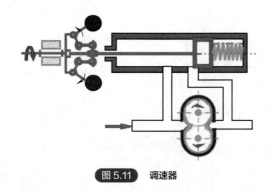

图 5.11　调速器

② 对于没有自调性的机械系统，就必须安装一种专门的调节装置——调速器来调节机械出现的非周期性速度波动。调速器的种类很多，按执行机构分类，主要有机械调速器、电子调速器、气动液压调速器和电液调速器等，如图5.11所示。有关调速器方面的知识读者可参阅相关专业书籍。

思考和练习题

5-1　等效转动惯量和等效力矩各自的等效条件是什么？

5-2　在什么情况下机械才会出现周期性速度波动？速度波动有何危害？如何调节？

5-3　飞轮为什么可以调速？能否利用飞轮来调节非周期性速度波动，为什么？

5-4　已知某机械主轴与制动器直接连接，以主轴为等效构件时，机械的等效转动惯量 $J_e = 15\ kg \cdot m^2$，设主轴的稳定运转角速度 $\omega_m = 120rad/s$，求要其在2.5s内实现制动时，制动器的制动力矩。

5-5　某内燃机的曲柄输出力矩 M_d 随曲柄转角 φ 的变化曲线如图5.12所示，其运动周期为 π，曲柄的平均转速 $n_m = 600r/min$。若用该内燃机所驱动机械的阻抗力为常数，并要求其运动不均匀系数 $\delta = 0.015$。试求：

① 阻抗力矩 M_r；

② 曲轴的最大转速 n_{max} 和相应的曲柄转角位置 φ_{max}；

③ 若不计其余构件的转动惯量，装在曲轴上的飞轮转动惯量 J_F。

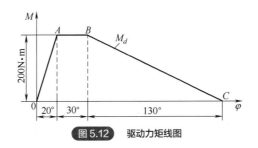

图5.12　驱动力矩线图

5-6　已知某机械稳定运转时的等效驱动力矩和等效阻力矩如图5.13所示。机械的等效转动惯量 $J_e = 1kg \cdot m^2$，等效驱动力矩 $M_{ed} = 30N \cdot m$，机械稳定运转开始时等效构件的角速度 $\omega_0 = 25rad/s$，试确定：

① 等效构件的稳定运动规律 $\omega(\varphi)$。

② 速度不均匀系数 δ。

③ 最大盈亏功 ΔW_{max}。

④ 若要求 $[\delta] = 0.05$，求飞轮的转动惯量 J_F。

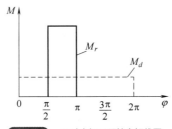

图5.13　驱动力矩及阻抗力矩线图

第6章

机械的平衡

扫码获取配套资源

思维导图

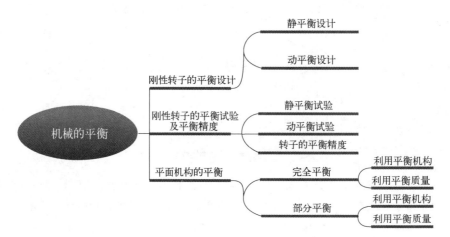

内容导入

随着工业技术的不断发展，对机械设备性能的要求越来越高，机械平衡问题也日益受到重视。机械的平衡关系到机械设备的运行稳定性、工作效率以及寿命。由于制造、装配、材质不均等原因，机械在运转过程中往往会产生不平衡现象，引起运动构件的不平衡惯性力，从而在运动副中引起附加的动载荷，加剧运动副的磨损，降低效率，产生振动、共振，对机械设备造成破坏。因此，机械的平衡是一个必须解决的问题。

本章将学习机械平衡相关知识，主要包括刚性转子的平衡设计等。

学习目标

（1）了解机械平衡的目的、内容及分类；

（2）掌握刚性转子静平衡和动平衡设计方法；

（3）了解刚性转子的平衡试验及平衡精度；

（4）了解平面机构的平衡方法。

6.1　概述

6.1.1　机械平衡的目的

机械在运转过程中，其活动构件大多产生惯性力和惯性力矩，这必将在运动副中引起附加的动压力，从而增大构件中的内应力和运动副中的摩擦力，加剧运动副的磨损，降低机械效率和使用寿命。同时，这些惯性力和惯性力矩的大小、方向一般都随机械运转而作周期性变化，并传到机架上，使机械及其基础产生强迫振动。这种振动不仅会导致机械工作精度和可靠性的下降，还会产生噪声污染。尤其是当振动频率接近机械系统的固有频率时，将会引起共振，使机械难以正常工作甚至破坏，严重时将危及周围的建筑和人员的安全。因此，设法使惯性力和惯性力矩得到平衡或部分平衡，以消除或减轻它的不良影响，对改善机械的工作性能、提高机械效率并延长其使用寿命，都具有重要的意义，尤其是对那些高速机械或精密机械就更为重要。这就是研究机械平衡的目的。

同时也应指出，有一些机械却是利用这种振动来工作的，如振动筛、振动干燥机、振动破碎机、振动运输机、振动压路机、振动整形机、振动按摩器、心脏起搏器等。对于这类振动机械，则是如何合理利用不平衡惯性力的问题。

6.1.2　机械平衡的内容及分类

在机械中，由于各构件的结构及运动形式不同，其所产生的惯性力和平衡方法也不同。机械的平衡问题可分为下述两类。

（1）转子的平衡

机械中绕某一固定轴线回转的构件称为转子。当转子的质量分布不均匀，或由于制造误差而造成质心与回转轴线不重合时，在转动过程中将产生离心惯性力。这类构件的惯性力可以用在构件上增加或除去部分质量的方法得以平衡。转子又分为刚性转子和挠性转子两种类型。本章主要介绍刚性转子的平衡。

① 刚性转子的平衡　在一般机械中，转子的刚性都比较好，其共振转速较高，在此情况下，转子产生的弹性变形甚小，故称之为刚性转子。其平衡按理论力学中的力系平衡来进行。如果只要求其惯性力平衡，则称为转子的静平衡；如果同时要求其惯性力和惯性力矩平衡，则称为转子的动平衡。

② 挠性转子的平衡　有些机械的转子，如航空涡轮发动机、汽轮机、发电机等中的大型转子，其质量和跨度很大，而径向尺寸却较小，其共振转速较低，而工作转速又往往很高，故在工作过程中将会产生较大的弯曲变形，从而使其惯性力显著增大。这类转子称为挠性转子，其

平衡原理是基于弹性梁的横向振动理论。由于这个问题比较复杂，需做专门研究，故本章不做介绍。

（2）机构的平衡

对于含有往复移动或平面复合运动构件的机构，其惯性力和惯性力矩不可能像绕定轴转动的构件那样可以在构件内部得到平衡，而必须就整个机构加以研究。由于所有构件上的惯性力和惯性力矩可合成为一个通过机构质心并作用于机架上的总惯性力和总惯性力矩，它们直接反映了机构惯性在机架上的作用，是造成机座振动的主要原因，因此，这类平衡问题应设法使其总惯性力和总惯性力矩在机架或机座上得到完全或部分平衡，以消除或减轻机构整体在机座上的振动，故这类平衡又称为机构在机架或机座上的平衡，或简称为机构的平衡。

6.2 刚性转子的平衡设计

在转子的设计阶段，尤其是在对高速转子及精密转子进行结构设计时，必须对其进行平衡计算，以检查其惯性力和惯性力矩是否平衡。若不平衡，则需要在结构上采取措施以消除不平衡惯性力的影响，这一过程称为转子的平衡设计。在设计阶段，一般机械中的所有转动构件都需要进行平衡设计，除非工作要求该机械需要产生摆动力，例如摆动筛等。

6.2.1 静平衡设计

对于宽径比 $b/D \leq 0.2$ 的转子（b 和 D 分别为轮子的轴向宽度和直径），如砂轮、飞轮、齿轮等构件，它们的质量可以近似认为分布在垂直于其回转轴线的同一平面内。若其质心不在回转轴线上，当其转动时，偏心质量就会产生离心惯性力。因这种不平衡现象在转子静态时即可表现出来，故称其为静不平衡。

为了消除惯性力的不利影响，设计时需要首先根据转子结构定出偏心质量的大小和方位，然后计算出为平衡偏心质量需添加的平衡质量的大小及方位，最后在转子设计图上加上该平衡质量，以便使设计出的转子在理论上达到静平衡。这一过程称为转子的静平衡设计。下面介绍静平衡设计的方法。

图 6.1（a）所示为一盘状转子，已知其具有偏心质量 m_1、m_2、m_3，各自的回转半径为 r_1、r_2、r_3，方向如图所示，转子角速度为 ω，则各偏心质量所产生的离心惯性力为

$$\boldsymbol{F}_i = m_i \omega^2 \boldsymbol{r}_i \ , \ i = 1, 2, 3 \tag{6-1}$$

式中，$\boldsymbol{r}_i$ 表示第 i 个偏心质量的矢径。

为了平衡这些离心惯性力，可在转子上加一平衡质量 m_b，使其产生的离心惯性力 $\boldsymbol{F}_b$ 与各偏心质量的离心惯性力 $\boldsymbol{F}_i$ 的合力相平衡。故静平衡的条件为

$$\sum \boldsymbol{F} = \sum \boldsymbol{F}_i + \boldsymbol{F}_b = \boldsymbol{0} \ , \ i = 1, 2, 3 \tag{6-2}$$

设平衡质量 m_b 的矢径为 $\boldsymbol{r}_b$，则式（6-2）可化为

$$\sum m_i \boldsymbol{r}_i + m_b \boldsymbol{r}_b = \boldsymbol{0} \tag{6-3}$$

式中，$m_i \boldsymbol{r}_i$ 称为质径积，为一个矢量，它相对地表达了各质量在同一转速下的离心惯性力的大小和方向。

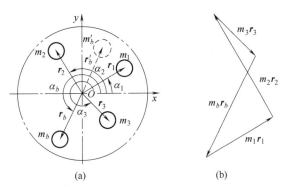

图 6.1　静平衡计算模型及质径积平衡矢量多边形

为确定平衡质径积 $m_b \boldsymbol{r}_b$ 的大小和方位，可采用矢量方程图解法进行求解，即根据静平衡计算模型，列出其质径积矢量方程式如式（6-3），选取其比例尺 $\mu_{mr} = $ 实际质径积大小（kg·m）/作图尺寸（mm），然后作矢量多边形进行求解，如图 6.1（b）所示。

也可以采用解析法确定平衡质径积 $m_b \boldsymbol{r}_b$ 的大小和方位，建立直角坐标系 oxy，由惯性力的平衡条件 $\sum \boldsymbol{F}_x = \boldsymbol{0}$，$\sum \boldsymbol{F}_y = \boldsymbol{0}$，可知

$$\left(m_b r_b \right)_x = -\sum m_i r_i \cos \alpha_i \tag{6-3a}$$

$$\left(m_b r_b \right)_y = -\sum m_i r_i \sin \alpha_i \tag{6-3b}$$

则平衡质径积的大小为

$$m_b r_b = \left[\left(m_b r_b \right)_x^2 + \left(m_b r_b \right)_y^2 \right]^{\frac{1}{2}} \tag{6-3c}$$

相位角为 α_b 为

$$\alpha_b = \arctan \left[\left(m_b r_b \right)_y \big/ \left(m_b r_b \right)_x \right] \tag{6-4}$$

式中，α_i 为第 i 个偏心质量 m_i 的矢径 $\boldsymbol{r}_i$ 与 x 轴间的夹角。

根据转子结构选定 $\boldsymbol{r}_b$ 后，即可确定出平衡质量 m_b。也可以在 $\boldsymbol{r}_b$ 的反方向 $\boldsymbol{r}'_b$ 处除去一部分质量 m'_b 来使转子得到平衡，只要保证 $m_b r_b = m'_b r'_b$ 即可。通常，r_b 或 r'_b 适当选大一些，这样平衡质量就可以小一些。

由上述分析可得出如下结论：

① 静平衡的条件为分布于转子上的各个偏心质量的离心惯性力的合力为零或质径积的向量和为零。

② 对于静不平衡的转子，在不平衡质量分布平面内，无论有多少个不平衡质量，只需要在同一个平衡面内增加或除去一个平衡质量即可获得平衡，故又称为单面平衡。

6.2.2 动平衡设计

对于宽径比 $b/D>0.2$ 的转子,如多缸发动机的曲柄、汽轮机转子等,由于其轴向宽度较大,其质量分布在几个不同的回转平面内。如图 6.2 所示的曲轴即属此类。在这种情况下,即使转子的质心在回转轴线上,如图 6.3 所示,由于各偏心质量所产生的离心惯性力不在同一回转平面内,因而将形成惯性力偶,所以仍然是不平衡的。该力偶的作用方位是随转子的回转而变化的,故也会引起机械设备的振动。这种不平衡现象只有在转子运转时才能显示出来,故称其为动不平衡。

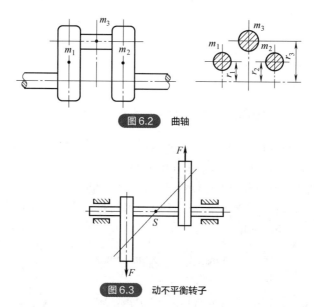

图 6.2 曲轴

图 6.3 动不平衡转子

所谓刚性转子的动平衡,就是不仅要平衡各偏心质量产生的惯性力,而且还要平衡这些惯性力所形成的惯性力矩。在设计时需要首先根据转子结构确定出各个不同回转平面内偏心质量的大小和位置,然后计算出为使转子得到动平衡所需增加的平衡质量的数目、大小及方位,并在转子设计图上加上这些平衡质量,以便使设计出来的转子在理论上达到动平衡,这一过程称为转子的动平衡设计。

如图 6.4(a)所示的长转子,已知其偏心质量 m_1、m_2 及 m_3,分别位于回转平面 1、2 及 3 内,它们的回转半径分别为 r_1、r_2 及 r_3,方位角分别为 α_1、α_2 及 α_3。当此转子以角速度 ω 回转时,它们产生的惯性力 F_1、F_2 及 F_3 将形成一个空间力系,故转子动平衡的条件是:各偏心质量(包含平衡质量)产生的惯性力的矢量和为零,这些惯性力所构成的力矩矢量和也为零,即

$$\sum F = 0 , \quad \sum M = 0 \tag{6-5}$$

对于上述空间力系,由理论力学可知,一个力可以分解为与它相平行的两个分力。因此,可根据该转子结构,选定两个平衡基面 I 及 II[图 6.4(a)]作为安装平衡质量的平面,并将上述各个离心惯性力分别分解到平面 I 及 II 内,即将 F_1、F_2、F_3 分解为 F_{1I}、F_{2I}、F_{3I}(在平面 I 内)以及 F_{1II}、F_{2II}、F_{3II}(在平面 II 内)。其中,

$$F_{iI} = m_i \omega^2 r_i l_i / L , \quad F_{iII} = m_i \omega^2 r_i (L - l_i) / L \tag{6-6}$$

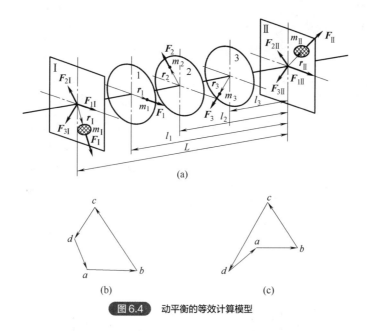

图6.4 动平衡的等效计算模型

这样，就把空间力系的平衡问题转化为两个平面上的汇交力系的平衡问题。显然，只要在平面 I 及 II 内适当地各加一个平衡质量，使两平面内的惯性力之和均等于零，该转子即可完全平衡。

至于两个平衡基面 I 及 II 内的平衡质量 m_{I} 及 m_{II} 的大小及方位的确定与前述静平衡计算方法完全相同。例如，就平衡基面 I 而言，平衡条件为

$$F_{I} + F_{1I} + F_{2I} + F_{3I} = 0 \tag{6-7}$$

式中，F_{I} 为平衡质量 m_{I} 在平衡基面 I 上的离心惯性力。

将式（6-6）代入式（6-7）即可利用矢量方程图解法求解出平衡基面 I 上的平衡质量的质径积，如图 6.4（b）所示。平衡基面 II 上的平衡质量的质径积，如图 6.4（c）所示。

由上述分析可得出如下结论：

① 动平衡的条件为：当转子转动时，转子上分布在不同平面内的各个质量所产生的空间离心惯性力系的合力及合力矩均为零。

② 对于任何动不平衡的刚性转子，只要在两个平衡基面内各加上或除去一个适当的平衡质量，即可得到完全平衡，故动平衡又称为双面平衡。

③ 由于动平衡同时满足静平衡条件，所以经过动平衡的转子一定静平衡；反之，经过静平衡的转子则不一定是动平衡的。

平衡基面的选取需要考虑转子的结构和安装空间，考虑到力矩平衡的效果，两平衡基面间的距离应适当大一些。此外，对于某些平衡质量和平衡位置的选取受限制的转子，如某些发电机转子，选择双面平衡有困难时，可选择多平衡基面进行平衡，以获得满意的结果。

6.3 刚性转子的平衡试验及平衡精度

在设计时已考虑过平衡的转子，由于制造和装配不精确、材质不均匀等原因，又会产生新的不平衡。这时，由于不平衡量的大小和方位未知，故只能用试验的方法来平衡。

所谓转子的平衡试验，就是借助试验设备测量出转子上存在的不平衡量的大小及其位置，然后通过在转子的相应位置添加或除去适当质量使其平衡。

6.3.1　静平衡试验

当刚性转子的宽径比 $b/D \leqslant 0.2$ 时，通常只需要对转子进行静平衡试验。静平衡试验装置如图 6.5 所示。在用它平衡转子时，首先应将两导轨调整为水平且互相平行，然后将需要平衡的转子放在导轨上让其轻轻地自由滚动。如果转子上有偏心质量存在，其质心必偏离转子的旋转轴线，在重力的作用下，待转子停止滚动时，其质心 S 必在轴心的正下方，这时在轴心的正上方任意向径处加一平衡质量，反复试验，加减平衡质量，直至转子能在任何位置保持静止为止。最后根据所加平衡块的质量和位置，得到其质径积。再根据转子的结构，在合适的位置上增加或减少相应的平衡质量，使转子最终达到平衡。

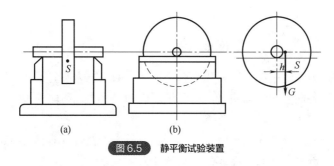

(a)　　　　(b)

图 6.5　静平衡试验装置

6.3.2　动平衡实验

经过动平衡设计，理论上已经平衡的宽径比 $b/D > 0.2$ 的刚性转子，必要时在制成后还需要进行动平衡试验。刚性转子的动平衡试验方法主要有动平衡机上平衡和现场动平衡两种，两者都是通过测量转子本身或支架的振幅和相位来测定转子平衡基面上不平衡量的大小和方位的。

动平衡试验一般需要在专用的动平衡机上进行，生产中使用的动平衡机种类很多，虽然其构造及工作原理不尽相同，但其作用都是用来确定需加于两个平衡平面中的平衡质量的大小及方位。目前使用较多的动平衡机是根据振动原理设计的，它利用测振传感器将转子转动时产生的惯性力所引起的振动信号变为电信号，然后通过电子线路加以处理和放大，最后通过解算求出被测转子的不平衡质量的质径积的大小和方位。

图 6.6 所示为一种带微机系统的硬支撑动平衡机的工作原理示意图。该动平衡机由机械部分、振动信号预处理电路和微机三部分组成。它将平衡机主轴箱端部的小发电机信号作为转速信号和相位基准信号，由发电机拾取的信号经处理后成为方波或脉冲信号，利用方波的上升沿或正脉冲通过计算机的 PIO 口触发中断，使计算机开始和终止计数，以此达到测量转子旋转周期的目的。由传感器拾取的振动信号，在输入 A/D 转换器之前需要进行一些预处理，这一工作是由信号预处理电路来完成的，其主要工作是滤波和放大，并把振动信号调整到 A/D 卡所要求的输入量的范围内；振动信号经过预处理电路处理后，即可输入计算机，进行数据采集和解算，最后由计算机给出两个平衡平面上需加平衡质量的大小和相位，而这

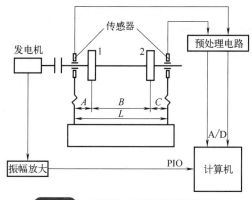

图6.6　硬支撑动平衡机工作原理示意图

些工作是由软件来完成的。

随着动平衡机向自动化、智能化方向发展，如火车车轮、曲轴等转子的平衡也向自动平衡生产线、自适应补偿和智能化去重平衡等技术方向发展，极大提高了平衡机的精度和效率。此外，对于一些大型和高速转子，虽然在制造期间已经进行过平衡，但由于装运、蠕变和工况环境等原因，又会发生微小变形而造成不平衡。在这些情况下，一般可进行现场平衡，即在现场通过直接测量机器中转子支架的振动来确定不平衡量的大小及方位，进而进行平衡。

6.3.3　转子的平衡精度

转子的平衡精度通常用转子的许用不平衡量和许用不平衡度的限制来保证。转子要完全平衡是不可能的，实际上，也不需要过高要求转子的平衡精度，而应以满足实际工作要求为度。为此，对不同工作要求的转子规定了不同的许用不平衡量，即转子残余不平衡量。

许用不平衡量有两种表示方法：一种是用质径积表示的许用不平衡量$[mr]$（g·mm）；另一种是用偏心距表示的许用不平衡度$[e]$（μm）。两者的关系为

$$[e]=[mr]/m \tag{6-8}$$

式中，m 为转子质量，单位 kg；r 为偏心质量回转半径，单位为 mm。

因此，$[mr]$表示具体转子不平衡量的大小，而$[e]$则可以理解为转子单位质量的不平衡量，表示转子平衡精度。对于不同机械转子的平衡精度要求是不同的，转子的平衡精度用转子平衡品质等级来表示。表 6.1 是 GB/T 9239.1—2006 所推荐的一些常用机械的平衡品质等级，由表中可查得转子的平衡品质量级（$e\omega$）（mm/s），再用下面的两个式子便可分别求得许用不平衡度和许用不平衡量

$$[e]=1000(e\omega)/\omega ，\mathrm{μm} \tag{6-8a}$$

$$[mr]=[e]m ，\mathrm{g·mm} \tag{6-8b}$$

式中，ω 为转子角速度，单位 rad/s；m 为转子质量，单位 kg。

表6.1 刚性转子平衡品质等级指南

平衡精度等级 G	$A = \dfrac{[e]\omega}{1000}$ /（mm/s）	转子类型举例
G4000	4000	刚性安装的具有奇数气缸的低速船用柴油机曲轴传动装置
G1600	1600	刚性安装的大型两冲程发动机曲轴传动装置
G630	630	刚性安装的大型四冲程发动机曲轴传动装置；弹性安装的船用柴油机曲轴传动装置
G250	250	刚性安装的高速四缸柴油机曲轴传动装置
G100	100	六缸和六缸以上高速柴油机曲轴传动装置；汽车、机车用发动机整机（汽油机或柴油机）
G40	40	汽车轮、轮缘、轮组、传动轴；弹性安装的六缸或六缸以上高速四冲程发动机（汽油机或柴油机）曲轴传动装置；汽车、机车用发动机曲轴传动装置
G16	16	特殊要求的传动轴（螺旋桨轴、万向器轴）；破碎机的零件；农用机械；汽车和机车发动机（汽油机或柴油机）；有特殊要求的六缸或六缸以上发动机曲轴传动装置
G6.3	6.3	作业机械的零件；船用主汽轮机齿轮（商船用）；离心机鼓轮；风扇；装配好的航空燃气轮机；泵转子；机床和一般机械零件；普通电机转子；有特殊要求的发动机部件
G2.5	2.5	燃气轮机和汽轮机，包括船用主汽轮机（商船用）；刚性汽轮发电机转子；透平压缩机；机床传动装置；有特殊要求的中型和大型电机转子；小型电机转子；透平驱动泵
G1	1	磁带记录仪和录音机的传动装置；磨床传动装置；有特殊要求的小型电机转子
G0.4	0.4	精密磨床主轴、砂轮盘及电机转子；陀螺仪

对于动不平衡的转子，由于是在两个平衡基面上进行平衡，因此还需要先将许用不平衡量分解到转子的两个平衡基面 I、II 上。设转子质心距平衡基面 I 和 II 的距离分别为 a 和 b，则分解到两个平衡基面上 I 和 II 的许用不平衡分量分别为

$$[mr]_{\mathrm{I}} = \frac{b}{a+b}[mr], \quad [mr]_{\mathrm{II}} = \frac{a}{a+b}[mr] \tag{6-9}$$

6.4 平面机构的平衡简介

在一般的平面机构中，存在着做平面复合运动和往复移动的构件，这些构件所产生的惯性力和惯性力矩无法像绕定轴转动的构件那样通过构件自身平衡。为了消除机构惯性力和惯性力矩所引起的机构在机座上的振动，必须将机构中各运动构件视为一个整体系统进行平衡，这一工作通常称为机构在机座上的平衡。

当机构运动时，其各运动构件所产生的惯性力和惯性力矩，可以合成为一个通过机构质心

的总惯性力和一个总惯性力矩，该总惯性力和总惯性力矩就是机构由于惯性作用通过构件和运动副传给机座的合力和合力矩。由于该合力和合力矩的大小和方向均是随机构的运动而周期性变化的，因此会引起机构整体在机座上的振动，通常称该合力为摆动力，该合力矩为摆动力矩。

机构在机座上平衡的目标，就是设法使上述摆动力和摆动力矩得以平衡，从而消除由于惯性引起的机构整体在机座上的振动。

6.4.1 完全平衡

（1）利用平衡机构平衡

如图 6.7 所示的机构，由于其左、右两部分对 A 点完全对称，故可使惯性力在点 A 处所引起的动压力得到完全平衡，如某些型号摩托车的发动机就采用了这种布置方式。利用平衡机构可得到很好的平衡效果，但将使机构的结构复杂，体积大为增加。若增设一个对称机构，其目的仅是消除由于惯性造成的机械振动，则这种方法就显得成本过于高昂，经济性不高。通常，只有在增设的对称机构具有第二个目的时，比如当机械本身要求多套机构同时工作时，采用这种平衡方法才最为适宜。

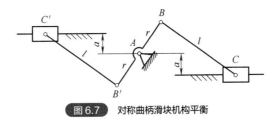

图 6.7　对称曲柄滑块机构平衡

（2）利用平衡质量平衡

对于某些机构，可通过在构件上附加平衡质量的方法来完全平衡其摆动力。用来确定平衡质量的方法有很多种，这里只介绍较为简单的质量代换法。

所谓质量代换法，是指将构件的质量简化成几个集中质量，并使它们所产生的力学效应与原构件所产生的力学效应完全相同。在进行质量代换时，必须满足下列条件：

① 所有代换质量之和与原构件质量相等，即

$$\sum_{i=1}^{n} m_i = m \tag{6-10a}$$

② 所有代替质量的总质心与原构件的质心重合，即

$$\sum_{i=1}^{n} m_i x_i = m x_S = 0 \ , \quad \sum_{i=1}^{n} m_i y_i = m y_S = 0 \tag{6-10b}$$

③ 所有代换质量对质心的转动惯量与原构件对质心的转动惯量相同，即

$$\sum_{i=1}^{n} m_i \rho_i^2 = \sum_{i=1}^{n} m_i \left(x_i^2 + y_i^2 \right) = J_S \tag{6-10c}$$

满足上述 3 个条件时，代换质量产生的总惯性力和惯性力矩与原构件的惯性力和惯性力矩相等，这种代换称为质量动代换。若只满足前两个条件，则代换质量的总惯性力和原构件的惯性力相同，而惯性力矩不同，这种代换称为质量静代换。工程实际中，通常使用 2 个或 3 个代换质量，而且将代换点选在运动简单且容易确定的点上（如构件的转动副处）。

在图 6.8 所示的平面四杆机构中，设活动构件 1、2、3 的质量分别为 m_1、m_2、m_3，其质心分别位于 S_1、S_2、S_3 处。为了完全平衡该机构的惯性力，可先将活动构件上的质量用静代换的方法代换为 A、B、C、D 这 4 个点上的集中质量。将曲柄 1 的质量 m_1 代换到 A、B 两点，由上述质量代换公式可得

$$m_{1A} = \frac{l_{BS_1}}{l_{AB}} m_1, \quad m_{1B} = \frac{l_{AS_1}}{l_{AB}} m_1$$

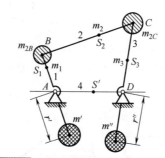

图 6.8 用附加平衡质量法平衡四杆机构

同理可求得连杆 2 的质量 m_2 代换到 B、C 上的集中质量：

$$m_{2B} = \frac{l_{CS_2}}{l_{BC}} m_2, \quad m_{2C} = \frac{l_{BS_2}}{l_{BC}} m_2$$

而摇杆 3 的质量 m_3 代换到 C、D 点上的集中质量为：

$$m_{3C} = \frac{l_{DS_3}}{l_{CD}} m_3, \quad m_{3D} = \frac{l_{CS_3}}{l_{CD}} m_3$$

由此可得 B、C 两点的代换质量分别为：

$$m_B = m_{1B} + m_{2B}, \quad m_C = m_{2C} + m_{3C}$$

为了平衡 m_B 和 m_C 所产生的惯性作用，可在构件 1、3 的延长线上 r'、r'' 处各加一平衡质量 m'、m''，使 m' 和 m_B 合成后的质量位于 A 点；m'' 与 m_C 合成后的质量位于 D 点。平衡质量 m'、m'' 的大小可用如下方法求得

$$m'r' = l_{AB} m_B \Rightarrow m' = \frac{l_{AB} m_B}{r'}$$

$$m''r'' = l_{CD} m_C \Rightarrow m'' = \frac{l_{CD} m_C}{r''}$$

这样，整个机构包括平衡质量在内的总质量可用位于 A、D 两点的两个质量代换：

$$m_A = m_{1A} + m_B + m', \quad m_D = m_{3D} + m_C + m''$$

因此，整个机构的总质量 $m = m_A + m_D$，总质心 S 位于 A、D 的连心线上。当机构运动时，由于点 S 静止不动，即 $a_S = 0$，所以机构的惯性力得到完全平衡。

对于图 6.9 所示的曲柄滑块机构，也可以用同样的方法进行平衡。首先进行质量静代换，得到位于 A、B、C 这 3 点的 3 个集中质量 m_A、m_B、m_C；然后在构件 2 上 C 点加上平衡质量 $m_{C'}$，使 m_C 和 m_C 的总质心移至 B 点；最后在构件 1 的延长线上 C'' 点处加上平衡质量 $m_{C''}$，使机构的总质心移至固定点 A。这样，整个机构的惯性力便达到完全平衡。

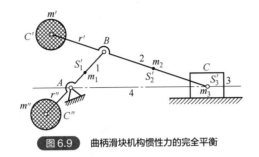

图 6.9 曲柄滑块机构惯性力的完全平衡

上面所讨论的机构平衡方法从理论上说，机构的总惯性力得到了完全平衡，但是其主要缺点是由于配置了多个平衡质量，所以机构的质量将大大增加，尤其是把平衡质量装在连杆上更为不便。因此，实际上往往不采用这种方法，而采用部分平衡的方法。

6.4.2 部分平衡

（1）利用平衡机构实现部分平衡

在图 6.10 所示的机构中，当曲柄 AB 转动时，滑块 C 和 C' 的加速度方向相反，它们的惯性力方向也相反，故可以相互抵消。但由于两滑块运动规律不完全相同，因此只是部分平衡。

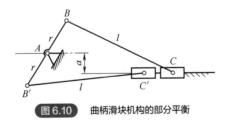

图 6.10 曲柄滑块机构的部分平衡

（2）利用平衡质量实现部分平衡

对于图 6.11 所示的曲柄滑块机构，用质量静代换可得到两个可动的代换质量 m_B 和 m_C。质量 m_B 所产生的惯性力，只需在曲柄 1 的延长线上加一平衡质量 $m' = m_B l_{AB}/r'$，即可完全被平衡。质量 m_C 做往复移动，由机构的运动分析可得到 C 点的加速度 a_C 的方程式，用级数法展开，并取前两项得

$$a_C \approx -\omega^2 l_{AB} \cos\varphi - \omega^2 \frac{l_{AB}^2}{l_{BC}} \cos(2\varphi)$$

因此，m_C 所产生的往复惯性力为

$$F_C = -m_C a_C \approx m_C \omega^2 l_{AB} \cos\varphi + m_C \omega^2 \frac{l_{AB}^2}{l_{BC}} \cos\varphi \qquad (6\text{-}11)$$

式（6-11）右边第一项称为一阶惯性力，第二项称为二阶惯性力。若只考虑一阶惯性力，即取

$$F_C = m_C \omega^2 l_{AB} \cos\varphi \qquad (6\text{-}12)$$

为平衡 F_C，可在曲柄延长线上再加一平衡质量 m''。m'' 所产生的惯性力在 x、y 方向的分力分别为

$$F_x = -m'' \omega^2 r \cos\varphi, \quad F_y = -m'' \omega^2 r \sin\varphi \qquad (6\text{-}13)$$

比较式（6-12）及式（6-13）可知，通过适当地选择 m'' 和 r，即可用 F_x 将 m_C 所产生的一阶惯性力平衡掉。但与此同时，又在 y 方向产生了一个新的不平衡惯性力 F_y，它对机构也会产生不利影响。为减少此不利影响，可考虑将平衡质量 m'' 减小一些，使一阶惯性力 F_C 部分地被平衡，而在 y 方向产生的新惯性力也不致过大。通常，加在 r 处的平衡质量可按下式计算

$$m = m' + m'' = (m_B + k m_C) l_{AB} / r \qquad (6\text{-}14)$$

式中，k 的取值一般为 1/3～2/3。

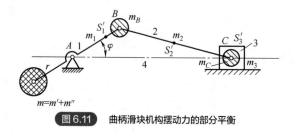

图6.11 曲柄滑块机构摆动力的部分平衡

📝 思考和练习题

6-1 什么是静平衡？什么是动平衡？各至少需要几个平衡平面？静平衡、动平衡的力学条件各是什么？

6-2 既然动平衡的构件一定是静平衡的，为什么一些制造精度不高的构件在做动平衡之前需先做静平衡？

6-3 为什么做往复运动的构件和做平面复合运动的构件不能在构件本身内获得平衡，而必须在基座上平衡？机构在基座上平衡的实质是什么？

6-4 在图6.12所示的盘形转子中，存在4个不平衡质量。它们的大小及其质心到回转轴的距离分别为：$m_1=5$kg，$r_1=100$mm，$m_2=6$kg，$r_2=200$mm，$m_3=7$kg，$r_3=150$mm，$m_4=8$kg，$r_4=120$mm，其方位如图所示。试对该转子进行平衡设计。

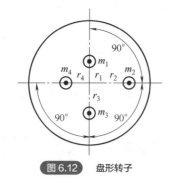

图 6.12   盘形转子

6-5   在图 6.13 所示的转子中，已知各偏心质量以及它们的回转半径大小分别为：$m_1=m_4=5\text{kg}$，$m_2=10\text{kg}$，$m_3=15\text{kg}$，$r_1=200\text{mm}$，$r_2=r_4=150\text{mm}$，$r_3=100\text{mm}$。方位如图所示，且 $l_{12}=l_{23}=l_{34}$，若置于平衡基面 I 及 II 中的平衡质量 $m_{b\text{I}}$ 及 $m_{b\text{II}}$ 的回转半径均为 250mm，试求 $m_{b\text{I}}$ 及 $m_{b\text{II}}$ 的大小和方位。

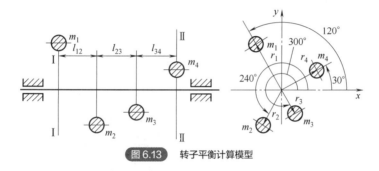

图 6.13   转子平衡计算模型

6-6   CMG 控制力矩陀螺是专门用于控制航天器飞行姿态的关键组件。中国首先投入轨道应用的是 200 牛米秒控制力矩陀螺，如图 6.14 所示。2011 年，天宫 1 号成功入轨，它配置了 6 台这一型号的力矩陀螺。CMG 实现航天器的姿态控制主要依靠内部的转子。若已知某陀螺仪转子的质量为 150kg，最高转速为 7000r/min。试确定该陀螺仪转子的许用不平衡量。

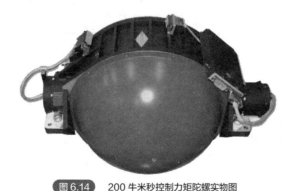

图 6.14   200 牛米秒控制力矩陀螺实物图

第7章

连杆机构及其设计

扫码获取配套资源

思维导图

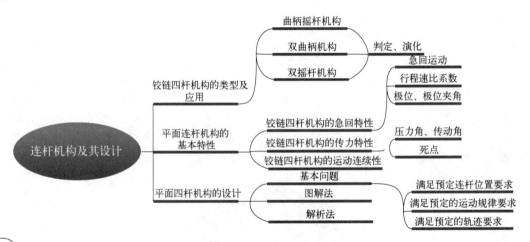

内容导入

连杆机构是机械原理的主要内容之一。连杆机构由若干刚性构件通过低副连接，实现复杂的运动转换和传递，广泛应用于各种机械系统中。连杆机构的设计直接影响机械设备的性能和效率，同时还影响设备的使用寿命和维护成本。因此对于连杆机构特性及其设计进行研究具有重要的理论和实际意义。

本章将系统学习平面连杆机构的基本知识及其设计等内容。

学习目标

（1）掌握铰链四杆机构的基本类型及其演化形式，并了解其应用；

（2）掌握平面四杆机构的基本特性；

（3）理解平面四杆机构的设计方法，能够用图解法进行四杆机构的设计；

（4）了解空间连杆机构。

7.1 概述

连杆机构在机械工程、航空航天、医疗器械等多个领域都有广泛应用，如机械手的传动机构（图 7.1）、人造卫星太阳能板的展开机构（图 7.2）、折叠伞的收放机构（图 7.3）、人体假肢关节（图 7.4）及六足机器人的肢体（图 7.5）等。

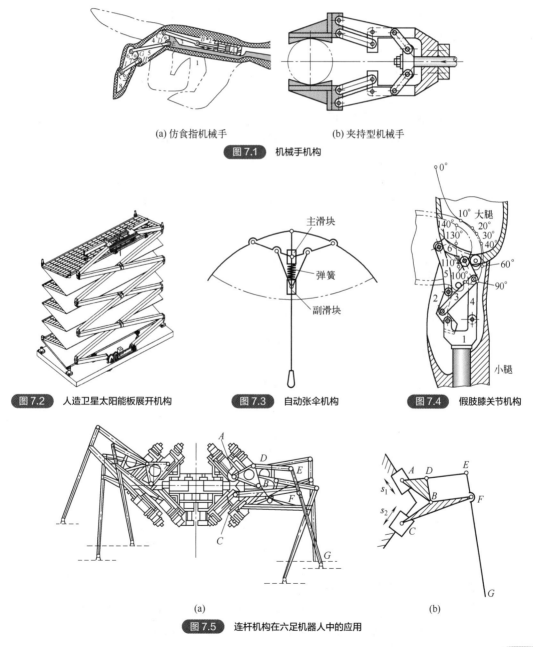

(a) 仿食指机械手　　　　　　　　(b) 夹持型机械手

图 7.1　机械手机构

图 7.2　人造卫星太阳能板展开机构　　　图 7.3　自动张伞机构　　　图 7.4　假肢膝关节机构

(a)　　　　　　　　　　　　　(b)

图 7.5　连杆机构在六足机器人中的应用

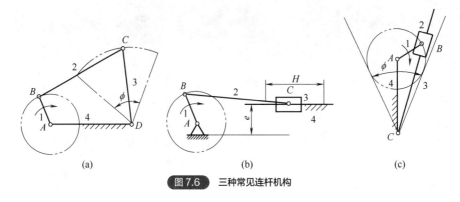

图 7.6　三种常见连杆机构

图 7.6 所示为三种常见的连杆机构。连杆机构的共同特点是主动件的运动要经过一个不与机架直接相连的中间构件（即连杆），再传动至从动件，故而称其为连杆机构。连杆机构的运动副一般均由低副构成，故又称其为低副机构。

连杆机构分为平面连杆机构和空间连杆机构。若各运动构件均在同一平面或者相互平行的平面内运动，则称为平面连杆机构；若各运动构件不都在相互平行的平面内运动，则称为空间连杆机构。在一般机械中应用最多的是平面连杆机构。

连杆机构中，其构件多呈杆状，故常简称其构件为杆。连杆机构通常根据其所含杆数命名，如四杆机构、六杆机构等。其中，平面四杆机构是结构最简单、应用最广泛的连杆机构，其他平面机构可看成是在平面四杆机构的基础上依次增加杆组所组成的，如图 7.7 所示的六杆机构就可看作是由 *ABCD 和 DEF* 两个四杆机构构成的。所以，本章将着重讨论平面四杆机构的基本性质和设计问题，而对平面多杆机构和空间连杆机构只作简要的介绍。

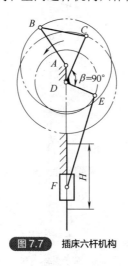

图 7.7　插床六杆机构

连杆机构的主要特点如下：

① 连杆机构中构件间以低副相连，低副运动副元素为面接触，与高副连接相比，在承受相同载荷的条件下压强较小，因而承载能力较大；低副元素的几何形状比较简单（如平面、圆柱面），加工制造容易；此外，容易形成有效润滑，接触面磨损小，且连杆机构中的低副一般是封闭几何体，对保证工作的可靠性较为有利。

② 构件运动形式具有多样性。连杆机构中既有绕定轴转动的曲柄，绕定轴往复摆动的摇杆，又有做平面一般运动的连杆、往复直线移动的滑块等，利用连杆机构可以获得各种形式的运动，

这在工程实际中具有重要价值。

③ 在主动件运动规律不变的情况下，只要改变连杆机构各构件的相对尺寸，就可以使从动件实现不同的运动规律和运动要求。

④ 连杆曲线具有多样性。连杆机构中的连杆，可看作是在所有方向上无限扩展的一个平面，称为连杆平面。在机构运动过程中，固接在连杆平面上的各点，其轨迹是各种不同形状的曲线（称为连杆曲线），如图7.8所示。连杆上的点位置不同，曲线形状不同；改变各构件的相对尺寸，曲线形状也随之变化。这些千变万化、姿态各异的曲线，可以满足不同轨迹设计要求，在机械工程中得到广泛应用。

利用连杆机构还可很方便地达到改变运动的传递方向、扩大行程、实现增力和远距离传动等目的。

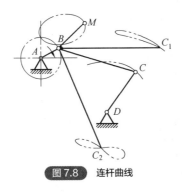

图7.8 连杆曲线

同时，连杆机构也存在如下一些缺点：

① 由于连杆机构的运动必须经过中间构件进行传递，因而传动路线较长，各构件的尺寸不可能做得绝对准确，再加上运动副间的间隙，易产生较大的累积误差，同时也降低了机械效率。

② 在连杆机构运动中，连杆及滑块的质心在作变速运动，所产生的惯性力难以用一般平衡方法加以消除，因而会增加机构的动载荷，使机构产生强迫振动，所以连杆机构一般不适用于高速场合。

7.2 平面连杆机构的类型及应用

7.2.1 平面四杆机构的演化方法

所有运动副均为转动副的四杆机构称为铰链四杆机构，它是平面四杆机构的基本形式。在图7.9所示的铰链四杆机构中，相对固定不动的构件4称为机架，与机架相连的构件1和构件3称为连架杆，连接两连架杆的构件2称为连杆。连架杆中能做整周回转运动的称为曲柄，如构件1；仅能在某一角度范围内做往复摆动的连架杆称为摇杆，如构件3。

在工程实际应用中，还广泛应用着许多其他形式的四杆机构，这些机构都可以看作是由铰链四杆机构演化而来的。机构的演化不仅能够满足运动方面的要求，还可以改善受力状况以及满足结构设计上的需要，了解这些演化方法，有利于对连杆机构进行创新设计。

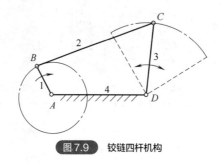

图 7.9　铰链四杆机构

（1）转动副演化成移动副

图 7.10（a）所示的曲柄摇杆机构中，曲柄 1 整周转动时，铰链 C 的中心点轨迹是以 D 为圆心，CD 为半径的圆弧，铰链 C 沿圆弧 mm 往复运动。若将圆弧 mm 做成一个圆弧导轨，将摇杆 3 做成滑块，使其沿圆弧导轨 mm 往复滑动［图 7.10（b）］，此时转动副 D 就演化成了移动副。显然机构的运动性质没有发生改变，但此时铰链四杆机构已演化为具有曲线导轨的曲柄滑块机构。当摇杆 CD 长度越长时，圆弧半径越大，曲线 mm 越平直。当摇杆无限长时，圆弧半径增大到无限大，曲线导轨演变成了直线导轨，如图 7.10（c）所示。滑块移动导路到曲柄回转中心之间的距离 e 称为偏距。如果 $e{\neq}0$，称为偏置曲柄滑块机构；如果 $e=0$，称为对心曲柄滑块机构，如图 7.11 所示。曲柄滑块机构在压力机、内燃机、空气压缩机、公共汽车车门等机械中得到了广泛应用。

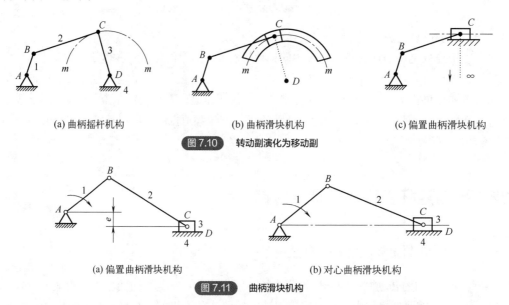

(a) 曲柄摇杆机构　　　　　(b) 曲柄滑块机构　　　　　(c) 偏置曲柄滑块机构

图 7.10　转动副演化为移动副

(a) 偏置曲柄滑块机构　　　　　　　　　(b) 对心曲柄滑块机构

图 7.11　曲柄滑块机构

在图 7.12（a）所示的对心曲柄滑块机构中，连杆 2 上的 B 点相对于转动副 C 的运动轨迹为圆弧 nn，如果连杆 2 的长度无限长，圆弧 nn 将变成直线，再把连杆做成滑块，则该曲柄滑块机构就演化成具有两个移动副的四杆机构，叫做双滑块四杆机构，如图 7.12（b）所示。从动件 3 的位移 s 和曲柄转角 φ 的关系为 $s=l_{AB}\sin\varphi$，故该机构称为正弦机构。这种机构多用于仪表、解算装置中。

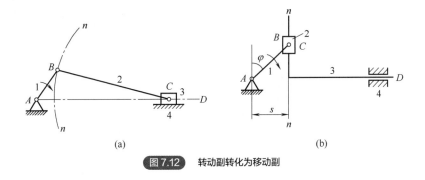

图 7.12 转动副转化为移动副

（2）取不同构件为机架

在铰链四杆机构中，各转动副是周转副（整周回转的转动副）还是摆转副（往复摆动的转动副）只与各构件的相对长度有关，而与取哪个构件为机架无关。但取不同构件为机架，可得到不同运动类型的铰链四杆机构。

如图 7.13（a）所示的曲柄摇杆机构中，若改取构件 1 为机架，其机构的两连架杆 2 及 4 均为能做整周转动的曲柄，称之为双曲柄机构，如图 7.13（b）所示；若取构件 3 为机架，则其机构的两连架杆 2 和 4 均为只能做摆动运动的摇杆，称之为双摇杆机构，如图 7.13（d）所示；若改取构件 2 为机架，则得另一个曲柄摇杆机构，如图 7.13（c）所示。由此可见，同一个平面铰链四杆运动链，选取不同的构件为机架，可形成上述三种不同运动形式的铰链四杆机构。

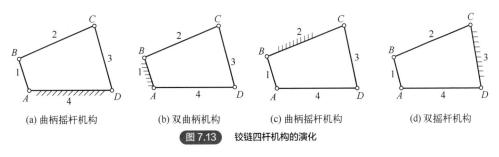

(a) 曲柄摇杆机构　　(b) 双曲柄机构　　(c) 曲柄摇杆机构　　(d) 双摇杆机构

图 7.13 铰链四杆机构的演化

同理，对于含有一个移动副的平面四杆机构，选取不同构件为机架，可演化成具有不同运动特性和用途的机构。当杆状构件与块状构件组成移动副时，若杆状构件为机架，则称其为导路；若杆状构件做整周转动，称其为转动导杆；若杆状构件做非整周转动，称其为摆动导杆；若杆状构件做移动，则称其为移动导杆。所以，如图 7.14 所示，对心曲柄滑块机构 ABC 中，若选取构件 1 为机架，则为转动导杆机构，如小型刨床 [图 7.15（a）]；若取构件 3 为机架，则为移动导杆机构，如手摇抽水机 [图 7.15（d）]；若选构件 2 为机架，则为曲柄摇块机构，机构中滑块 3 仅能绕 C 点摇摆，自卸货货车车厢的举升机构 [图 7.15（c）] 即为其应用实例。

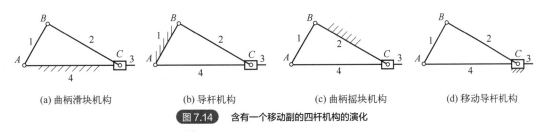

(a) 曲柄滑块机构　　(b) 导杆机构　　(c) 曲柄摇块机构　　(d) 移动导杆机构

图 7.14 含有一个移动副的四杆机构的演化

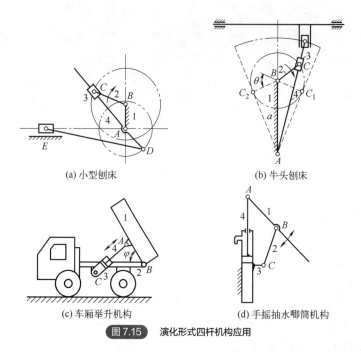

(a) 小型刨床　　　　　　　　　(b) 牛头刨床

(c) 车厢举升机构　　　　　　　(d) 手摇抽水唧筒机构

图 7.15　演化形式四杆机构应用

对于含两个移动副的四杆机构中，若选构件 4（或构件 2）为机架［图 7.16（a）、（b）］，则称为正弦机构，图 7.17（a）所示的缝纫机的针杆机构即为此种正弦机构。若选择构件 1 为机架［图 7.16（c）］，则演化为双转块机构，它常用作两轴轴线很短的平行轴的联轴器，如图 7.17（b）所示的十字滑块联轴器。若选构件 3 为机架［图 7.16（d）］，则演化为双滑块机构，常应用它做成椭圆规［图 7.17（c）］。

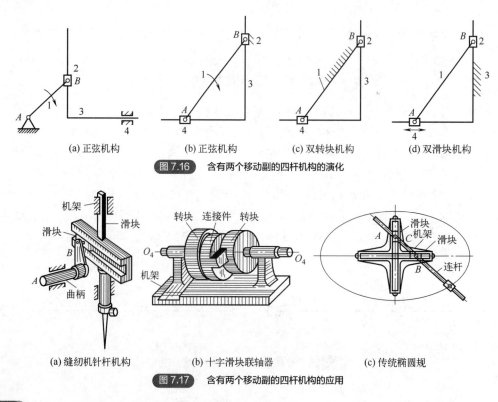

(a) 正弦机构　　　(b) 正弦机构　　　(c) 双转块机构　　　(d) 双滑块机构

图 7.16　含有两个移动副的四杆机构的演化

(a) 缝纫机针杆机构　　　(b) 十字滑块联轴器　　　(c) 传统椭圆规

图 7.17　含有两个移动副的四杆机构的应用

（3）扩大转动副尺寸

在图 7.18（a）所示的曲柄滑块机构中，当曲柄 *AB* 的长度很短而要传递的动力又较大时，在一个尺寸较短的构件 *AB* 上加工装配两个尺寸较大的转动副是不可能的，此时，常将转动副 *B* 的半径扩大并超过曲柄 *AB* 的长度［图 7.18（b）］，从而演化为偏心轮机构。此时，曲柄变成了一个几何中心为 *B*、回转中心为 *A* 的偏心圆盘，偏心距 *e* 等于曲柄长度。扩大其移动副 *D* 的尺寸［图 7.18（c）］，即将滑块尺寸扩大，使之超过整个偏心轮机构，从而演化为滑块内置偏心轮机构。显然，上述两种扩大运动副元素尺寸的方法，并没有改变机构的组成特性，其运动特性与曲柄滑块机构也完全相同，却可以带来结构设计上的方便和强度的提高。故该机构常用于压力机、冲床等设备上。

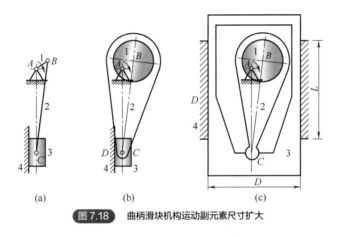

（a）　　　　　　（b）　　　　　　（c）

图 7.18　曲柄滑块机构运动副元素尺寸扩大

7.2.2　铰链四杆机构的基本类型及应用

在铰链四杆机构中，按连架杆能否做整周转动，可将它分为 3 种基本类型，即曲柄摇杆机构、双曲柄机构、双摇杆机构。铰链四杆机构属于哪种类型，实质决定于其构件的周转特性和机架选取情况。下面将从铰链四杆运动链中周转副存在的条件和取不同构件为机架的机构形成情况讨论铰链四杆机构的基本类型和应用。

（1）转动副为周转副的条件

铰链四杆机构中曲柄存在的前提是其运动副中必有周转副存在，故先确定转动副为周转副的条件。

如图 7.19 所示，四杆运动链中，各杆长度分别为 *a*、*b*、*c*、*d*。假设 $d>a$，若转动副 *A* 成为周转副，则 *AB* 杆应能处于绕传动轴的任何位置。在杆 1 绕转动副 *A* 转动过程中，铰链点 *B* 与 *D* 之间的距离是不断变化的，当 *B* 点达到图示点 *B′* 和 *B″* 两位置时，也就是当 *AB* 杆与 *AD* 杆两次共线时，*g* 分别达到最大值 $g_{max}=d+a$ 和最小值 $g_{min}=d-a$，分别得到△*DB′C′* 和△*DB″C″*。而由三角形的边长关系可推出以下各式：

由△*DB′C′* 可得　　　　　　　　　　　　$a+d\leqslant b+c$　　　　　　　　　　　　（a）

由△*DB″C″* 可得

$$\begin{cases} b \leqslant (d-a)+c \\ c \leqslant (d-a)+b \end{cases} \text{即} \begin{cases} a+b \leqslant c+d & \text{(b)} \\ a+c \leqslant b+b & \text{(c)} \end{cases}$$

将上述三式分别两两相加，则得

$$a \leqslant b, \ a \leqslant c, \ a \leqslant d \tag{7-1}$$

即杆 AB 应为最短杆。

如果 $d < a$，用同样的方法可以得到杆 AB 能绕转动副 A 做整周转动的条件：

$$\begin{cases} d+a \leqslant b+c & \text{(d)} \\ d+b \leqslant a+c & \text{(e)} \\ d+c \leqslant a+b & \text{(f)} \end{cases}$$

两两相加，得

$$d \leqslant a, \ d \leqslant b, \ d \leqslant c \tag{7-2}$$

即 AD 为最短杆。

式（7-1）、式（7-2）说明，组成周转副 A 的两个构件中，必有一个为最短杆；式（a）~式（c）和式（d）~式（f）说明，该最短杆与最长杆的长度之和必小于或等于其余两杆的长度之和。该长度之和关系称为"杆长之和条件"。

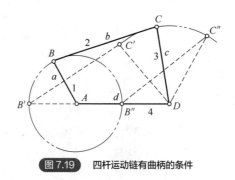

图 7.19　四杆运动链有曲柄的条件

综合以上分析，可得出转动副 A 为周转副的条件是：

① 满足杆长之和条件，即 $l_{min}+l_{max} \leqslant l_i+l_j$；

② 组成该周转副的两杆中必有一杆为最短杆。

上述条件表明，当四杆运动链各杆的长度满足杆长之和条件时，有最短杆参与构成的转动副都是周转副，而其余的转动副则是摆转副。此时，若取最短杆为机架，则得双曲柄机构；若取最短杆任一相连的构件为机架，则得曲柄摇杆机构；若取最短杆对面的构件为机架，则得双摇杆机构。

如果四杆运动链各杆长度不满足杆长之和条件，则不论选取哪个构件为机架，所得机构均为双摇杆机构。注意，这种情况下所形成的双摇杆机构与上述摇杆机构不同，它不存在周转副。

由此可得，铰链四杆机构中曲柄存在的条件：

① 各杆长度满足杆长之和条件；

② 其最短杆为连架杆或机架。

上述一系列结论称为格拉霍夫定理。

由于曲柄滑块机构和导杆机构都是由铰链四杆机构演化而来的，故按照同样的思路和方法，可得这两种机构具有周转副的条件。图 7.20 所示的偏置滑块机构中存在曲柄的条件为 $l_{BC} \geqslant l_{AB}+e$；对心曲柄滑块机构（$e=0$）存在曲柄的条件为 $b \geqslant a$。在摆动导杆中，如果曲柄和导杆之间的移动副存在，则铰链 B 就一定能够到达两个固定铰链（铰链 A 和铰链 C）连线的 B_1 点和 B_2 点位置，如图 7.21 所示，也就是说，连架杆 AB 成为曲柄限制条件。

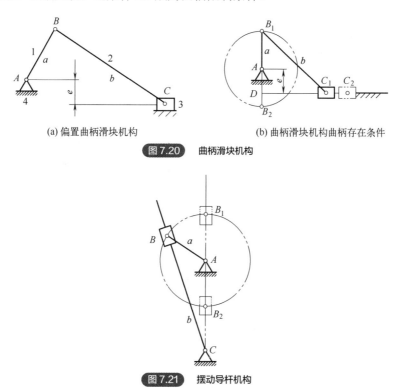

(a) 偏置曲柄滑块机构　　　　　(b) 曲柄滑块机构曲柄存在条件

图 7.20　曲柄滑块机构

图 7.21　摆动导杆机构

（2）铰链四杆机构的应用

由前面分析可知，铰链四杆机构的基本类型主要有曲柄摇杆机构、双曲柄机构及双摇杆机构，下面将分别介绍这些机构的特点及应用。

1）曲柄摇杆机构

在曲柄摇杆机构中，当以曲柄为主动件时，可将曲柄的连续运动转变为摇杆的往复摆动；当以摇杆为主动件时，可将摇杆的摆动转变为曲柄的整周转动。前者应用甚广，图 7.22（a）所示雷达天线俯仰机构及图 7.22（b）所示的利用连杆端部 E 及 E' 把矿石扒到输送带上去的蟹钳扒矿机构就都是其应用实例。而后者则在以人力为动力的机械中应用较多，如图 7.22（c）所示的古代用来打磨剑刃与箭头的脚踏磨轮机，图 7.22（d）所示的手摇压路车，图 7.22（e）所示的脚踏脱粒机。

2）双曲柄机构

一般双曲柄机构，其主动曲柄做匀速转动而从动曲柄做变速转动。如插床主体机构（图 7.7）用双曲柄机构可改善插床切削性能，惯性筛机构（图 7.23）利用双曲柄机构 ABCD 中从动曲柄 3 的变速回转，使筛子 6 具有所需的加速度，从而达到筛分物料的目的。

在双曲柄机构中，若两对边构件长度相等且平行，则称为平行四边形机构，如图 7.24 所示。这种机构的传动特点：一是主动曲柄和从动曲柄均以相同的角速度转动，二是连杆做平动，三是连杆上任一点的轨迹均是以曲柄长度为半径的圆。

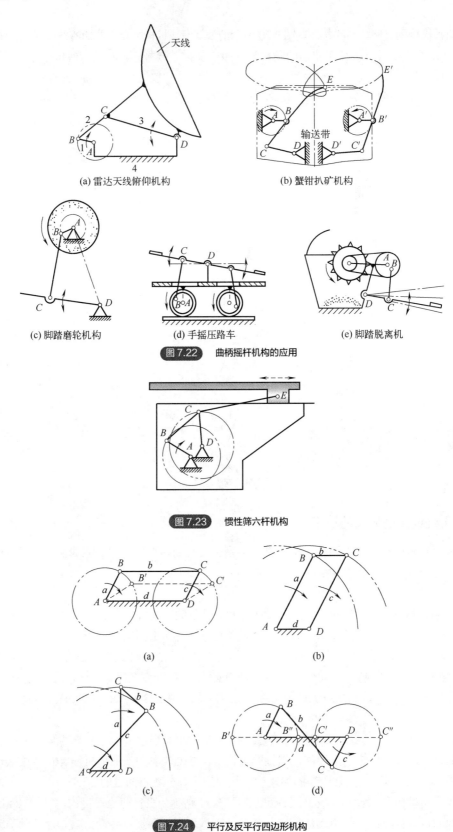

(a) 雷达天线俯仰机构

(b) 蟹钳扒矿机构

(c) 脚踏磨轮机构

(d) 手摇压路车

(e) 脚踏脱离机

图 7.22 曲柄摇杆机构的应用

图 7.23 惯性筛六杆机构

(a)

(b)

(c)

(d)

图 7.24 平行及反平行四边形机构

平行四边形机构在机械工程上的应用很多。例如机车车轮联动机构［图 7.25（a）］和多头钻床联动机构［图 7.25（b）］就利用了平行四边形机构的第一个特性，在多头钻中当主动曲柄回转时，通过偏心盘带动各个从动曲柄及钻头同时回转。可调臂长台灯的位置调节机构［图 7.25（c）］、播种机料斗的地面跟随机构［图 7.25（d）］和可调夹紧力的调节机构［图 7.25（e）］利用了其第二个特性；砂轮圆弧打磨机［图 7.25（f）］利用了其第三个特性。

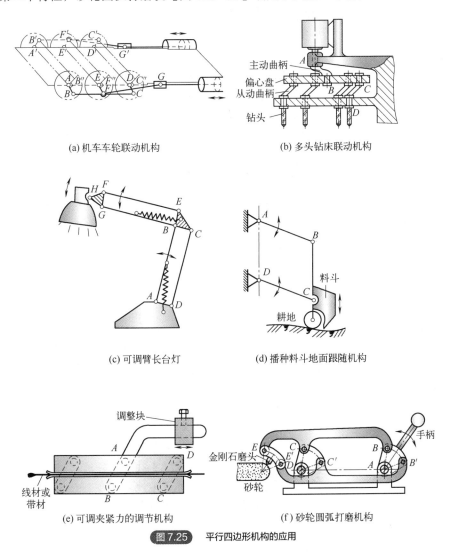

(a) 机车车轮联动机构　　　　　(b) 多头钻床联动机构

(c) 可调臂长台灯　　　　　(d) 播种料斗地面跟随机构

(e) 可调夹紧力的调节机构　　　　　(f) 砂轮圆弧打磨机构

图 7.25　平行四边形机构的应用

两曲柄长度相同，而连杆与机架不平行的铰链四杆机构，称为逆平行（或反平行）四边形机构。若以短杆为机架［图 7.24（c）］，两曲柄沿相同的方向转动，其性能和一般双曲柄机构相似。若以长杆为机架［图 7.24（d）］，两曲柄沿相反的方向转动，转速也不相等，即主动曲柄 AB 匀速转动时，从动曲柄 CD 做反向非匀速转动。

车门开闭机构［图 7.26（a）］和四轮拖车转向机构［图 7.26（b）］均利用了反平行四边形机构两曲柄反向转动的特性，而物料翻转传递的输送机构［图 7.26（c）］则利用了反平行四边形机构两曲柄同向转动的特性。

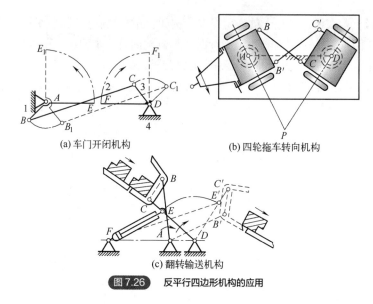

(a) 车门开闭机构　　　　　(b) 四轮拖车转向机构

(c) 翻转输送机构

图 7.26　反平行四边形机构的应用

当两曲柄运动到与机架共线两位置时，如图 7.24（d）中 *AB'C'D* 或 *AB"C"D* 所示，由平行四边形机构变换为反平行四边形机构，即出现相反变化的可能，称此位置为机构的转折点或机构运动的变换点位置，在此两位置机构的运动是不确定的，这在工程上是不允许的。为解决此问题，可在从动曲柄 *CD* 上加装一个惯性较大的轮子，利用惯性维持从动曲柄转向不变；也可以通过加虚约束使机构保持平行四边形［如图 7.25（a）所示的机车车轮联动的平行四边形机构］，从而避免运动不确定问题。

3）双摇杆机构

鹤式起重机［图 7.27（a）］的主体机构就是一双摇杆机构，当主动摇杆 *AB* 摆动时，从动摇杆 *CD* 也随之摆动，位于连杆 *BC* 延长线上的重物悬挂点 *E* 将沿近似水平直线移动，实现重物被起吊后水平移动（平行于 *EE'*）以便操控。图 7.28 所示为运动训练器，人坐在座椅上，通过手、脚协同施力于杆 1，带动杆 3 实现摆动，达到锻炼身体的目的。

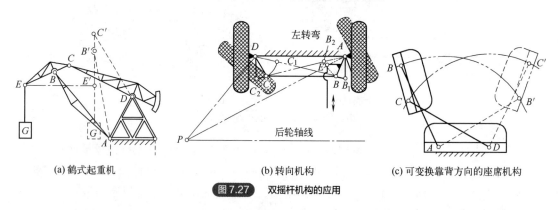

(a) 鹤式起重机　　　　　(b) 转向机构　　　　　(c) 可变换靠背方向的座席机构

图 7.27　双摇杆机构的应用

若双摇杆机构中两连架杆长度相等，则称为等腰梯形机构。汽车、拖拉机等四轮机动车中前轮转向机构［图 7.27（b）］利用等腰梯形机构，可实现两前轮轴线与两后轮轴线在转弯时近似汇交于一点以减小轮胎与地面的磨损。可变换靠背方向的座席机构［图 7.27（c）］是利用连杆可周转式等腰梯形机构的另一例子。

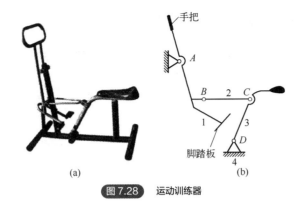

图 7.28　运动训练器

7.3　平面四杆机构的基本特性

前面介绍了平面四杆机构中构件的周转特性和机构的基本类型，本节将介绍平面四杆机构的急回运动、传力特性及连杆曲线等基本特性。了解这些特性，对于正确选择平面连杆机构的类型，进而进行机构设计具有重要意义。本节以铰链四杆机构为例，介绍其基本性质，其结论可以很方便地应用到其他演化形式的四杆机构上。

7.3.1　铰链四杆机构的急回运动

（1）急回运动

图 7.29 所示为一曲柄摇杆机构，曲柄 AB 为主动件，在其转动一周的过程中，有两次与连杆共线，这时摇杆 CD 分别处于两极限位置 C_1D 和 C_2D，机构所处的这两个位置称为极位。机构在两个极位时，主动件曲柄 AB 所在两个位置之间的夹角 θ 称为极位夹角。

当曲柄从 AB_1 位置开始，以等角速度 ω_1 顺时针转过 $\alpha_1=180°+\theta$ 时，摇杆将由位置 C_1D 摆到 C_2D，其摆角为 φ，设所需时间为 t_1，CD 杆的平均角速度为 ω_{m1}；当曲柄从 AB_2 位置继续转过 $\alpha_2=180°-\theta$，回到 AB_1 时，摇杆又从位置 C_2D 回到 C_1D，摆角仍然是 φ，设所需时间为 t_2，CD 杆的平均角速度为 ω_{m2}。由于曲柄为等角速度转动，而 $\alpha_1>\alpha_2$，所以有 $t_1>t_2$。摇杆 CD 的平均角速度 $\omega_{m1}=\varphi/t_1$，$\omega_{m2}=\varphi/t_2$。显然，$\omega_{m1}<\omega_{m2}$，即从动摇杆往复摆动的平均角速度不等，一快一慢，摇杆这种性质的运动称为急回运动。

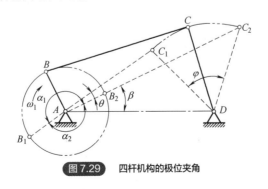

图 7.29　四杆机构的极位夹角

（2）行程速度变化系数

急回运动的急回程度，可用行程速度变化系数或称行程速比系数 K 来衡量，即

$$K = \frac{v_2}{v_1} = \frac{\omega_{m2}}{\omega_{m1}} = \frac{t_1}{t_2} = \frac{\alpha_1}{\alpha_2} = \frac{180° + \theta}{180° - \theta}$$

如果已知 K，即可求得极位夹角 θ

$$\theta = 180° \times \frac{K - 1}{K + 1}$$

以上分析表明，当机构存在极位夹角 θ 时，机构便具有急回运动特性，θ 角愈大，K 值愈大，机构的急回运动性质也愈显著。

急回机构的急回方向与主动件的回转方向有关，为避免把急回方向弄错，在有急回要求的设备上应明确标识出主动件的正确回转方向。对于有急回运动要求的机械，在设计时，应先确定行程速比系数 K，根据上式求出 θ 角后，再设计各杆的尺寸。

图 7.30 分别表示曲柄滑块机构和摆动导杆机构的极位夹角。用上式可求得相应的行程速比系数 K。

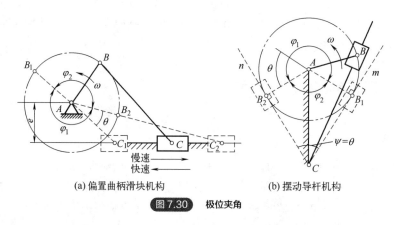

(a) 偏置曲柄滑块机构   (b) 摆动导杆机构

图 7.30　极位夹角

机构急回特性在工程上的应用有三种情况：第一种是工作行程要求慢速前进，以利于切削、冲压等工作的进行，而回程时为节省空回时间，则要求快速返回，提高机械的工作效率，如牛头刨床、插床等就是如此，这是常见的情况。第二种是对某些颚式破碎机，要求其动颚快进慢退，以便已被破碎的矿石能及时退出颚板，避免矿石的过粉碎（因矿石破碎有一定的粒度要求）。第三种是一些设备在正、反行程中均在工作，故无急回要求，如图 7.31 所示的收割机中割刀片的运动。某些机载搜索雷达的摇头机构也是如此。

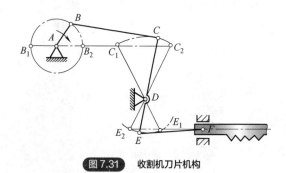

图 7.31　收割机刀片机构

7.3.2 铰链四杆机构的传力特性

（1）压力角和传动角

在图 7.32 所示的四杆机构中，若不考虑各运动副中的摩擦力、构件重力和惯性力的影响，则由主动件 AB 经连杆 BC 传递到从动件 CD 上 C 点的力 F 将沿 BC 方向。力 F 可分解为两个分力：沿着受力点 C 速度 v_C 方向的分力 F_t 和垂直于 v_C 方向的分力 F_n。设力 F 与着力点的速度 v_C 方向之间所夹的锐角为 α，则

$$\begin{cases} F_t = F\cos\alpha \\ F_n = F\sin\alpha \end{cases}$$

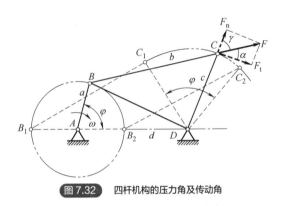

图 7.32　四杆机构的压力角及传动角

其中，F_t 与速度 v_C 方向相同，是使从动件转动的有效分力，对从动件产生有效回转力矩；而 F_n 是仅仅在转动副 D 中产生附加径向压力的分力。由上式可知，α 越大，径向压力 F_n 也越大，故称角 α 为压力角。压力角的余角为传动角，用 γ 表示，$\gamma=90°-\alpha$。显然，γ 越大，有效分力 F_t 越大，径向分力 F_n 越小，机构传力性能越好。因此，在连杆机构中，常用传动角大小及其变化情况来衡量机构传力性能的优劣。

在机构运动过程中，传动角 γ 的大小是变化的，它是机构主动件曲柄转角位置的函数。为了保证机构传力性能良好，设计时通常要求 $\gamma_{min} \geqslant 40°$；对于高速和大功率的传动机械，应使 $\gamma_{min} \geqslant 50°$。

对于曲柄摇杆机构，当曲柄 AB 转到与机架 AD 重叠共线和拉直共线两位置 AB_1、AB_2 时，传动角将出现极值 γ_1 和 γ_2（传动角总取锐角）。这两个值大小分别为：

$$\gamma_1 = \angle B_1C_1D = \arccos\frac{b^2 + c^2 - (d+a)^2}{2bc} \tag{7-3a}$$

或

$$\gamma_1 = 180° - \arccos\frac{b^2 + c^2 - (d+a)^2}{2bc} \qquad (\angle B_1C_1D > 90°) \tag{7-3b}$$

$$\gamma_2 = \angle B_2C_2D = \arccos\frac{b^2 + c^2 - (d-a)^2}{2bc} \qquad (\angle B_2C_2D < 90°) \tag{7-3c}$$

比较这两个位置时的传动角，γ_1 和 γ_2 中的小者即为最小传动角 γ_{min}。

（2）死点

在图 7.33 所示的曲柄摇杆机构中，设摇杆 CD 为主动件，当机构处于图示的两个虚线位置之一时，即连杆与从动曲柄在一条直线上，机构的传动角 $\gamma=0°$，这时主动件 CD 通过连杆作用于从动件 AB 上的力恰好通过其回转中心，所以不能使构件 AB 转动而出现"顶死"现象。机构的这种位置称为死点。由此可见，四杆机构中是否存在死点位置，取决于从动件是否与连杆共线。

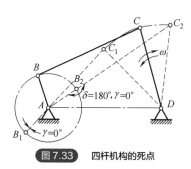

图 7.33　四杆机构的死点

对于传动机构来说，机构有死点是不利的，应该采取措施使机构能顺利通过死点位置。可采用多套机构错位排列的办法，即将两组以上的相同机构组合使用，而使各组机构的死点相互错开［如图 7.25（a）所示的机车车轮联动机构，其两侧的曲柄滑块机构的曲柄位置相互错开了90°］。也可采用安装飞轮加大惯性的方法，借助惯性作用闯过死点［图 7.22（c）中的脚踏磨轮机构利用磨轮的惯性］等等。

机构的死点位置并非总是起消极作用。工程实践中也常利用机构的死点来实现特定的工作要求。例如图 7.34（a）所示的飞机起落架机构，在机轮放下时，杆 BC 与 CD 成一直线。由于机构处于死点位置，机轮着地时产生的巨大冲击力不会使从动件反转，从而保持支撑状态，使飞机起落和停放更加可靠。图 7.34（b）所示的折叠桌桌腿的收放机构也属这一原理的应用。

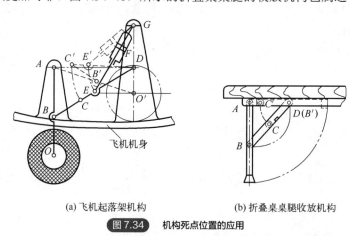

(a) 飞机起落架机构　　　　(b) 折叠桌桌腿收放机构

图 7.34　机构死点位置的应用

比较图 7.29 和图 7.33 可以看出，机构的极位和死点实际上是机构的同一位置，只是机构的主动件不同。当主动件与连杆共线时为极位。在极位附近，由于从动件的速度接近于零，故可获得很大的增力效果（机械效益）。如图 7.35 所示的拉铆机（用以铆接空心铆钉），当把两手柄向内靠拢，使 *ABC*（和 *A'B'C'*）接近于直线时，可使芯杆 1 产生很大的向上的拉铆力。当从动件与连杆共线时为死点。机构在死点时本不能运动，但如因冲击振动等使机构离开死点而继续运动时，这时从动件的运动方向是不确定的，既可能正转也可能反转，故机构的死点位置也是机构运动的转折点。

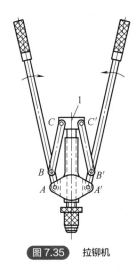

图 7.35　拉铆机

7.3.3　铰链四杆机构的运动连续性

当主动件连续运动时，从动件也能连续地占据预定的各个位置，称为机构具有运动的连续性。如图 7.36 所示的曲柄摇杆机构中，当主动件曲柄 *AB* 连续回转时，从动杆 *CD* 可在摆角 φ_3 范围内往复摆动；或者由于初始安装位置的不同，也可在 φ_3' 范围内往复摆动。由 φ_3（φ_3'）所确定的范围称为机构的可行域（图中阴影区域）。由图可知，从动摇杆不可能进入角度 δ_3 和 δ_3' 所确定的范围，这个区域称为运动的不可行域。

可行域的范围受机构中构件长度的影响。当已知各构件的长度时，可行域可以用作图法求得，而摇杆究竟在哪个可行域内运动，则取决于机构的初始位置。

由于构件间的相对位置关系在机构运动过程中不会再改变，所以图 7.36 所示的曲柄摇杆机构 *ABCD* 及 *ABC'D* 中摇杆 *CD* 或 *C'D* 只能在各自可行域 φ_3（φ_3'）内运动。所以，在设计时，不能要求其从动件在两个不连通的可行域内连续运动。例如，要求从动件从位置 *CD* 连续运动到位置 *C'D*，这是不可能的。连杆机构的这种运动不连续称为错位不连续。

另外，在连杆机构的运动过程中，其连杆所经过的给定位置一般是有顺序的。当主动件按同一方向连续转动时，若其连杆不能按顺序通过给定的各个位置，这也是一种运动不连续，称为错序不连续。如在图 7.37 所示的四杆机构中，若要求其连杆依次占据 B_1C_1、B_2C_2、B_3C_3、B_4C_4 位置，则此四杆机构 *ABCD* 便不能满足此要求，因为无论主动件运动方向如何，其连杆都不能按上述顺序完成要求，故知此机构存在错序不连续问题。在设计四杆机构时，必须检查所设计的机构是否满足运动连续性要求，即检查其是否有错位、错序问题，并考虑能否补救，若不能则必须考虑其他方案。

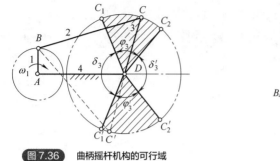 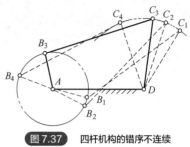

图 7.36　曲柄摇杆机构的可行域　　　　图 7.37　四杆机构的错序不连续

7.3.4　演化形式四杆机构的特性分析

前面讨论了铰链四杆机构的基本特性及其分析方法，而当对含移动副等演化形式四杆机构的基本特性分析时，只要将其移动副视为转动中心位于垂直于导路无穷远处的转动副，便可将上述结论及方法直接应用于这类四杆机构的基本特性分析。下面举例分析加以说明。

例 7-1　在图 7.38（a）所示的偏置曲柄滑块机构中，设曲柄 AB 的长度为 r，连杆 BC 的长度为 l，滑块 C 的行程为 H，偏距为 e。

① 确定杆 AB 为曲柄的条件；

② 分析此机构是否存在急回运动？若存在，其行程速度变化系数为多少？

③ 若以杆 AB 为主动件，试确定该机构的最小传动角及其位置；

④ 试问该机构在何种情况下有死点位置？

⑤ 若机构为对心曲柄滑块机构，上述情况又如何？

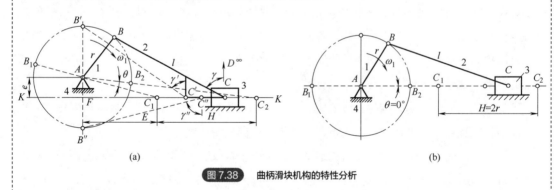

(a)　　　　　　　　　　　　(b)

图 7.38　曲柄滑块机构的特性分析

解：根据机构的演化原理，滑块与导路组成的移动副可以视为转动中心在其导路垂线方向的无穷远处的转动副，即为转动副 D^∞，故此曲柄滑块机构 ABC 可视为铰链四杆机构 $ABCD^\infty$，于是，由铰链四杆机构的特性可推知此偏置曲柄滑块机构的特性。

① 由铰链四杆机构的杆长条件知

$$\overline{AB} + \overline{CD}^\infty \leqslant \overline{BC} + \overline{AD}^\infty$$

此处，D^∞ 应理解为离导路非常远，但非数学上的无穷远。注意，两固定铰链之间的连线才代表机架方位，即 AD^∞。

其中，$\overline{CD}^\infty - \overline{AD}^\infty = e$

所以有 $r+e \leqslant l$ 且当杆 AB 为最短杆时，AB 杆为曲柄。

② 用作图法先作出该机构的两个极位 AB_1C_1 及 AB_2C_2，如图 7.38 所示。因其极位夹角 $\theta = \angle C_1AC_2 \neq 0°$，故机构有急回作用，此时其行程速比系数为：$K=(180°+\theta)/(180°-\theta)$。

③ 当机构以曲柄 AB 为主动件时，从动件（滑块）CD^∞ 与连杆 BC 所夹的锐角 γ 即为传动角。其最小传动角将出现在曲柄 AB 与机架 AD^∞ 共线的两位置之一。故最小传动角 $\gamma_{min}=\gamma'=\angle B'C'D^\infty$。

④ 当以曲柄 AB 为主动件时，因机构的最小传动角 $\gamma_{min}=\gamma\neq0$，故机构无死点位置。但当以滑块为主动件时，因机构从动件曲柄 AB 与连杆 BC 存在两共线位置，故有两个死点位置，即为 AB_1C_1 及 AB_2C_2。

⑤ 对于对心曲柄滑块机构 [图 7.38（b）]，因其 $e=0$，故 $\theta=0°$。机构无急回特性，存在死点。

7.4　平面四杆机构的设计

7.4.1　连杆机构设计的基本问题

连杆机构设计的基本问题是根据给定的要求选定机构的形式，确定各构件的尺寸，同时还要满足结构条件（如要求存在曲柄、杆长比恰当等）、动力条件（如适当的传动角等）和运动连续条件等。根据机械的用途和性能要求的不同，对连杆机构设计的要求是多种多样的，但这些设计要求可归纳为以下三类问题。

（1）满足预定的连杆位置要求

要求连杆能占据一系列的预定位置，即要求所设计的机构能引导连杆（刚体）按顺序通过一系列预定的位置，因而又称为刚体引导问题。例如图 7.39 所示的铸造造型机砂箱翻转机构，砂箱固结在连杆 BC 上，要求所设计机构中的连杆能依次通过位置 Ⅰ、Ⅱ，以便引导砂箱实现造型振实和拔模两个动作。

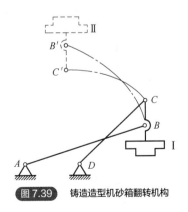

图 7.39　铸造造型机砂箱翻转机构

（2）满足预定的运动规律要求

要求所设计机构的主、从连架杆之间的运动关系能满足某种给定的函数关系。如要求两连架杆的转角能够满足预定的对应位移关系；或要求在主动件运动规律一定的条件下，从动件能准确或近似地满足预定的运动规律要求（又称函数生成问题）。如图7.40所示的车门开闭机构，工作要求两连架杆的转角满足大小相等而转向相反的运动关系，以实现车门的开启和关闭；图7.41所示的汽车前轮转向机构，工作要求两连架杆的转角满足某种函数关系，以保证汽车顺利转弯。再比如，工程实际许多应用中要求在主动连架杆匀速运动的情况下，从动连架杆的运动具有急回特性，以提高生产效率。

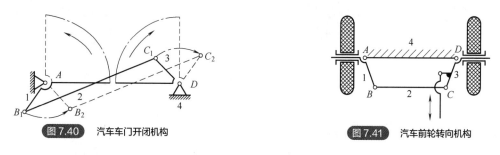

图7.40　汽车车门开闭机构　　　　　　图7.41　汽车前轮转向机构

（3）满足预定的轨迹要求

即要求在机构运动过程中，连杆上的某些点的轨迹能符合预定的轨迹要求（简称轨迹生成问题）。如图7.27（a）所示的鹤式起重机构，为避免货物做不必要的上下起伏运动，连杆上吊钩滑轮的中心点E应沿水平直线EE'移动；而如图7.42所示的搅拌器机构，应保证连杆上的E点能按预定的轨迹运动，以完成搅拌动作。

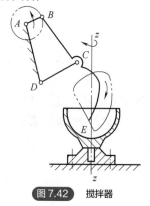

图7.42　搅拌器

7.4.2　用图解法设计四杆机构

连杆机构的设计方法有图解法和解析法。图解法直观性强、简单易行，对于某些设计问题往往比解析法方便有效，它是连杆机构设计的一种基本方法，但设计精度低。不同的设计要求，图解的方法各异。对于较复杂的设计要求，图解法很难解决。解析法精度较高，但计算量大，目前由于计算机及数值计算方法的迅速发展，解析法已经得到广泛应用。在用解析法进行设计时，图解法用于机构尺寸计算的初步设计阶段。

（1）按连杆预定的位置设计四杆机构

如图7.43（a）所示，设工作要求某刚体在运动过程中能依次占据Ⅰ、Ⅱ、Ⅲ三个给定位置，试设计一铰链四杆机构，引导该刚体实现这一运动要求。

由于在铰链四杆机构中，两连架杆均做定轴转动或摆动，只有连杆做平面一般运动，故能够实现上述运动要求的刚体必是机构中的连杆。设计问题为按连杆预定的位置设计。

首先根据刚体的具体结构，在其上选择活动铰链点 B、C 的位置。一旦确定了 B、C 的位置，对应于刚体 3 个位置时活动铰链的位置 B_1C_1、B_2C_2、B_3C_3 也就确定了。设计的主要任务是确定固定铰链点 A、D 的位置，如图 7.43（b）所示。

因为连杆上活动铰链 B、C 分别绕固定铰链 A、D 转动，所以连杆在三个给定位置上的 B_1、B_2、B_3 点，应位于以 A 为圆心，连架杆 AB 为半径的圆周上；同理，C_1、C_2、C_3 分别位于以 D 为圆心，以连架杆 DC 为半径的圆周上。因此，连接 B_1B_2 和 B_2B_3，再分别作这两条线段的中垂线 a_{12} 和 a_{23}，其交点即为固定铰链中心 A。同理可得另一固定铰链中心 D。则 AB_1C_1D 即为所求四杆机构在第一个位置时的机构运动简图。

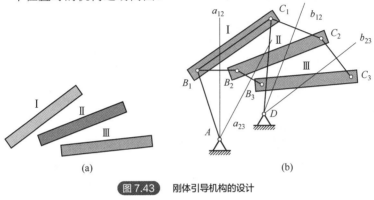

图 7.43　刚体引导机构的设计

在给定了连杆上活动铰链点位置的情况下，由于 3 点唯一确定一个圆，故给定连杆 3 个位置时，其解是确定的。改变活动铰链点 B、C 的位置，其解也随之改变，从这个意义上讲，实现连杆 3 个位置的设计，其解有无穷多个。如果只给定连杆的两个位置，则固定铰链点 A、D 的位置可在各自的中垂线上任取，故其解有无穷多个。设计时，可添加其他附加条件，如机构尺寸、传动角大小、有无曲柄等，从中选择合适的机构。

如果给定连杆 4 个位置，因四个点位并不总在同一圆周上（图 7.44），因而可能导致无解。不过，德国学者布尔梅斯特尔（Bumestey）研究的结果表明这时总可以在连杆上找到一些点，使其对应的四个点位在同一圆周上，这样的点称为圆点。圆点就可选作活动铰链中心。圆点所对应的圆心称为圆心点，它就是固定铰链中心所在位置，可有无穷多解。如要连杆占据预定的五个位置，则根据布尔梅斯特尔的研究，可能有解，但只有两组或四组解，也可能无解（无实解）。在此情况下，即使有解也往往很难令人满意，故一般不按五个预定位置设计。

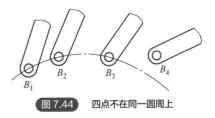

图 7.44　四点不在同一圆周上

例 7-2　设计一车库门启闭四杆机构。如图 7.45 所示，要求车库门在关闭时为位置 N_1，在开启后为位置 N_2（S 为库门的重心位置）。库门在启闭过程中不得与车库顶部或库内汽车相碰，并尽量节省启闭所占的空间。

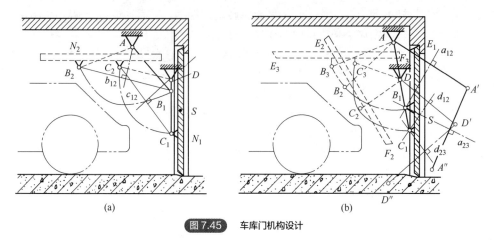

图 7.45　车库门机构设计

解： 此设计可将车库门视作连杆，而库房为机架，按给定连杆的两个位置进行设计。有如下两种设计方案。

① 在车库门上先选定两活动铰链 B、C 的位置。为使车库门能正确关闭，启闭时省力，两活动铰链中心 B、C 可选在车库门的内面重心 S 的上下两侧，如图 7.45（a）所示。现已知连杆 B_1C_1 及 B_2C_2 两位置，需在库房上确定两固定铰链 A、D 的位置。为此，作 $\overline{B_1B_2}$、$\overline{C_1C_2}$ 和它们的垂直平分线 b_{12}、c_{12}，固定铰链 A、D 应分别在 b_{12} 及 c_{12} 上选定，如图 7.45（a）所示。AB_1C_1D 即为所设计的四杆机构，实际上要采用两套相同的四杆机构（分别布置在门的两侧，以改善受力状态）。最后，还须作图检验机构的传动角以及车库门在启闭过程中与库顶和汽车是否发生干涉等。若不满足要求，则需重新选定铰链 A、D 或 B、C 的位置后再设计，直至满意为止。

② 在库房上先选定两固定铰链 A、D 的位置，再在车库门上确定两活动铰链中心 B、C 的位置。为了能直接设计出较满意的四杆机构，可再给出车库门的一个中间位置，使车库门在启闭过程中不与库顶和汽车相碰，并占据较小的空间，这时按给定连杆三位置进行设计，如图 7.45（b）所示。为了设计作图方便，在车库门上作一个标线 EF，即已知其三个位置 E_1F_1、E_2F_2 及 E_3F_3，并取 E_1F_1 为新机架的固定位置，然后利用已知固定铰链中心位置的设计方法可得新连杆（原机架）AD 相对于新机架 E_1F_1 的另两个位置 $A'D'$ 和 $A''D''$。由 A、A' 及 A'' 所确定的圆弧的圆心即活动铰链 B 的位置 B_1 点；同理，由 D、D' 及 D'' 可确定活动铰链 C 的位置 C_1 点。AB_1C_1D 即为所设计的四杆机构。

（2）按给定的急回要求设计四杆机构

根据急回运动要求设计四杆机构，主要利用机构在极位时的几何关系，属于函数生成机构的设计。下面以曲柄摇杆机构为例来介绍其设计方法。

设已知摇杆的长度 CD、摆角 φ 及行程速比系数 K，试设计此曲柄摇杆机构。

首先，根据行程速比系数 K，计算极位夹角 θ，即

$$\theta = 180° \times \frac{K-1}{K+1}$$

其次，任选一点 D 作为固定铰链，根据摇杆长度 CD 及摆角 φ 作出摇杆的两极位 C_1D 及

C_2D，如图 7.46 所示。下面求固定铰链 A。为此，分别作 $C_2M \perp C_1C_2$ 和 $\angle C_2C_1N = 90° - \theta$，$C_2M$ 与 C_1N 交于 P；再作 $\triangle PC_1C_2$ 的外接圆，则圆弧 $\overset{\frown}{C_1PC_2}$ 上任一点 A 都满足 $\angle C_1AC_2 = \theta$，所以固定铰链 A 应选在此弧段上。而铰链 A 具体位置的确定尚需给出其他的附加条件。如给定机架长度 d（或曲柄长度 a，或连杆长度 b，或杆长比 b/a，机构的最小传动角 $\gamma_{\min}$ 等），这时 A 点的位置已确定，曲柄和连杆的长度 a 及 b 也随之确定。因

$$AC_1 = b + a , \quad AC_2 = b - a$$

故
$$a = \frac{AC_1 - AC_2}{2} , \quad b = \frac{AC_1 + AC_2}{2}$$

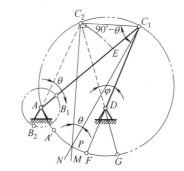

图 7.46　按急回要求以作图法设计四杆机构

设计时，应注意铰链 A 不能选在劣弧段 $\overset{\frown}{FG}$ 上，否则机构将不满足运动连续性要求。因为这时机构的两极位 DC_1、DC_2 将分别在两个不连通的可行域内。若铰链 A 选在 $\overset{\frown}{G_1G}$、$\overset{\frown}{C_2F}$ 两弧段上，则当 A 向 G（F）靠近时，机构的最小传动角将随之减小趋向于零，故铰链 A 适当远离 G（F）点较为有利。

如果工作要求所设计的急回机构为曲柄滑块机构，则图 7.47 中的 C_1、C_2 点分别对应于滑块行程的两个端点，其设计方法与上述相同。如果工作要求所设计的机构为如图 7.47 所示的摆动导杆机构，则利用其极位夹角 θ 与导杆摆角 φ 相等这一特点，即可方便地得到设计结果。

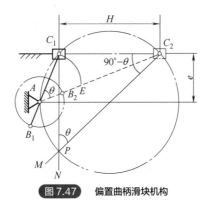

图 7.47　偏置曲柄滑块机构

（3）按预定的运动轨迹设计四杆机构

按两连架杆预定的对应角位置设计四杆机构，属于函数生成机构的设计。如图 7.48 所示，

已知四杆机构中两固定铰链 A、D 的位置和连架杆 AB 的长度，要求两连架杆的转角能实现 3 组对应位置 φ_1、ψ_1；φ_2、ψ_2；φ_3、ψ_4。

设计此四杆机构的关键是求出连杆 BC 上活动铰链点 C 的位置，一旦确定了 C 点位置，连杆 BC 和另一连架杆 DC 的长度也就确定了。

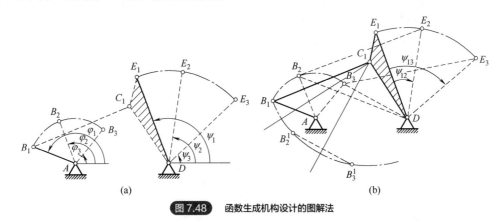

图 7.48　函数生成机构设计的图解法

为此，首先来分析机构的运动情况。设已有四杆机构 $ABCD$，当主动连架杆 AB 运动时，连杆上铰链 B 相对于另一连架杆 CD 的运动，是绕铰链点 C 的转动。因此，以 C 为圆心，以 BC 长为半径的圆弧即为连杆上已知铰链点 B 相对于铰链点 C 的运动轨迹。如果能找到铰链 B 的这种轨迹，铰链 C 的位置就不难确定了。

找铰链 B 的这种相对运动轨迹的方法如下：如图 7.48（a）所示，当主动连架杆分别位于 AB_1、AB_2、AB_3 位置时，从动连架杆则分别位于 DE_1、DE_2、DE_3 位置。如果改取从动连架杆 DE 为机架，机构各构件间的相对运动关系并没有改变。但此时，原来的机架 AD 和连杆 BC 却成为连架杆，而原来的连架杆 AB 则成为连杆了，铰链 B 即为连架杆 BC 上一点。这样，问题的实质就变成已知连杆位置的设计了。这种方法称为反转法或反转机构法。

根据以上分析，设计方法如下：连接 DB_2E_2 和 DB_3E_3 成三角形［如图 7.48（b）所示］并将其视为刚体，令上述两三角形绕铰链 D 分别反转 ψ_{12} 和 ψ_{13} 角度，即可得到铰链 B 的两个转位点 B_2^1 和 B_3^1。如前所述，B_1、B_2^1、B_3^1 应位于一圆弧上，其圆心即为铰链点 C。具体做法：连接 $B_1B_2^1$ 及 $B_2^1B_3^1$，分别作这两条线段的中垂线，其交点 C_1 即为所求，图中 AB_1C_1D 即为所求四杆机构在第一个位置时的机构简图。

从以上分析可知，若给定两连架杆转角的 3 组对应关系，则有确定解。但在工程实际的设计中，主动连架杆上活动铰链 B 的位置是由设计者根据具体情况自行选取的。改变 B 点位置，其解也随之改变。从这个意义上说，实现两连架杆对应 3 组角位置的设计问题，也有无穷多个解。若给定两连架杆转角的两组对应关系，则其解有无穷多个。设计时可根据具体情况添加其他附加条件，从中选择合适的机构。

上述设计问题也可用解析法设计。如图 7.49 所示，已知铰链四杆机构中两连架杆 AB 和 CD 的若干组对应位置（φ_i，ψ_i）（$i=1$，…，n），设计此四杆机构。

该机构的设计任务就是确定各构件的长度 l_1、l_2、l_3、l_4 和两连架杆的起始位角 φ_0、ψ_0。设计过程如下：

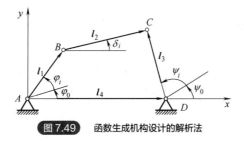

图 7.49　函数生成机构设计的解析法

首先，建立坐标系如图 7.49 所示，使 x 轴与机架重合，铰链点 A 为坐标原点，选取图示坐标系 Axy。各构件以矢量表示，其转角从 x 轴正向沿逆时针方向度量。根据各构件所构成的矢量封闭形，可写出矢量方程式：

$$l_1+l_2=l_4+l_3$$

将上式向坐标轴投影，可得

$$\begin{cases} l_1\cos(\varphi_i+\varphi_0)+l_2\cos\delta_2=l_4+l_3\cos(\psi_i+\psi_0) \\ l_1\sin(\varphi_i+\varphi_0)+l_2\sin\delta_2=l_3\sin(\psi_i+\psi_0) \end{cases}$$

取各杆长度的相对值，即

$$\frac{l_1}{l_1}=1,\quad \frac{l_2}{l_1}=m,\quad \frac{l_3}{l_1}=n,\quad \frac{l_4}{l_1}=p$$

移项整理得

$$\begin{cases} m\cos\delta_i=p+n\cos(\psi_i+\psi_0)-\cos(\varphi_i+\varphi_0) \\ m\sin\delta_i=n\sin(\psi_i+\psi_0)-\sin(\varphi_i+\varphi_0) \end{cases}$$

两式等号两边平方后相加，整理得：

$$\cos(\varphi_i+\varphi_0)=n\cos(\psi_i+\psi_0)-\frac{n}{p}\cos\big[(\psi_i+\psi_0)-(\varphi_i+\varphi_0)\big]+\frac{n^2+p^2-m^2+1}{2p}$$

为简化上式，再令

$$C_0=n,\quad C_1=-\frac{n}{p},\quad C_2=\frac{n^2+p^2-m^2+1}{2p}$$

则得

$$\cos(\varphi_i+\varphi_0)=C_0\cos(\psi_i+\psi_0)+C_1\cos\big[(\psi_i+\psi_0)-(\varphi_i+\varphi_0)\big]+C_2$$

上式含有 C_0、C_1、C_2、ψ_0、φ_0 五个待定参数，因此四杆机构最多可按两连架杆的 5 个对应位置精确求解。如果给定两连架杆的初始角 ψ_0、φ_0，则只需给定 3 组对应关系即可求出 C_0、C_1、C_2，进而求出 m、n、p。最后可根据实际需要决定构件 AB 的长度，这样其余构件的长度也就确定了。相反，如果给定的两连架杆对应位置组数过多，则方程不能精确求解，此时可用最小二乘法等进行近似设计。

7.5 空间连杆机构简介

在连杆机构中，若各构件不都在相互平行的平面内运动，则称为空间连杆机构。随着机器人和无导轨机床等的发展，空间连杆机构以其结构的紧凑性，运动的多样性和灵活性，在工程实践中得到广泛应用。空间连杆机构和平面连杆机构一样也是构件通过低副连接而成，所不同的是用到的运动副类型更多，除转动副 R 和移动副 P 外，还用到球面副 S、球销副 S'、圆柱副 C、螺旋副 H 和胡克铰链 U 等。空间连杆机构除用杆数命名外，也常用机构中所用到的运动副来命名，如图 7.50 所示的飞机起落架中所用到的空间杆机构也叫 $RSSP$ 四杆机构。其首尾运动副为两固定运动副，而中间的运动副则为活动运动副。目前，空间四杆机构已经发现有 139 种，但仍属于一个远未被完全探索的机构研究领域，其中有九种空间四杆机构有潜在特殊实用价值。

由于空间连杆机构的分析与综合均较复杂，这里不作更深入的讨论。下面仅举例说明空间连杆机构在工程实践中的应用情况。

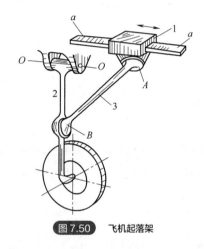

图 7.50　飞机起落架

万向铰链机构又称万向联轴器。它可用于传递两相交轴间的运动，在传动过程中，两轴之间的夹角可以变动，是一种常用的变角传动机构。它广泛应用于汽车、机床等机械传动系统中。

（1）单万向铰链机构

图 7.51 所示为单万向铰链机构。连接两轴的连杆 2 常制成受力状态较好的十字架形状，而输入与输出轴均制成带端叉的对称形状。由于两相邻转动副的轴线夹角中，仅输入与输出轴之间的夹角为 180°-α，其余轴线 A 与 B、B 与 C、C 与 D 的轴线夹角均为 90°，故单向万向联轴器为一种特殊的球面四杆机构。

在图 7.51 中，如果以主动轴 1 的叉面与轴 1 和轴 3 组成的平面共面时作为轴 1 转角起始位置，则可推导出轴 1 和轴 3 角速度比 i_{31} 的关系式（推导过程略）：

$$i_{31} = \frac{\omega_3}{\omega_1} = \frac{\cos\alpha}{1 - \sin^2\alpha\cos^2\varphi_1}$$

由上式可知，当轴交角 α=0°时，角速度比恒等于 1；当 α=90°时，i_{31}=0，即两轴不能进行传动；当 α 取其他值且主动轴匀速转动时，从动轴作变速转动。由于随着 α 增大，从动轴的速度波动也增大，因此在实际应用中，轴交角 α 一般不超过 35°~45°。

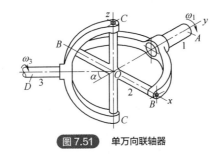

图 7.51　单万向联轴器

（2）双万向铰链机构

为了消除上述从动轴变速转动的缺点，常将单万向铰链机构成对使用，如图 7.52 所示，这便是双万向联轴器。在双万向连接轴中，为使主、从动轴的角速度恒相等，除要求主、从动轴 1、3 和中间轴 C 应位于同一平面内之外，还必须使主、从动轴 1、3 的轴线与中间轴 C 的轴线之间的夹角相等，而且中间轴两端的叉面应位于同一平面内。

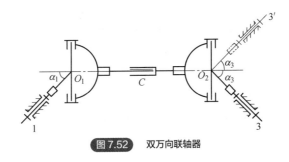

图 7.52　双万向联轴器

📝 思考和练习题

7-1　在铰链四杆机构中，转动副成为周转副的条件是什么？

7-2　在曲柄摇杆机构中，当以曲柄为主动件时，机构是否一定存在急回运动，且一定无死点？为什么？

7-3　在四杆机构中，极位和死点有何异同？

7-4　如图 7.53 所示，设已知四杆机构各构件的长度 $l_{AB}=240\text{mm}$，$l_{BC}=600\text{mm}$，$l_{CD}=400\text{mm}$，$l_{AD}=500\text{mm}$。试问：

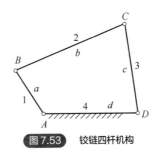

图 7.53　铰链四杆机构

① 当取杆 AD 为机架时，是否存在曲柄？

② 若各杆长度不变，能否采用选不同杆为机架的办法获得双曲柄机构和双摇杆机构？如何获得？

③ 若 AB、BC、CD 三杆的长度不变，取杆 AD 为机架，要获得曲柄摇杆机构，AD 长度的取值范围应为何值？

7-5　在图 7.54 所示铰链四杆机构中，若各杆的长度 l_{AB}=28mm，l_{BC}=52mm，l_{CD}=50mm，l_{AD}=72mm，试求：

① 当取杆 AD 为机架时，该机构的极位夹角 θ、杆 CD 的最大摆角 φ、最小传动角 γ_{min} 和行程速度变化系数 K。

② 当取杆 AB 为机架时，将演化成何种类型的机构？为什么？并说明这时 C、D 两个转动副是周转副还是摆转副。

③ 当取杆 CD 为机架时，又将演化成何种机构？这时 A、B 两个转动副是否仍为周转副？

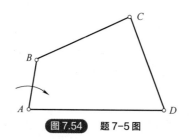

图 7.54　题 7-5 图

7-6　图 7.55 所示为一已知的曲柄摇杆机构，现要求用一连杆将摇杆 CD 和滑块 F 连接起来，使摇杆的三个已知位置 C_1D、C_2D、C_3D 和滑块的三个位置 F_1、F_2、F_3 相对应（图示尺寸系按比例绘出）。试确定此连杆的长度及其与摇杆 CD 铰接点的位置。

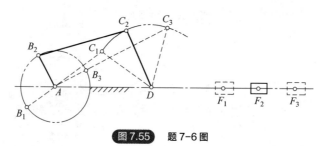

图 7.55　题 7-6 图

7-7　请结合下列实际设计问题，选择自己感兴趣的题目，并通过需求背景调查进一步明确设计目标和技术要求，应用本书所学知识完成相应设计并编写设计报告。

① 结合自己身边学习和生活的需要，设计一折叠式床头小桌或晾衣架，或一收藏式床头书架或脸盆架或电脑架等。

② 设计一能帮助截瘫病人独自从轮椅转到床上或四肢瘫痪已失去活动能力的病人能自理用餐或自动翻书进行阅读的机械。

③ 设计适合老、中、青不同年龄段使用并针对不同职业活动性质（如坐办公室人员运动少的特点）的健身机械。

④ 设计帮助运动员网球或乒乓球训练的标准发球机或步兵步行耐力训练机械，或空军飞行员体验混战演习训练（即给飞行员各方位加一个重力）、宇航员失重训练（即能运载一人并提供一个重力加速度）的模拟训练机械。

⑤ 设计放置在超市外投币式的，安全、有趣或运动方式奇特的儿童"坐椅"或能乘坐两位、四位游客，并能使游客产生毛骨悚然的颤动感觉的轻便"急动"坐车。

第 8 章

凸轮机构及其设计

扫码获取配套资源

思维导图

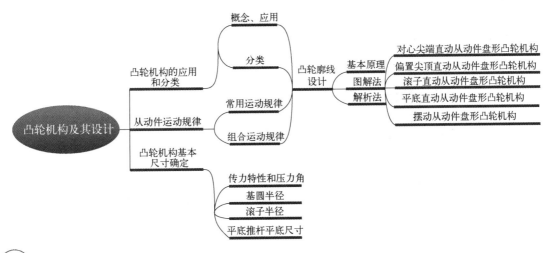

内容导入

凸轮机构是一种常见的高副机构，由凸轮、从动件和机架三个基本构件组成，通过凸轮的轮廓曲线与从动件的相互作用，实现运动和力的传递。凸轮机构具有结构简单、紧凑、工作可靠等优点，且设计方法简单，能够实现从动件任意预定的复杂运动规律，广泛应用于各种机械和自动化设备中。

本章将系统学习凸轮机构的基本知识，主要内容包括从动件运动规律以及凸轮廓线设计等。

学习目标

（1）了解凸轮机构的定义、分类、应用和选型；

（2）理解凸轮机构从动件运动规律；

（3）理解凸轮廓线设计原理，能够用图解法进行凸轮廓线的设计；

（4）理解解析法设计凸轮廓线；

（5）理解压力角、基圆半径、滚子半径、平底尺寸等参数对凸轮传动的影响。

8.1　凸轮机构的应用、分类和选型

8.1.1　凸轮机构的应用

凸轮机构是由具有曲线轮廓或凹槽的构件，通过高副接触带动从动件实现连续或不连续的任意预期运动的一种高副机构。它广泛地应用于各种机械，特别是自动机械、自动控制装置和装配生产线中，是工程实际中用于实现机械化和自动化的一种常用机构。

图 8.1 为一内燃机的配气机构。当凸轮 1 连续等速转动时，其轮廓将迫使推杆 2 做往复摆动，从而使气阀 3 有规律地开启或关闭（关闭是弹簧 4 的作用），以控制可燃物质在适当的时间进入气缸或排出废气。该机构工作时对气阀的动作程序及其速度和加速度都有严格要求，这些要求均通过确定凸轮 1 的轮廓曲线实现。

图 8.2 为一自动机床的进刀机构。当具有凹槽的圆柱凸轮 1 回转时，嵌于凸轮凹槽中的滚子 3 带动推杆 2 绕轴 O 做往复摆动，从而控制刀架的进刀和退刀运动。进刀和退刀的运动规律取决于凹槽曲线的形状。

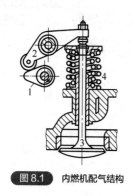

图 8.1　内燃机配气结构

图 8.2　自动机床进刀机构

从以上凸轮的应用实例可以看出，凸轮机构是由凸轮、从动件和机架组成的含有高副的三构件机构，通常凸轮做匀速转动。当凸轮做匀速转动时，从动件的运动规律（位移、速度、加速度和凸轮转角、时间之间的函数关系）取决于凸轮的轮廓曲线形状。该机构有如下传动特点：

① 凸轮机构的最大优点是只要适当地设计出凸轮的轮廓曲线，就可以使从动件得到各种预期的运动规律，而且响应快速，机构简单紧凑。正因如此，凸轮机构在机械系统中不可能被数控、电控等装置完全代替。

② 凸轮机构的缺点是凸轮廓线与从动件之间为点、线接触，易磨损，故多用于传力不大的场合，且凸轮制造较困难。

8.1.2 凸轮机构的分类

凸轮机构的类型很多，常按凸轮和从动件的形状及其运动形式的不同来分类。

（1）按凸轮的形状分

① 盘形凸轮机构：这种凸轮是一个具有变化向径，绕固定轴线回转的盘形构件[图 8.3（a）]。当凸轮定轴回转时，从动件在垂直于凸轮轴线的平面内运动。

② 移动凸轮机构：当盘形凸轮的回转中心趋于无穷远时，就演化为移动凸轮，如图 8.3（b）所示，凸轮做往复直线移动。

以上两种凸轮机构中，凸轮与从动件之间的相对运动均为平面运动，故又统称为平面凸轮机构。

③ 圆柱凸轮机构：这种凸轮是一个在圆柱面上开有曲线凹槽（图 8.2），或是在圆柱端面上做出曲线轮廓 [图 8.3（c）] 的构件。它可以看作是把移动凸轮卷成圆柱体演化而成的。由于凸轮与从动件的运动平面不平行，属于空间凸轮机构。

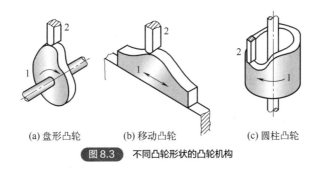

(a) 盘形凸轮   (b) 移动凸轮   (c) 圆柱凸轮

图 8.3 不同凸轮形状的凸轮机构

（2）按从动件的形状分

按照从动件顶部形状不同可以分为尖底从动件凸轮机构、滚子从动件凸轮机构和平底从动件凸轮机构。

① 尖顶从动件凸轮机构：如图 8.4（a）所示，这种从动件结构简单，对于复杂的凸轮轮廓也能精确地实现所需的运动规律。由于尖端和凸轮接触很容易磨损，所以只适用于作用力不大、速度较低以及要求传动灵敏的场合，如精密仪表等机构中。

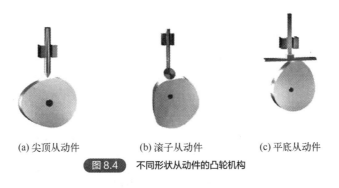

(a) 尖顶从动件   (b) 滚子从动件   (c) 平底从动件

图 8.4 不同形状从动件的凸轮机构

② 滚子从动件凸轮机构：如图 8.4（b）所示，为了克服尖顶从动件凸轮机构的缺点，可在

尖顶处安装滚子，将滑动摩擦变为滚动摩擦，从而耐磨损。故可用来传递较大的动力，滚子常采用特制结构的球轴承或滚子轴承。这是应用最广泛的一种凸轮机构。

③ 平底从动件凸轮机构：如图8.4（c）所示，这种凸轮机构的从动件与凸轮轮廓表面接触的端面为一平面，因而不能用于具有内凹轮廓的凸轮。这种凸轮机构的优点是受力比较平稳，凸轮与平底的接触面间易形成油膜，润滑较好，所以常用于高速传动中。

（3）按照从动件的运动形式分

根据运动形式的不同，将从动件分为做往复直线运动的直动从动件和做往复摆动的摆动从动件。在直动从动件中，若其轴线通过凸轮的回转轴心，则称其为对心直动从动件，否则称为偏置直动从动件。

综合上述分类方法，就可得到各种不同类型的凸轮机构。例如，图8.1所示为摆动滚子从动件盘形凸轮机构。

（4）按凸轮与从动件保持接触的方法分

在凸轮工作过程中，必须保证凸轮与从动件一直保持接触。常把保持凸轮与从动件接触的方式称为封闭方式或锁合方式，封闭方式主要分为形封闭和力封闭两种。

① 形封闭凸轮机构：利用凸轮或从动件本身特殊的几何结构使凸轮与从动件始终保持接触。

a. 沟槽凸轮机构［图8.5（a）］利用凸轮上的凹槽与置于槽中的从动件的滚子使凸轮与从动件保持接触。这种锁合方式简单，且从动件的运动规律不受限制，但缺点是增大了凸轮的尺寸和质量，且不能采用平底从动件的形式。

b. 等宽凸轮机构［图8.5（b）］因与凸轮廓线相切的任意两平行线间的宽度 B 处处相等，且等于从动件内框上、下壁间的距离，所以凸轮和从动件可始终保持接触。

c. 等径凸轮机构［图8.5（c）］的从动件上装有两个滚子，凸轮理论廓线在径向线上两点之间的距离 D 处处相等，可使凸轮始终同时与两个滚子保持接触。这两种凸轮机构的尺寸比沟槽凸轮机构小，但从动件可以实现的运动规律受到了限制。

d. 共轭凸轮机构［图8.5（d）］由固结在一起的两个凸轮共同控制一个从动件，其中一个凸轮控制从动件逆时针摆动，另一个凸轮则驱动从动件顺时针摆回，从而使凸轮与从动件始终保持接触。共轭凸轮机构可用于高精度传动，如现代印刷机中的下摆式前规机构、下摆式递纸机构等均采用共轭凸轮驱动，但缺点是结构比较复杂，制造和安装精度要求较高。

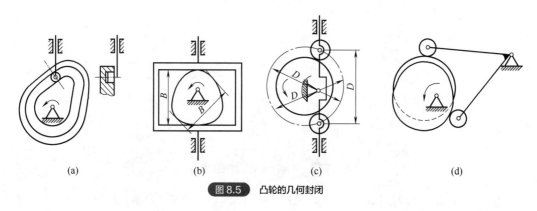

(a)　　　　(b)　　　　(c)　　　　(d)

图8.5　凸轮的几何封闭

② 力封闭凸轮机构：利用重力、弹簧力或其他外力使从动件与凸轮轮廓始终保持接触。图 8.1 所示的凸轮机构就是利用弹簧力来维持高副接触。很显然，在力封闭凸轮机构中，要求有一个外力作用于运动副，而这个外力只能是推力而不能是拉力，这样才能达到维持高副接触的目的。

8.2　从动件的运动规律及其选择

从动件的运动情况是由凸轮轮廓曲线的形状决定的。一定轮廓曲线形状的凸轮，能够使从动件产生一定规律的运动；反过来说，实现从动件不同的运动规律，要求凸轮具有不同形状的轮廓曲线，即凸轮的轮廓曲线与从动件所实现的运动规律之间存在确定的依从关系。因此，凸轮机构设计的关键一步是，根据工作要求和使用场合，选择或设计从动件的运动规律。

8.2.1　从动件常用的运动规律

图 8.6（a）所示为一对心直动尖顶从动件盘形凸轮机构。图中，以凸轮的回转轴心 O 为圆心，以凸轮轮廓的最小半径 r_b 为半径所作的圆称为凸轮的基圆，r_b 称为基圆半径。图示凸轮的轮廓由 AB、BC、CD 及 DA 四段曲线组成。凸轮以等角速度 ω 逆时针转动。

凸轮与从动件在 A 点接触时，从动件处于最低位置。当凸轮逆时针转动时，从动件在凸轮廓线 AB 段的推动下，将由最低位置 A 运动到最高位置 B'，从动件运动的这一过程称为推程，而相应的凸轮转角 δ_0 称为推程运动角。当从动件与凸轮廓线的 BC 段接触时，由于 BC 段是以凸轮轴心 O 为圆心的圆弧，所以从动件将处于最高位置而静止不动，这一过程称为远休止，与之相应的凸轮转角 δ_{01} 称为远休止角。当从动件与凸轮廓线的 CD 段接触时，它又由最高位置回到最低位置，这一过程称为回程，相应的凸轮转角 δ_0' 称为回程运动角。最后，当从动件与凸轮廓线 DA 段接触时，由于 DA 段为以凸轮轴心 O 为圆心的圆弧，所以从动件将在最低位置静止不动，这一过程称为近休止，相应的凸轮转角 δ_{02} 称为近休止角。而从动件在推程或回程中移动的距离 h 称为从动件的行程。凸轮再继续转动时，从动件又重复上述的过程。

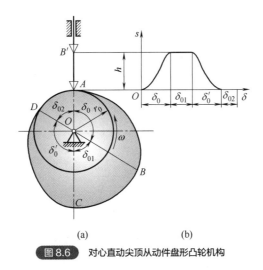

（a）　　　　　　　　（b）

图 8.6　对心直动尖顶从动件盘形凸轮机构

从动件的位移 s 与凸轮转角 δ 的关系可以用从动件的运动位移线图来表示，如图 8.6（b）

所示。由于凸轮一般做等速旋转，转角与时间成正比，因此横坐标也可代表时间 t。从动件的运动规律是指从动件的位移 s、速度 v 和加速度 a 随凸轮转角 δ 变化的规律，它是设计凸轮的重要依据。

根据所用数学表达式的不同，常用的从动件运动规律主要有多项式运动规律和三角函数运动规律两大类。

（1）多项式运动规律

从动件的多项式运动规律的一般表达式为

$$s = C_0 + C_1\delta^1 + C_2\delta^2 + \cdots + C_n\delta^n \tag{8-1}$$

式中，δ 为凸轮转角；s 为从动件位移；C_0、C_1、C_2、$\cdots$、C_n 为待定系数，可利用边界条件等确定。常用的有以下几种多项式运动规律。

1）一次多项式运动规律

设凸轮以等角速度 ω 转动，在推程时，凸轮的运动角为 δ_0，从动件完成行程 h，当采用一次多项式运动规律时，则有

$$\begin{cases} s = C_0 + C_1\delta \\ v = \mathrm{d}s / \mathrm{d}t = C_1\omega \\ a = \mathrm{d}v / \mathrm{d}t = 0 \end{cases} \tag{8-2}$$

待定系数有两个，故边界条件设定两个，设取边界条件为：在始点处 $\delta=0$，$s=0$；在终点处 $\delta=\delta_0$，$s=h$。

则由式（8-2）可得 $C_0=0$，$C_1=h/\delta_0$，故从动件推程的运动方程为

$$\begin{cases} s = \dfrac{h\delta}{\delta_0} \\ v = \dfrac{h\omega}{\delta_0} \\ a = 0 \end{cases} \tag{8-3a}$$

在回程时，因规定从动件的位移总是由其最低位置算起，故从动件的位移 s 是逐渐减小的，其运动方程为

$$\begin{cases} s = h\left(1 - \dfrac{\delta}{\delta_0'}\right) \\ v = -\dfrac{h\omega}{\delta_0'} \\ a = 0 \end{cases} \tag{8-3b}$$

式中，δ_0' 为凸轮回程运动角。注意凸轮的转角 δ 总是从该段运动规律的起始位置开始计量的。

由上述可知，从动件此时做等速运动，故又称其为等速运动规律。图 8.7 所示为其推程段的运动线图。由图可见，从动件在运动开始和终止的瞬时，因速度有突变，所以这时从动件在理论上将出现无穷大的加速度和惯性力。虽然实际上由于材料具有弹性，加速度和惯性力都不至于达到无穷大，但仍会使凸轮机构受到极大的冲击，这种冲击称为刚性冲击。

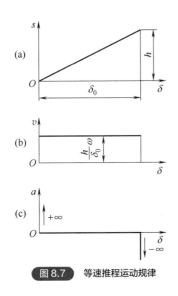

图 8.7　等速推程运动规律

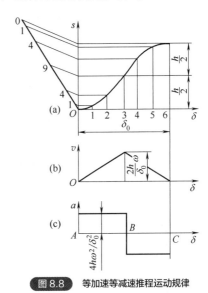

图 8.8　等加速等减速推程运动规律

2）二次多项式运动规律，其表达式为

$$
\begin{cases}
s = C_0 + C_1\delta + C_2\delta^2 \\
v = \mathrm{d}s / \mathrm{d}t = C_1\omega + 2C_2\omega\delta \\
a = \mathrm{d}v / \mathrm{d}t = 2C_2\omega^2
\end{cases}
\tag{8-4}
$$

由式（8-4）可见，从动件的加速度为常数。为了保证凸轮机构运动的平稳性，通常应使从动件先做加速运动，后做减速运动。设在加速段和减速段凸轮的运动角及从动件的行程各占一半（即各为 $\delta_0/2$ 及 $h/2$），这时推程加速段的边界条件为：在始点处 $\delta=0$，$s=0$，$v=0$；在终点处 $\delta=\delta_0/2$，$s=h/2$。

将其代入式（8-4），可求得 $C_0=0$，$C_1=0$，$C_2=2h/\delta_0^2$，故从动件等加速推程段的运动方程为

$$
\begin{cases}
s = \dfrac{2h}{\delta_0^2}\delta^2 \\[2mm]
v = \dfrac{4h\omega}{\delta_0^2}\delta \\[2mm]
a = \dfrac{4h\omega^2}{\delta_0^2}
\end{cases}
\tag{8-5a}
$$

式中，δ 的变化范围为 $0\sim\delta_0/2$。

由式（8-5a）可见，在此阶段，推杆的位移 s 与凸轮转角 δ 的平方成正比，故其位移曲线为一段向上弯的抛物线，如图 8.8（a）所示。

推程减速段的边界条件为：在始点处 $\delta=\delta_0/2$，$s=h/2$；在终点处 $\delta=\delta_0$，$s=h$，$v=0$。

将其代入式（8-4），可得 $C_0 = -h$，$C_1 = 4h/\delta_0$，$C_2 = -2h/\delta_0^2$，故从动件等减速推程段的运动方程为

$$
\begin{cases}
s = h - \dfrac{2h}{\delta_0^2}(\delta - \delta_0)^2 \\[2mm]
v = \dfrac{4h\omega}{\delta_0^2}(\delta - \delta_0) \\[2mm]
a = -\dfrac{4h\omega^2}{\delta_0^2}
\end{cases}
\tag{8-5b}
$$

式中，δ 的变化范围为 $\delta_0/2 \sim \delta_0$。这时，推杆的位移曲线如图 8.8（a）所示，为一段向下弯曲的抛物线。

上述两种运动规律的结合，构成推杆的等加速等减速运动规律。由图 8.8（c）可见，其在 A、B、C 三点的加速度有突变，不过这一突变为有限值，因而从动件的惯性力也会发生突变而造成对凸轮机构的有限冲击，称为柔性冲击。等加速等减速运动规律可用于中速轻载场合。

同理可得回程时的等加速等减速运动规律的运动方程为

等加速回程：

$$
\begin{cases}
s = h - \dfrac{2h}{\delta_0'^2}\delta^2 \\[2mm]
v = -\dfrac{4h\omega}{\delta_0'^2}\delta \quad, \quad \delta = 0 \sim \dfrac{\delta_0'}{2} \\[2mm]
a = -\dfrac{4h\omega^2}{\delta_0'^2}
\end{cases}
\tag{8-6a}
$$

等减速回程：

$$
\begin{cases}
s = \dfrac{2h}{\delta_0'^2}(\delta_0' - \delta)^2 \\[2mm]
v = -\dfrac{4h\omega}{\delta_0'^2}(\delta_0' - \delta), \quad \delta = \dfrac{\delta_0'}{2} \sim \delta_0' \\[2mm]
a = \dfrac{4h\omega^2}{\delta_0'^2}
\end{cases}
\tag{8-6b}
$$

3）五次多项式运动规律

当采用五次多项式时，其表达式为

$$
\begin{cases}
s = C_0 + C_1\delta + C_2\delta^2 + C_3\delta^3 + C_4\delta^4 + C_5\delta^5 \\[2mm]
v = \dfrac{\mathrm{d}s}{\mathrm{d}t} = C_1\omega + 2C_2\omega\delta + 3C_3\omega\delta^2 + 4C_4\omega\delta^3 + 5C_5\omega\delta^4 \\[2mm]
a = \dfrac{\mathrm{d}v}{\mathrm{d}t} = 2C_2\omega^2 + 6C_3\omega^2\delta + 12C_4\omega^2\delta^2 + 20C_5\omega^2\delta^3
\end{cases}
\tag{8-7}
$$

因待定系数有 6 个，故可设定 6 个边界条件为：在始点处 $\delta=0$，$s=0$，$v=0$，$a=0$；在终点处 $\delta=\delta_0$，$s=h$，$v=0$，$a=0$。

代入式（8-7）可解得 $C_0=C_1=C_2=0$，$C_3=10h/\delta_0^3$，$C_4=-15h/\delta_0^4$，$C_5=6h/\delta_0^5$，故其位移方程式为

$$s = \frac{10h\delta^3}{\delta_0^3} - \frac{15h\delta^4}{\delta_0^4} + \frac{6h\delta^5}{\delta_0^5} \tag{8-8}$$

式（8-8）称为五次多项式（或 3-4-5 多项式）。图 8.9 为其运动曲线图。由图可见，加速度曲线没有突变，故此运动规律既无刚性冲击也无柔性冲击，可以应用于高速中载场合。

如果工作中有多种要求，只需把这些要求列成相应的边界条件，并增加多项式中的方次，即可求得从动件相应的运动方程式。但当边界条件增多时，会使设计计算复杂，加工精度也难以达到，故通常不宜采用太高次数的多项式。

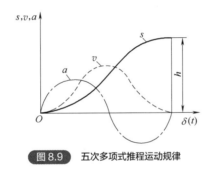

图 8.9 五次多项式推程运动规律

（2）三角函数运动规律

1）余弦加速度运动规律（又称简谐运动规律）

其推程时的运动方程为

$$\begin{cases} s = \frac{h}{2}\left[1-\cos\left(\frac{\pi\delta}{\delta_0}\right)\right] \\[3mm] v = \frac{\pi h\omega\sin\left(\frac{\pi\delta}{\delta_0}\right)}{2\delta_0} \\[3mm] a = \frac{\pi^2 h\omega^2\cos\left(\frac{\pi\delta}{\delta_0}\right)}{2\delta_0^2} \end{cases} \tag{8-9a}$$

回程时的运动方程为

$$\begin{cases} s = \dfrac{h}{2}\left[1 + \cos\left(\dfrac{\pi\delta}{\delta_0^{'2}}\right)\right] \\[4mm] v = \dfrac{-\pi h\omega \sin\left(\dfrac{\pi\delta}{\delta_0^{'}}\right)}{2\delta_0^{'}} \\[4mm] a = \dfrac{-\pi^2 h\omega^2 \cos\left(\dfrac{\pi\delta}{\delta_0^{'}}\right)}{2\delta_0^{'}} \end{cases} \tag{8-9b}$$

其推程时的运动线图如图 8.10 所示。由加速度曲线可以看出，加速度在其推程的起点和终点有突变，这也会引起柔性冲击。但若将其应用在无休止角的升—降—升的凸轮机构，在连续的运动中则不会发生冲击现象。

2）正弦加速度运动规律（又称摆线运动规律）

其推程时的运动方程为

$$\begin{cases} s = h\left[\dfrac{\delta}{\delta_0} - \sin\left(\dfrac{2\pi\delta}{\delta_0}\right)\middle/(2\pi)\right] \\[4mm] v = h\omega\left[1 - \cos\left(\dfrac{2\pi\delta}{\delta_0}\right)\right]/\delta_0 \\[4mm] a = \dfrac{2\pi h\omega^2 \sin\left(\dfrac{2\pi\delta}{\delta_0}\right)}{\delta_0^2} \end{cases} \tag{8-10a}$$

回程时的运动方程为

$$\begin{cases} s = h\left[1 - \dfrac{\delta}{\delta_0^{'}} + \sin\left(\dfrac{2\pi\delta}{\delta_0^{'}}\right)\middle/(2\pi)\right] \\[4mm] v = h\omega\left[\cos\left(\dfrac{2\pi\delta}{\delta_0^{'}}\right) - 1\right]/\delta_0^{'} \\[4mm] a = \dfrac{-2\pi h\omega^2 \sin\left(\dfrac{2\pi\delta}{\delta_0^{'}}\right)}{\delta_0^{'2}} \end{cases} \tag{8-10b}$$

推程时的运动线图如图 8.11 所示。由加速度曲线可以看出，正弦加速度运动规律加速度曲线没有突变，因此在运动中既无刚性冲击，也无柔性冲击。

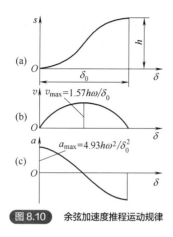

图 8.10　余弦加速度推程运动规律

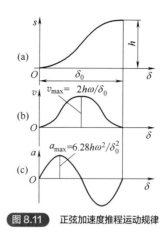

图 8.11　正弦加速度推程运动规律

8.2.2　组合运动规律

除上面介绍的从动件常用的几种运动规律外，根据工程实际需要，还可以选择其他类型的运动规律，或者将几种运动规律组合使用，以改善从动件的运动和动力特性。例如，在凸轮机构中，为了避免冲击，从动件推杆不宜采用加速度有突变的运动规律。可是，如果工作过程又要求从动件必须采用等速运动规律，此时为了同时满足从动件等速运动及加速度不产生突变的要求，可将等速运动规律适当地加以修正。如把从动件的等速运动规律在其行程两端与正弦加速度运动规律组合起来（图 8.12），以获得性能较好的组合运动规律。

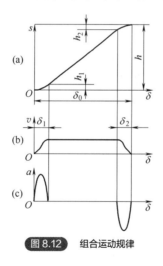

图 8.12　组合运动规律

组合后的从动件运动规律应满足下列条件：

① 满足机械工作时对从动件特殊的运动要求。

② 为避免刚性冲击，位移曲线和速度曲线（包括起始点和终止点在内）必须连续；对于中、高速凸轮机构，还应避免柔性冲击，要求其加速度曲线（包括起始点和终止点在内）也必须连续。由此可见，当用不同运动规律组合起来形成从动件完整的运动规律时，各段运动规律的位移、速度和加速度曲线在连接点处其值应分别相等，这是运动规律组合时应满足的边界条件。

③ 在满足以上两个条件的前提下，还应使最大速度 v_{max} 和最大加速度 a_{max} 的值尽可能小。因为 v_{max} 越大，动量 mv 越大；a_{max} 越大，惯性力 ma 就越大。而过大的动量和惯性力对机构的运转都是不利的。

以图 8.12 所示的组合运动规律为例说明。设两修正区段凸轮的转角分别为 δ_1 和 δ_2，推杆相应的位移分别为 h_1 和 h_2，由图可见，其运动曲线由三段组成，第一段为正弦加速度区段，其运动方程可将 $h=2h_1$，$\delta_0=2\delta_1$ 代入式（8-10a）得

$$
\begin{cases}
s = h_1\left[\dfrac{\delta}{\delta_1} - \sin\left(\dfrac{\pi\delta}{\delta_1}\right)\right/\pi\right] \\[2mm]
v = h_1\omega\left[1 - \cos\left(\dfrac{\pi\delta}{\delta_1}\right)\right]/\delta_1 \\[2mm]
a = \dfrac{\pi h_1\omega^2 \sin\left(\dfrac{\pi\delta}{\delta_1}\right)}{\delta_1^2}
\end{cases}
\tag{8-11a}
$$

第二段为等速运动区段，其运动方程为

$$
\begin{cases}
s = h_1 + \left(h - h_1 - h_2\right)\dfrac{\delta - \delta_1}{\delta_0 - \delta_1 - \delta_2} \\[2mm]
v = \left(h - h_1 - h_2\right)\dfrac{\omega}{\delta_0 - \delta_1 - \delta_2} \\[2mm]
a = 0
\end{cases}
\tag{8-11b}
$$

第三段为正弦加速度减速区段，其运动方程为

$$
\begin{cases}
s = h - h_2\left[\dfrac{\delta_0 - \delta}{\delta_2} + h_2 \sin\left[\dfrac{\pi\left(\delta_0 - \delta\right)}{\delta_2}\right]\right/\pi\right] \\[2mm]
v = \dfrac{h_2\omega}{\delta_2} - h_2\omega\cos\left[\dfrac{\pi\left(\delta_0 - \delta\right)}{\delta_2}\right]/\delta_2 \\[2mm]
a = -h_2\omega^2\pi\dfrac{\sin\dfrac{\pi\left(\delta_0 - \delta\right)}{\delta_2}}{\delta_2^2}
\end{cases}
\tag{8-11c}
$$

根据运动组合原则，要保证两段运动规律在衔接点上的运动参数连续，令 $\delta=\delta_1$ 时，式（8-11a）和式（8-11b）中的 v 相等，可得

$$2h_1/\delta_1 = \left(h-h_1-h_2\right) / \left(\delta_0-\delta_1-\delta_2\right)$$

再令 $\delta=\delta_0-\delta_2$ 时，式（8-11b）和式（8-11c）中的 v 相等，可得

$$2h_2/\delta_2 = \left(h-h_1-h_2\right) / \left(\delta_0-\delta_1-\delta_2\right)$$

联解上两式可得

$$
\begin{cases}
h_1 = \dfrac{\delta_1 h}{2\delta_0 - \delta_1 - \delta_2} \\[2mm]
h_2 = \dfrac{\delta_2 h}{2\delta_0 - \delta_1 - \delta_2}
\end{cases}
\tag{8-12}
$$

在求解时，可先选定两修正段的凸轮转角 δ_1 和 δ_2。

8.2.3 从动件运动规律的选择

在选择从动件运动规律时，应根据机器工作时的运动要求确定。如印刷机中控制纸牙递纸的凸轮机构，要求递纸牙咬纸并待其加速后必须在等速条件下与传纸滚筒咬牙进行纸张交接，故相应区段的从动件运动规律应选择等速运动规律。为了消除刚性冲击，可以在行程始末拼接其他运动规律曲线，如图 8.12 所示。对无一定运动要求、只需从动件有一定量位移的凸轮机构，如夹紧送料等凸轮机构，只需考虑加工方便，采用圆弧、直线等组成的凸轮机构，可以简化结构、降低成本。对于高速机构，必须减小其惯性力、改善动力性能，可以选择摆线运动规律或其他改进型的运动规律。

在相同条件下对各运动规律的特性参数进行分析比较，通常需要对运动规律的特性指标进行无量纲化。从动件常用运动规律比较及使用场合见表 8.1。

表 8.1 从动件常用运动规律比较及适用场合

运动规律	最大速度 v_{max} ($h\omega/\varphi_o$)	最大加速度 a_{max} ($h\omega^2/\varphi_o$)	最大跃度 j_{max} ($h\omega^3/\varphi^3$)	适用场合
等速运动	1.00	∞		低速轻载
等加速等减速	2.00	4.00	∞	中速轻载
余弦加速度	1.57	4.93	∞	中低速重载
正弦加速度	2.00	6.28	39.5	中高速轻载
五次多项式	1.88	5.77	60.0	高速中载

8.3 凸轮轮廓曲线的设计

当根据使用场合和工作要求选定了凸轮机构的类型和从动件的运动规律后，即可根据选定的基圆半径着手进行凸轮轮廓曲线的设计了。凸轮廓线的设计方法有作图法和解析法，由于用作图法设计难以满足对凸轮机构精度的要求，现在主要使用解析法。但图解法有助于加深对凸轮廓线设计基本原理和方法的理解，故对此做重点介绍。

8.3.1 凸轮廓线设计的基本原理

凸轮机构工作时，凸轮和从动件都在运动，为了在图纸上绘制出凸轮的轮廓曲线，希望凸轮相对于图纸平面保持静止不动，为此可采用反转法。下面以图 8.13 所示的对心尖顶移动从动件盘形凸轮机构为例说明这种方法的原理。

如图 8.13 所示，已知凸轮绕轴 O 以等角速度 ω 逆时针转动，推动从动件在导路中上、下往复移动。当从动件处于最低位置时，凸轮轮廓曲线与从动件在 A 点接触，当凸轮转过 φ_1 角时，凸轮的向径 OA 将转到 OA' 的位置上，而凸轮轮廓将转到图中虚线所示的位置。这时从动件尖端从最低位置 A 上升至 B'，上升的距离 $s_1=AB'$。这是凸轮转动时从动件的真实运动情况。

现在设想给整个凸轮机构加上一个公共角速度（$-\omega$），使其绕轴心 O 转动。这时凸轮与推

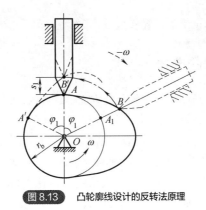

图8.13 凸轮廓线设计的反转法原理

杆之间的相对运动并未改变，但是此时凸轮将静止不动，而从动件连同导路一起绕 O 点以角速度（$-\omega$）转动。从动件一方面随导路一起以角速度（$-\omega$）转动，同时又在导路中做预期的往复移动，这样从动件尖顶的运动轨迹即为凸轮的轮廓曲线。例如当转过 φ_1 角时，从动件运动到图 8.13 中虚线所示的位置。此时从动件向上移动的距离为 A_1B。由图 8.13 可以看出，$A_1B=AB'=s_1$，即在上述两种情况下，从动件移动的距离不变。由于从动件尖端在运动过程中始终与凸轮轮廓曲线保持接触，所以此时从动件尖端所占据的位置 B 一定是凸轮轮廓曲线上的一点。若继续反转从动件，即可得到凸轮轮廓曲线上的其他点。由于这种方法是假定凸轮固定不动而使从动件连同导路一起反转，故称为反转法（或运动倒置法）。凸轮机构的形式多种多样，反转法原理适用于各种凸轮轮廓曲线的设计。

8.3.2 用图解法设计凸轮的轮廓曲线

（1）对心尖端直动从动件盘形凸轮机构的凸轮廓线设计

图 8.14 所示为偏距 $e=0$ 的对心尖端直动从动件盘形凸轮机构。已知从动件运动位移路线图如图 8.14（b）所示，凸轮的基圆半径 r_b，凸轮以等角速度 ω 逆时针方向回转，要求绘制此凸轮机构的轮廓。

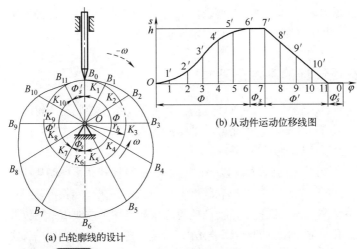

(b) 从动件运动位移线图

(a) 凸轮廓线的设计

图8.14 对心尖端直动从动件盘形凸轮机构的凸轮廓线设计

根据"反转法"原理，作图步骤如下：

① 选择与绘制位移线图中从动件行程 h 相同长度的比例尺，以 r_b 为半径作基圆，此基圆与导路的交点 B_0 便是从动件尖端的起始位置。

② 将位移曲线的横坐标分成若干等份，得分点 1、2、…、12，以及与位移曲线的交点 1′、2′、…、12′。

③ 自 OB_0 沿 $-\omega$ 方向取角度 Φ、Φ_s、Φ'、Φ_s'，并将它们各分成与位移曲线 [图 8.14（b）] 对应的若干等份，得基圆上的相应分点 K_1、K_2、K_3、…，连接 OK_1、OK_2、OK_3、…，它们便是反转后从动件导路的各位置。

④ 量取各个位移量，取 $K_1B_1=11'$，$K_2B_2=22'$，$K_3B_3=33'$，…，得反转后尖端的一系列位置 B_1、B_2、B_3、…。

⑤ 将 B_0、B_1、B_2、B_3、…连成一条光滑的曲线，便得到所要求的凸轮轮廓。

（2）偏置尖顶直动从动件盘形凸轮机构的凸轮廓线设计

若 $e\neq0$，则为偏置尖顶直动从动件盘形凸轮机构，如图 8.15 所示，从动件在反转运动中，其往复移动的轨迹线始终与凸轮轴心 O 保持偏距 e。因此，这种凸轮轮廓设计方法如下：

① 以 O 为圆心，偏距 e 为半径作偏距圆，切于从动件的导路；以 r_b 为半径作基圆，基圆与从动件导路的交点 B_0 即为从动件的起始位置。

② 将位移曲线的横坐标分成若干等份，得分点 1、2、…、12，以及与位移曲线的交点 1′、2′、…、12′。

③ 自 OB_0 沿 $-\omega$ 方向取角度 Φ、Φ_s、Φ'、Φ_s'，并将它们各分成与位移曲线对应的若干等份，得基圆上的相应分点 K_1、K_2、K_3、…。

④ 过这些点作偏距圆的切线，它们便是反转后从动件导路的一系列位置。从动件的对应位移应在这些切线上量取，取 $K_1B_1=11'$，$K_2B_2=22'$，$K_3B_3=33'$，…，得反转后尖端的一系列位置 B_1、B_2、B_3…。

⑤ 最后将 B_0、B_1、B_2、B_3…连成一条光滑的曲线，便得到所要求的凸轮轮廓。

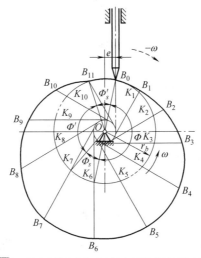

图 8.15　偏置尖端直动从动件盘形凸轮机构的凸轮廓线设计

（3）滚子直动从动件盘形凸轮机构的凸轮廓线设计

若将图 8.14 和图 8.15 中的尖端改为滚子，如图 8.16 所示，则它们的凸轮轮廓可按如下方法绘制：

① 将滚子中心假想为尖端从动件的尖端，按照上述尖端从动件凸轮轮廓曲线的设计方法作出曲线 β_0，这条曲线是反转过程中滚子中心的运动轨迹，称它为凸轮的理论廓线。

② 以理论廓线上各点为圆心，以滚子半径 r_r 为半径，作一系列滚子圆，然后作这族滚子圆的内包络线 β，它就是凸轮的实际廓线。很显然，该实际廓线是上述理论廓线的等距曲线（法向等距，其距离为滚子半径）。

由上述作图过程可知，在滚子从动件盘形凸轮机构的设计中，凸轮的基圆指的是理论廓线的最小半径。

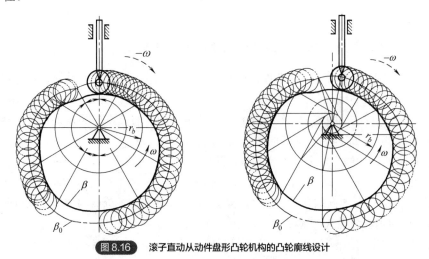

图 8.16　滚子直动从动件盘形凸轮机构的凸轮廓线设计

（4）平底直动从动件盘形凸轮机构的凸轮廓线设计

平底从动件盘形凸轮机构凸轮轮廓曲线的设计方法，可用图 8.17 来说明。其基本思路与上述滚子从动件盘形凸轮机构相似，不同的是取从动件平底表面上的 B_0 点作为假想的尖端从动件的尖端。具体设计步骤如下：

① 取平底与导路中心线的交点 B_0 作为假想的尖端从动件的尖端，按照尖端从动件盘形凸轮的设计方法，求出该尖端反转后的一系列位置 B、B_1、B_2、B_3、…。

② 过 B_1、B_2、B_3、…各点，画出一系列代表平底的直线，得一直线族，即代表反转过程中从动件平底依次占据的位置。

③ 作该直线族的包络线，即可得到凸轮的实际廓线。

由图 8.17 中可以看出，平底上与凸轮实际廓线相切的点是随机构位置而变化的。因此，为了保证在所有位置从动件平底都能与凸轮轮廓曲线相切，凸轮的所有廓线必须都是外凸的，并且平底左、右两侧的宽度应分别大于导路中心线至左、右最远切点的距离 b' 和 b''。

（5）摆动从动件盘形凸轮机构的凸轮廓线设计

图 8.18（a）所示为一尖端摆动从动件盘形凸轮机构。已知凸轮轴心与从动件转轴之间的中心距为 a，凸轮基圆半径为 r_b，从动件长度为 l，凸轮以等角速度 ω 逆时针转动，从动件的运动规律如图 8.18（b）所示。设计该凸轮的轮廓曲线。

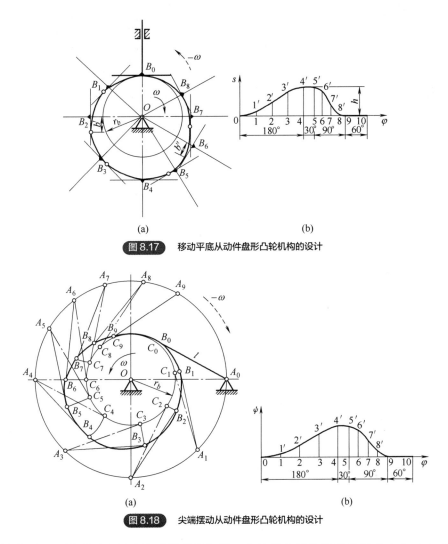

图 8.17 移动平底从动件盘形凸轮机构的设计

图 8.18 尖端摆动从动件盘形凸轮机构的设计

反转法原理同样适用于摆动从动件凸轮机构。当给整个机构绕凸轮转动中心 O 加上一个公共的角速度（$-\omega$）时，凸轮将固定不动，从动件的转轴 A 将以角速度（$-\omega$）绕 O 点转动，同时从动件将仍按原有的运动规律绕转轴 A 摆动。因此，凸轮轮廓曲线可按下述步骤设计：

① 选取适当的比例尺，作出从动件的位移线图，并将推程和回程区间位移曲线的横坐标各分成若干等份，如图 8.18（b）所示。与移动从动件不同的是，这里纵坐标代表从动件的摆角 ψ，因此纵坐标的比例尺是 1mm 代表多少角度。

② 以 O 为圆心、以 r_b 为半径作出基圆，并根据已知的中心距 a，确定从动件转轴 A 的位置 A_0。然后以 A_0 为圆心，以从动件杆长 l 为半径作圆弧，交基圆于 C_0 点。$A_0 C_0$ 即代表从动件的初始位置，C_0 即为从动件尖端的初始位置。

③ 以 O 为圆心，以 $OA_0=a$ 为半径作转轴圆，并自 A_0 点开始沿着 $-\omega$ 方向将该圆分成与图 8.17（b）中横坐标对应的区间和等份，得点 A_1、A_2、$\cdots$、A_9。它们代表反转过程中从动件转轴 A 依次占据的位置。

④ 分别以 A_1、A_2、$\cdots$、A_9 各点为圆心，以从动件杆长 l 为半径作圆弧，交基圆于 C_1、C_2、$\cdots$、C_9 各点，得线段 $A_1 C_1$、$A_2 C_2$、$\cdots$、$A_9 C_9$，以 $A_1 C_1$、$A_2 C_2$、$\cdots$、$A_9 C_9$ 为一边，分别作 $\angle C_1 A_1 B_1$、

$\angle C_2A_2B_2$、…、$\angle C_9A_9B_9$，使它们分别等于图 8.18（b）中对应的角位移，得线段 A_1B_1、A_2B_2、…、A_9B_9，这些线段即代表反转过程中从动件所依次占据的位置。B_1、B_2、…、B_9 即为反转过程中从动件尖端的运动轨迹。

⑤ 将点 B_0、B_1、B_2、…、B_9 连成光滑曲线，即得凸轮的轮廓曲线。

由图中可以看出，该廓线与线段 AB 在某些位置已经相交。故在考虑机构的具体结构时，应将从动件做成弯杆形式，以避免机构运动过程中凸轮与从动件发生干涉。

需要指出的是，在摆动从动件的情况下，位移曲线纵坐标的长度代表的是从动件的角位移。因此，在绘制凸轮轮廓曲线时，需要先把这些长度转换成角度，然后才能一一对应地把它们转移到凸轮轮廓设计图上。

若采用滚子或平底从动件，则上述连接 B_0、B_1、B_2、…、B_9 各点所得的光滑曲线为凸轮的理论廓线。过这些点作一系列滚子圆或平底，然后作它们的包络线即可求得凸轮的实际廓线。

8.3.3 用解析法设计凸轮的轮廓曲线

解析法设计凸轮廓线，就是根据工作要求的从动件运动规律和已知的机构参数，求出凸轮廓线的方程式，并精确地计算出凸轮廓线上各点的坐标值。随着机械不断朝着高速、精密、自动化方向发展，以及计算机和各种数控加工机床在生产中的广泛应用，用解析法设计凸轮廓线具有了更大的现实意义，越来越广泛地用于生产。下面以常用的盘形凸轮机构为例介绍。

（1）偏置直动滚子从动件盘形凸轮机构

图 8.19 所示为一偏置直动滚子从动件盘形凸轮机构。选取直角坐标系 xOy，若已知凸轮以等角速度 ω 逆时针方向转动，凸轮及圆半径 r_b，滚子半径 r_r，偏距 e，从动件的运动规律 $s=s(\varphi)$。

图中 B_0 点为从动件处于起始位置时滚子中心所处的位置；当凸轮转过 φ 角后，从动件的位移为 s。根据反转法原理作图，由图中可以看出，此时滚子中心将处于 B 点，该点的直角坐标为

$$\begin{cases} x = KN + KH = (s_0 + s)\sin\varphi + e\cos\varphi \\ y = BN - MN = (s_0 + s)\cos\varphi - e\sin\varphi \end{cases} \tag{8-13}$$

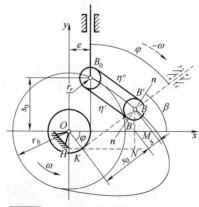

图 8.19　偏置移动滚子从动件盘形凸轮机构

式中，e 为偏距；$s_0 = \sqrt{r_b^2 - e^2}$。式（8-13）中，e 为代数值，其正负规定如下：如图 8.19 所示，当凸轮沿逆时针方向回转时，若推杆处于凸轮回转中心的右侧，e 为正，反之为负；若凸轮沿顺时针方向回转，则相反。

式（8-13）即为凸轮的理论廓线方程式。若为对心移动从动件，由于 $e=0$，$s_0=r_b$，故上式可写成

$$\begin{cases} x = (r_b + s)\sin\varphi \\ y = (r_b + s)\cos\varphi \end{cases} \tag{8-14}$$

由图 8.16 可知，滚子推杆凸轮的工作廓线 β，是其理论廓线 β_0 的等距曲线，即二者在法线方向的距离应等于滚子半径 r_r，故当已知理论廓线上任意一点 $B(x, y)$ 时，只要沿理论廓线在该点的法线方向取距离为 r_r，即得工作廓线上的相应点 $B'(x', y')$。凸轮实际廓线方程为

$$\begin{cases} x' = x \mp r_r \cos\beta \\ y' = y \mp r_r \sin\beta \end{cases} \tag{8-15}$$

式中，β 为公法线 $n\text{-}n$ 与 x 轴的夹角；"$-$"用于理论廓线的内等距曲线，"$+$"用于外等距曲线。

由高等数学可知，曲线上任一点法线的斜率与该点处切线斜率互为负倒数，因此上式中的 β 可求出，即

$$\tan\beta = -\frac{\mathrm{d}x}{\mathrm{d}y} = -\frac{\mathrm{d}x/\mathrm{d}\varphi}{\mathrm{d}y/\mathrm{d}\varphi} = -\frac{\sin\beta}{\cos\beta} \tag{8-16}$$

式中，$\mathrm{d}x/\mathrm{d}\varphi$、$\mathrm{d}y/\mathrm{d}\varphi$ 可根据式（8-14）求导得出：

$$\begin{cases} \dfrac{\mathrm{d}x}{\mathrm{d}\varphi} = (s_0 + s)\cos\varphi + \dfrac{\mathrm{d}s}{\mathrm{d}\varphi}\sin\varphi - e\sin\varphi \\ \dfrac{\mathrm{d}y}{\mathrm{d}\varphi} = -(s_0 + s)\sin\varphi + \dfrac{\mathrm{d}s}{\mathrm{d}\varphi}\cos\varphi - e\cos\varphi \end{cases} \tag{8-17}$$

由此可得 $\sin\beta$、$\cos\beta$ 表达式为

$$\begin{cases} \sin\beta = \dfrac{\dfrac{\mathrm{d}x}{\mathrm{d}\varphi}}{\sqrt{\left(\dfrac{\mathrm{d}x}{\mathrm{d}\varphi}\right)^2 + \left(\dfrac{\mathrm{d}y}{\mathrm{d}\varphi}\right)^2}} \\ \cos\beta = \dfrac{-\dfrac{\mathrm{d}y}{\mathrm{d}\varphi}}{\sqrt{\left(\dfrac{\mathrm{d}x}{\mathrm{d}\varphi}\right)^2 + \left(\dfrac{\mathrm{d}y}{\mathrm{d}\varphi}\right)^2}} \end{cases} \tag{8-18}$$

（2）对心平底直动从动件盘形凸轮机构

如图 8.20 所示，设取坐标系的 y 轴与从动件轴线重合，当从动件处于起始位置时，平底与凸轮廓线在 B_0 点相切。当凸轮逆时针转过角 φ 时，从动件的位移为 s，根据反转法原理作图可知，从动件处于图中虚线位置，此时，平底与凸轮廓线在 B 点相切。设 B 点坐标为 $B(x, y)$，可用如下方法求出。

图中 P 点为凸轮与平底从动件的相对速度瞬心，该瞬时从动件的移动速度为 $v = v_P = \overline{OP}\omega$，$\overline{OP} = v / \omega = \mathrm{d}s / \mathrm{d}\delta$。而由图可知，$B$ 点的坐标为

$$\begin{cases} x = (r_b + s)\sin\varphi + (\mathrm{d}s / \mathrm{d}\varphi)\cos\varphi \\ y = (r_b + s)\cos\varphi - (\mathrm{d}s / \mathrm{d}\varphi)\sin\varphi \end{cases} \qquad (8\text{-}19)$$

式（8-19）即为平底直动从动件盘形凸轮实际廓线的方程式。

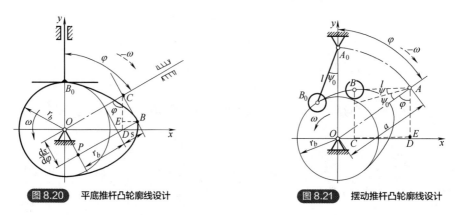

图 8.20　平底推杆凸轮廓线设计　　　　图 8.21　摆动推杆凸轮廓线设计

（3）摆动滚子从动件盘形凸轮机构

如图 8.21 所示，建立直角坐标系 xOy，已知凸轮以等角速度 ω 逆时针方向转动，凸轮回转中心 O 与摆杆的回转轴心 A_0 的距离为 a，摆杆长度 l，滚子半径 r_r，摆杆的运动规律 $\psi = \psi(\varphi)$。

设推程开始时滚子中心处于 B_0 点，即 B_0 为凸轮理论廓线的起始点。当凸轮逆时针转过 φ 角时，根据反转法原理，假设凸轮不动，则摆杆回转中心 A_0 相对凸轮沿（$-\omega$）方向转过 φ 角，同时摆杆按已知的运动规律 $\psi = \psi(\varphi)$ 绕轴心 A_0 产生相应角位移 ψ，如图虚线所示。在这一过程中滚子中心 B 描绘出的轨迹，即为凸轮的理论廓线。B 点的坐标为

$$\begin{cases} x = a\sin\varphi - l\sin(\varphi + \psi_0 + \psi) \\ y = a\cos\varphi - l\cos(\varphi + \psi_0 + \psi) \end{cases} \qquad (8\text{-}20)$$

式（8-20）为摆动滚子从动件盘形凸轮机构的凸轮理论廓线方程，而其实际廓线同样为理论廓线的等距曲线，因此可根据滚子直动从动件盘形凸轮的凸轮实际廓线的推导方法建立凸轮的实际廓线方程。

8.4　凸轮机构基本尺寸的确定

前面在讨论凸轮轮廓曲线的设计时，凸轮的基圆半径 r_b、偏距 e、从动件推杆的滚子半径和

平底尺寸等都假设是给定的,而实际上凸轮机构的基本尺寸是要考虑机构的受力情况是否良好、动作是否灵活、尺寸是否紧凑等许多因素由设计者确定的。下面将就这些尺寸的确定问题加以讨论。

8.4.1　凸轮机构的传力特性和凸轮机构的压力角

凸轮机构的压力角是指在不计摩擦的情况下,凸轮推动从动件运动时,在高副接触点处,从动件所受的法向力与从动件运动方向所夹的锐角,常用 α 来表示。压力角是衡量凸轮机构受力情况的重要参数,也是影响凸轮机构尺寸的一个主要因素。

图 8.22 所示为一尖顶直动从动件盘形凸轮机构在推程中任一位置的受力情况。图中,F 为凸轮对从动件的作用力;G 为从动件推杆所受的载荷(包括推杆的自重和弹簧压力等);F_{R1}、F_{R2} 分别为导轨两侧作用于推杆上的总反力;φ_1、φ_2 为摩擦角。根据力的平衡条件,分别由 $\sum F_x=0$、$\sum F_y=0$ 和 $\sum M_B=0$ 可得

$$\begin{cases} -F\sin(\alpha+\varphi_1)+(F_{R1}-F_{R2})\cos\varphi_2=0 \\ G+F\cos(\alpha+\varphi_1)-(F_{R1}+F_{R2})\sin\varphi_2=0 \\ F_{R2}(l+b)\cos\varphi_2-F_{R1}b\cos\varphi_2=0 \end{cases} \tag{8-21}$$

以上三式消去 F_{R1} 和 F_{R2},经过整理后得

$$F=G\Big/\left[\cos(\alpha+\varphi_1)-\left(l+\frac{2b}{l}\right)\sin(\alpha+\varphi_1)\tan\varphi_2\right] \tag{8-22}$$

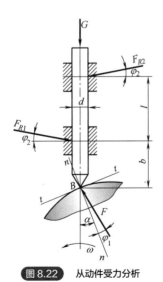

图 8.22　从动件受力分析

由式(8-22)可以看出,在其他条件相同的情况下,压力角 α 愈大,则分母愈小,作用力 F 将愈大;如果 α 大到使式中的分母为零,则 F 将增至无穷大,此时机构将发生自锁,此压力角称为临界压力角 α_c,其值为

$$\alpha_c = \arctan \frac{1}{(1 + 2b/l)\tan\varphi_2} - \varphi_1 \qquad （8\text{-}23）$$

一般说来，凸轮廓线上不同点处的压力角是不同的，为保证凸轮机构能正常运转，应使其最大压力角 α_{max} 小于临界压力角 α_c。又由式（8-23）可以看出，增大导轨长度 l 或减小悬臂尺寸 b 可以使临界压力角 α_c 的数值得以提高。

在生产实际中，为了提高机构的效率、改善其受力情况，通常规定凸轮机构的最大压力角 α_{max} 应小于某一许用压力角[α]，即 $\alpha_{max}<[\alpha]$，而[α]之值远小于临界压力角 α_c。根据实践经验，在推程时，许用压力角[α]的值一般是：对直动从动件取[α]=30°，对摆动从动件取[α]=35°~45°。在回程时，对于力封闭的凸轮机构，由于这时使推杆运动的是封闭力，不存在自锁的问题，故可采用较大的压力角，通常取[α]'=70°~80°。

8.4.2　凸轮基圆半径的确定

对于一定形式的凸轮机构，在从动件的运动规律选定后，该凸轮机构的压力角与凸轮基圆半径的大小直接相关，现说明如下。

在图 8.23 所示的凸轮机构中，由瞬心知识可知，P 点为从动件与凸轮的相对速度瞬心。故 $v_P=\omega OP$，从而有 $OP=v_P/\omega=\mathrm{d}s/\mathrm{d}\delta$。根据图中的几何关系可得直动从动件盘形凸轮机构压力角 α 的表达式为

$$\tan\alpha = \frac{DP}{BD} = \frac{|OP - e|}{s + s_0} = \frac{\left|\dfrac{\mathrm{d}s}{\mathrm{d}\delta} - e\right|}{s + s_0} = \frac{\left|\dfrac{\mathrm{d}s}{\mathrm{d}\delta} - e\right|}{s + \sqrt{r_b^2 - e^2}} \qquad （8\text{-}24）$$

式中，$\mathrm{d}s/\mathrm{d}\delta$ 为位移曲线的斜率，推程时为正，回程时为负。

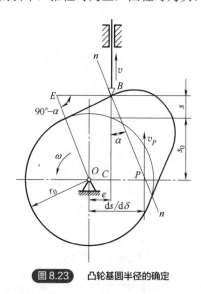

图 8.23　凸轮基圆半径的确定

由此可知，在偏距一定、从动件的运动规律已知的条件下，加大基圆半径 r_b，可减小压力角 α，从而改善机构的传力特性，但此时机构的尺寸将会增大。故应在满足 $\alpha_{max}<[\alpha]$ 条件下，合理地确定凸轮的基圆半径，使凸轮机构的尺寸不致过大。

对于直动从动件盘形凸轮机构，如果限定推程的压力角 $\alpha \leqslant [\alpha]$，则可由式（8-24）导出基圆半径的计算公式：

$$r_b \geqslant \sqrt{\{(\mathrm{d}s/\mathrm{d}\delta - e)/\tan[\alpha] - s\}^2 + e^2} \qquad (8\text{-}25)$$

用式（8-25）计算得到的基圆半径随凸轮廓线上各点的 $\mathrm{d}s/\mathrm{d}\delta$、$s$ 值的不同而不同，故需确定基圆半径的极值，这就给应用带来不便。在实际设计工作中，凸轮的基圆半径 r_b 的确定不仅要受到 $\alpha_{\max} < [\alpha]$ 的限制，还要考虑凸轮的结构及强度要求等。根据 $\alpha_{\max} < [\alpha]$ 的条件所确定的凸轮基圆半径 r_b 一般较小，所以在设计工作中，凸轮的基圆半径常根据具体结构条件选择，必要时再检查所设计的凸轮是否满足 $\alpha_{\max} < [\alpha]$ 的要求。例如，当凸轮与轴做成一体时，凸轮工作廓线的基圆半径应略大于轴的半径；当凸轮与轴分开制作时，凸轮上要做出轮毂，此时凸轮工作廓线的基圆半径应略大于轮毂的半径。

8.4.3 滚子从动件滚子半径的选择和平底推杆平底尺寸的确定

（1）滚子从动件滚子半径的选择

对于滚子从动件盘形凸轮机构，滚子半径的选择要考虑滚子的结构、强度及凸轮轮廓曲线的形状等多方面的因素。由于凸轮廓线的曲率半径是影响凸轮机构尺寸的另一个主要因素，故下面主要分析凸轮轮廓曲线的曲率半径与滚子半径的关系。

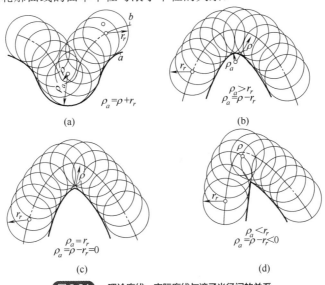

图 8.24 理论廓线、实际廓线与滚子半径间的关系

如图 8.24（a）所示为内凹的凸轮轮廓曲线，a 为实际廓线，b 为理论廓线。实际廓线的曲率半径 ρ_a 等于理论廓线的曲率半径 ρ 与滚子半径 r_r 之和，即 $\rho_a = \rho + r_r$。这样，无论滚子半径大小如何，凸轮的工作廓线总是可以平滑地作出来。但如图 8.24（b）所示，对于外凸的凸轮轮廓曲线，其实际廓线的曲率半径等于理论廓线的曲率半径与滚子半径之差，即 $\rho_a = \rho - r_r$。所以，如果 $\rho = r_r$，则实际廓线的曲率半径为零，于是实际廓线将出现尖点，如图 8.24（c）所示，凸轮轮廓在尖点处很容易磨损。又如图 8.24（d）所示，当 $\rho < r_r$ 时，则实际廓线的曲率半径 ρ_a 为负值，

这时工作廓线出现交叉，图中阴影部分在制造中将被切去，致使从动件不能按预期的运动规律运动，这种现象称为失真现象。

因此，对于外凸的凸轮轮廓曲线，为了避免发生运动失真，滚子半径 r_r 应小于理论廓线的最小曲率半径 ρ_{min}。如果按照上述条件选择的滚子半径太小而不能保证强度和安装要求，则应把凸轮的基圆尺寸加大，重新设计凸轮廓线。

通常为避免尖点和运动失真现象，可取滚子半径 $r_r<0.8\rho_{min}$，并保证凸轮实际廓线的最小曲率半径满足 $\rho_{amin}\geqslant 1\sim 5mm$。

（2）平底从动件平底尺寸的确定

如图 8.25 所示，平底从动件盘形凸轮机构在运动时，平底始终与凸轮廓线相切，其与凸轮廓线的切点 B 的位置是不断变化的。由图可知 $\overline{OP}=\overline{BC}=\mathrm{d}s/\mathrm{d}\varphi$，其最大距离 $l_{max}=BC_{max}=(\mathrm{d}s/\mathrm{d}\varphi)_{max}$，$(\mathrm{d}s/\mathrm{d}\varphi)_{max}$ 应根据推程和回程从动件运动规律分别进行计算，取其最大值。设平底两侧取同样长度，且留有一定的余量，则推杆平底长度 l 为

$$l=2\left|\frac{\mathrm{d}s}{\mathrm{d}\varphi}\right|_{max}+5\sim 7mm \qquad （8-26）$$

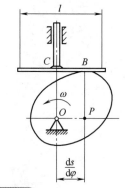

图 8.25 平底从动件尺寸的确定

对于平底推杆凸轮机构，有时也会产生失真现象。如图 8.26 所示，当取凸轮的基圆半径为 r_b 时，由于推杆的平底的 B_1E_1 和 B_3E_3 位置相交于 B_2E_2 之内，因而使凸轮的工作廓线不能与 B_2E_2 位置相切，故推杆不能按预期的运动规律运动，即出现失真现象。为了解决这个问题，可适当增大凸轮的基圆半径。图中将基圆半径由 r_b 增大到 r_b'，即避免了失真现象。

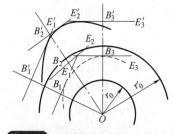

图 8.26 平底从动件凸轮机构的失真

综上所述，在设计凸轮廓线之前需先选定凸轮的基圆半径，而凸轮基圆半径的选择需考虑实际的结构条件、压力角以及凸轮实际廓线是否会出现变尖和失真等。除此之外，当为直动从动件时，应在结构许可的条件下，取较大的导轨长度和较小的悬臂尺寸，并恰当地选取滚子半径或平底尺寸等。合理选择这些尺寸是保证凸轮机构具有良好的工作性能的重要因素。

思考和练习题

8-1　何谓凸轮机构传动中的刚性冲击和柔性冲击？试补全图 8.27 所示各段的 s-δ、v-δ、a-δ 曲线，并指出哪些地方有刚性冲击，哪些地方有柔性冲击。

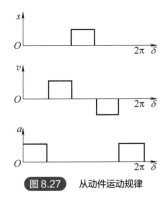

图 8.27　从动件运动规律

8-2　① 标出图 8.28（a）图示位置时凸轮机构的压力角，凸轮从图示位置转过 90° 后从动件的位移；

② 标出图 8.28（b）中推杆从图示位置升高位移 s 时，凸轮的转角和凸轮机构的压力角。

8-3　在图 8.29 所示凸轮机构中，圆弧底摆动推杆与凸轮在 B 点接触。当凸轮从图示位置逆时针转过 90° 时，试用图解法标出：

① 推杆在凸轮上的接触点；

② 摆杆位移角的大小；

③ 凸轮机构的压力角。

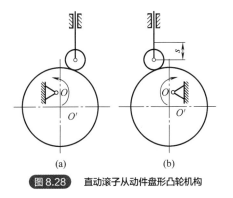

(a)　　　(b)

图 8.28　直动滚子从动件盘形凸轮机构

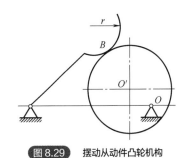

图 8.29　摆动从动件凸轮机构

第 9 章

齿 轮 机 构

扫码获取配套资源

→ 思维导图

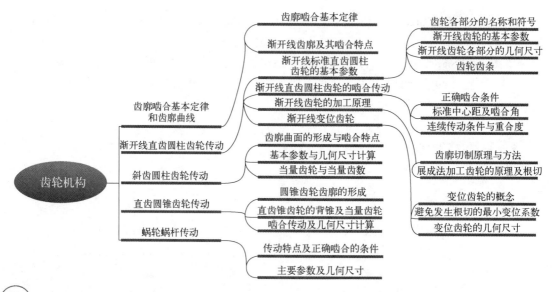

内容导入

齿轮机构是现代机械中应用最为广泛的传动机构之一,是现代机械中不可或缺的传动机构,具有传动比恒定、传动效率高、功率范围大、使用寿命长、结构紧凑等优点,广泛应用于生产、生活的各种机械装备中。

本章将学习齿轮机构的相关知识,内容较多,着重讲述渐开线标准齿轮的参数、尺寸、啮合传动等基础知识以及加工原理,同时讲述斜齿轮传动、锥齿轮传动以及蜗轮蜗杆传动等基础知识。

学习目标

（1）掌握齿廓啮合基本定律，掌握渐开线的特性及啮合特点；

（2）掌握渐开线标准直齿圆柱齿轮的基本参数和几何尺寸；

（3）掌握渐开线直齿圆柱齿轮正确啮合的条件，理解并掌握啮合角、连续传动条件及重合度的定义与计算；

（4）了解渐开线齿廓的加工原理和方法，理解展成法加工齿轮的原理及根切现象；

（5）理解渐开线变位齿轮和变位系数、变位齿轮的几何尺寸；

（6）理解斜齿轮的齿廓曲面的形成与啮合特点，理解斜齿轮当量齿轮与当量齿数；

（7）能够借助工具书进行斜齿轮基本参数与几何尺寸计算；

（8）了解直齿圆锥齿轮传动的特点，理解圆锥齿轮齿廓的形成、背锥以及当量齿轮；

（9）能够借助工具书进行直齿锥齿轮啮合传动及几何尺寸计算；

（10）了解蜗轮蜗杆传动的特点，理解蜗轮蜗杆正确啮合的条件，了解蜗轮蜗杆传动主要参数和几何尺寸；

（11）了解齿轮机构设计应用实例。

9.1 概述

齿轮机构是各种机械中应用最广泛的一种传动机构，也是应用很早的一种传动形式。我国公元前 400 年左右就开始使用齿轮，图 9.1 为反映我国古代科学技术成就的指南车和记里鼓车。齿轮机构可用于平行轴、相交轴和交错轴之间运动和动力的传递。如汽车在行驶中，通过变速器准确控制行驶速度，利用差速器保障平稳转弯。图 9.2 所示为电动汽车减速器和差速器，其核心组成均为齿轮机构。

(a) 指南车   (b) 记里鼓车

图 9.1   指南车与记里鼓车

齿轮机构的优点：能保证恒定的传动比，传递的功率与适用的速度范围大，传动效率高，工作可靠，结构紧凑，使用寿命长。

齿轮机构的缺点：制造安装费用较高，低精度齿轮传动振动噪声较大，不宜用于轴间距离过大的场合。

(a) 电动汽车两挡减速器　　　　　　　　(b) 汽车差速器

图9.2　汽车减速器和差速器

　　齿轮机构主要用来改变转速和变换力矩大小，通常用来降低速度和增大力矩。根据一对齿轮实现传动比的情况，可分为定传动比和变传动比齿轮机构。本章主要介绍实现定传动比的齿轮传动机构。齿轮机构的类型很多。对于由一对齿轮组成的齿轮机构，依据两齿轮轴线相对位置的不同，齿轮机构可分为如下几类。

（1）平行轴间传动的齿轮机构

　　用于平行轴传动的圆柱齿轮机构，是一种平面齿轮机构。如表9.1所示的外啮合齿轮机构、内啮合齿轮机构，以及齿轮与齿条机构。

（2）相交轴间传动的齿轮机构

　　表 9.2 所示为用于相交轴间传动的锥齿轮机构，是一种空间齿轮机构。直齿应用最广，曲线齿锥齿轮由于传动平稳，承载能力高，常用于高速重载的传动中，如汽车、拖拉机、飞机等的传动中，面齿轮机构是一种新型齿轮机构。

表9.1　平行轴齿轮机构

外啮合齿轮机构		
直齿	斜齿	人字齿
两齿轮转向相反；轮齿分布在圆柱体外部且齿向与其轴线平行，工作时无轴向力，传动平稳性差，多用于速度较低的传动，应用广泛。如变速箱的换挡齿轮等	两齿轮转向相反；轮齿齿向与其轴线倾斜一定角度；传动平稳，承载能力较好，适合于高速、载荷较大的传动，但有轴向力。如高铁、货轮等的变速机构	两轮转向相反；由两排旋向相反的斜齿轮对称组成，其轴向力被相互抵消。适合高速和重载传动，但制造成本较高

（左侧竖排表头：平行轴齿轮机构）

	内啮合齿轮机构	齿轮齿条机构
平行轴齿轮机构	两轮转向相同；轮齿齿向与其轴线平行且分布在空心圆柱体的内部，轴间距离小，结构紧凑，效率较高，在同向齿轮传动中具有较多应用 	一对外啮合齿轮传动中，当大齿轮的半径为无穷大时，将演变成齿条，可以将旋转运动转化为直线运动，或将直线运动转化为旋转运动

表9.2　相交轴齿轮机构

	直齿锥齿轮机构	曲线齿锥齿轮机构	面齿轮机构
相交轴齿轮机构	轮齿齿向沿圆锥母线排列于截锥表面，是相交轴齿轮传动的基本形式。制造较为简单 	轮齿齿向是曲线形，有圆弧齿、摆线齿等，传动平稳，承载能力大，适用于高速、重载传动，但制造成本较高 	两齿轮轴线可相交也可不相交；小齿轮可为直齿、斜齿、弧齿和蜗杆等。是一种新型齿轮机构，适用于分流传动和大传动比场合

（3）交错轴间传动的齿轮机构

表9.3所示为用于交错轴间传动的齿轮机构。常见的有交错轴斜齿轮机构、蜗轮蜗杆机构、准双曲面齿轮机构。

表9.3 交错轴齿轮机构

交错轴斜齿轮机构	蜗轮蜗杆机构	准双曲面齿轮机构
两螺旋角 $\beta_1 \neq \beta_2$ 的斜齿轮啮合时，可形成两轴线任意交错传动，两轮齿为点接触，且滑动速度较大，主要用于传递运动或轻载传动	一般两轴交错角为90°，传动比大，一般 i 在 10~80，结构紧凑，传动平稳，噪声和振动小，具有自锁性，效率较低	一般两轴交错角为90°，节曲面为单叶双曲线回转体的一部分。它能实现两轴线中心距较小的交错轴传动，但制造困难。用于汽车驱动后桥等领域

交错轴齿轮机构

9.2 齿廓啮合基本定律和齿廓曲线

圆柱齿轮的齿面与垂直于其轴线的平面的交线称为齿廓。在齿轮传动中，两齿轮的瞬时传动比（ω_1/ω_2）与其齿廓的形状有关。工作中要求一对啮合齿轮的瞬时传动比必须恒定不变，以保证传动平稳。传动比不恒定，将会引起机器振动产生噪声，进而影响机器的寿命。本节主要从传动平稳、传动比恒定两个方面讨论齿廓曲线问题。

9.2.1 齿廓啮合基本定律及共轭齿廓

图 9.3 所示为一两啮合齿轮 1 和 2 的齿廓在 K 点相接触，两轮的角速度分别为 ω_1 和 ω_2，两齿廓上 K 点处的线速度分别为 $v_{K1} = \omega_1 \times O_1K$ 和 $v_{K2} = \omega_2 \times O_2K$。要使这一对齿廓能够正常接触传动，不应互相压入或分离，它们沿接触点公法线方向的分速度应相等。因此，速度 v_{K1} 和 v_{K2} 在过 K 点作两齿廓的公法线 nn 上投影的分速度应相等，并且两齿廓接触点间的相对速度 v_{K2K1} 只能沿两齿廓接触点处的公切线方向。

由三心定理，两啮合齿廓在接触点 K 处的公法线 nn 与两齿轮连心线 O_1O_2 的交点 P 即为两齿轮的相对瞬心，即齿廓 C_1 和 C_2 在 P 点具有相同的绝对速度。

$$v_{P1} = v_{P2} = \omega_1 O_1 P = \omega_2 O_2 P \qquad (9\text{-}1)$$

两轮此时的瞬时传动比为

$$i = \omega_1/\omega_2 = O_2 P/O_1 P \qquad (9\text{-}2)$$

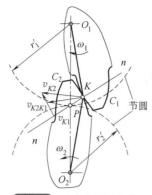

图9.3　齿廓啮合基本定律

式（9-2）表明，由于 O_1O_2 不变，要使机构的传动比恒定，应使 O_2P/O_1P 为一定值，即点 P 为一定点。由此可以得到相互啮合传动的一对齿轮，在任一位置时的传动比，都与其连心线 O_1O_2 被其啮合齿廓在接触点处的公法线所分成的两线段长成反比。这一规律称为齿廓啮合基本定律。

齿廓公法线 nn 与两轮连心线 O_1O_2 的交点 P 称为节点。由于两轮做定传动比传动时节点 P 为连心线上的一个定点，故 P 点在轮 1 的运动平面（与轮 1 相固连的平面）上的轨迹是一个以 O_1 为圆心、$r_1' = O_1P$ 为半径的圆。同理，P 点在轮 2 运动平面上的轨迹是一个以 O_2 为圆心、$r_2' = O_2P$ 为半径的圆。

则有

$$i = \omega_1/\omega_2 = O_2P/O_1P = r_2'/r_1' = 常数 \tag{9-3}$$

这两个圆分别称为轮 1 与轮 2 的节圆。而由上述可知，两轮的节圆相切于 P 点，且在 P 点速度相等，故两轮的啮合传动可以视作两节圆所做的纯滚动。值得注意的是，节圆是两齿轮啮合传动时存在的，单个齿轮无节点和节圆。

当要求两齿轮传动比按一定规律变化时，节点 P 就不再是连心线上的一个定点，而是按传动比的变化规律在连心线上移动。这时，P 点在轮 1、轮 2 运动平面上的轨迹不再是圆，而是和变传动比有关的某种非圆曲线，称为节线，如图 9.4 所示的椭圆齿轮机构，它们的节线均为椭圆曲线。这种齿轮传动称为非圆齿轮机构，常用来实现周期性变传动比传动。

图9.4　椭圆齿轮机构

满足齿廓啮合基本定律的一对齿廓称为共轭齿廓，共轭齿廓的齿廓曲线称为共轭曲线。理论上，满足定传动比的共轭曲线很多，但在生产实践中，选择齿廓曲线时，不仅要满足传动比要求，还必须从设计、制造、安装和使用等多方面予以综合考虑。对于定传动比传动的齿轮来说，目前最常用的齿廓曲线是渐开线，其次是摆线和圆弧等几种曲线作为齿廓曲线。由于渐开线齿廓具有良好的传动性能，且便于制造、安装、测量和互换使用，因此目前应用最普遍的齿廓曲线是渐开线。本章主要介绍渐开线齿廓的齿轮。

9.2.2 渐开线齿廓及其啮合特点

（1）渐开线的形成及其性质

如图 9.5 所示，当直线 BK 沿半径为 r_b 的圆做纯滚动时，直线上任意点 K 的轨迹 AK 就是该圆的渐开线。该圆称为渐开线的基圆，r_b 表示基圆半径；直线 BK 称为渐开线的发生线；角 $\theta_K = \angle AOK$ 称为渐开线上 K 点的展角。

由渐开线的形成过程，可得渐开线的性质如下：

① 由于发生线在基圆上做纯滚动，则发生线沿基圆滚过的长度 BK 等于基圆上被滚过的圆弧长度 $\overset{\frown}{AB}$，即 $BK = \overset{\frown}{AB}$。

② 渐开线上任一点 K 处的法线必与其基圆相切，且切点 B 为渐开线 K 点的曲率中心，线段 BK 为曲率半径。渐开线上各点的曲率半径不同，离基圆越近，曲率半径越小。渐开线在基圆上起始点处的曲率半径为零。

③ 基圆内无渐开线。由于渐开线是由基圆开始向外展开的，所以基圆内无渐开线。

④ 渐开线的形状取决于基圆的大小。如图 9.6 所示，基圆半径愈大，其渐开线的曲率半径也愈大。当基圆半径为无穷大时，其渐开线就变成一条直线，故齿条的齿廓曲线为直线。

渐开线的上述特性是研究渐开线齿轮啮合传动的基础。

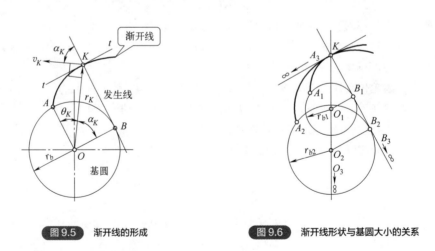

图9.5　渐开线的形成　　　　图9.6　渐开线形状与基圆大小的关系

（2）渐开线方程

根据渐开线的形成及性质，采用极坐标形式表示渐开线方程式。如图 9.5 所示，点 A 为渐开线在基圆上的起始点，点 K 为渐开线上任意点，建立极坐标系，它的向径用 r_K 表示，展角用 θ_K 表示。若用此渐开线作齿轮的齿廓，此齿廓在该点所受正压力的方向（即法线 KB 方向）与该点的速度方向（垂直 OK 方向）之间所夹的锐角 α_K 称为渐开线在该点的压力角，以 α_K 表示，其大小等于 $\angle KOB$，即 $\alpha_K = \angle KOB$。由 $\triangle BOK$ 可知

$$\cos\alpha_K = \frac{r_b}{r_K} \tag{9-4}$$

式（9-4）表明，渐开线上各点压力角不等，且随着 r_K 的增大而增大，基圆上 A 点的压力角为零。

又渐开线的性质 $BK = \overset{\frown}{AB}$，有

$$\tan\alpha_K = \frac{\overline{BK}}{\overline{OB}} = \overset{\frown}{AB}/r_b = \frac{r_b(\alpha_K + \theta_K)}{r_b} = \alpha_K + \theta_K$$

即

$$\theta_K = \tan\alpha_K - \alpha_K \tag{9-5}$$

上式表明展角 θ_K 随压力角 α_K 的变化而变化，所以 θ_K 又称为压力角 α_K 的渐开线函数，工程上用 $\mathrm{inv}\alpha_K$ 表示 θ_K。

综合式（9-4）和式（9-5），渐开线的极坐标方程式为

$$\left.\begin{array}{l} r_K = \dfrac{r_b}{\cos\alpha_K} \\[2mm] \theta_K = \mathrm{inv}\,\alpha_K = \tan\alpha_K - \alpha_K \end{array}\right\} \tag{9-6}$$

为了使用方便，在工程中把不同压力角 α 的渐开线函数值计算出来制成渐开线函数表，可查阅机械设计手册。

（3）渐开线齿廓的啮合特点

渐开线齿廓啮合传动具有如下特点：

① 能保证定传动比传动 如图 9.7 所示，相互啮合的一对渐开线齿廓，在任意点 K 啮合，它们的基圆半径分别为 r_{b1}、r_{b2}，过 K 点作这对齿廓的公法线为 N_1N_2。根据渐开线的特性可知，此公法线必同时与两轮的基圆相切，即 N_1N_2 为两基圆的一条内公切线。

由图可知，因 $\triangle O_1N_1P \sim \triangle O_2N_2P$，故两轮的传动比可写成

$$i_{12} = \omega_1/\omega_2 = O_2P/O_1P = r_{b2}/r_{b1} \tag{9-7}$$

对于每一个具体齿轮来说，其基圆半径为常数，两轮基圆半径的比值为定值，故渐开线齿轮能保证定传动比传动。

② 具有中心距可分性 由式（9-7）可知，传动比取决于两基圆半径的反比。当齿轮加工好以后，两基圆的大小就不变了，即使安装时实际中心距稍有误差，或由于轴承磨损等引起中心距的微小改变，导致节圆半径变化，传动比仍旧保持不变。

渐开线齿廓这种中心距改变而其传动比不变的性质，称为渐开线齿轮的中心距可分性。这一特性对渐开线齿轮的加工、安装和使用都十分有利，这也是渐开线齿廓被广泛采用的主要原因之一。

③ 渐开线齿廓之间的正压力方向不变 既然一对渐开线齿廓在任何位置啮合时，过接触点

的公法线都是同一条直线 N_1N_2，这就说明一对渐开线齿廓从开始啮合到脱离接触，所有的啮合点均在该直线上，故直线 N_1N_2 是齿廓接触点在固定平面中的轨迹，称其为啮合线。

在齿轮传动过程中，两啮合齿廓间的正压力始终沿啮合线方向，故其传力方向不变，这对于齿轮传动的平稳性是有利的。

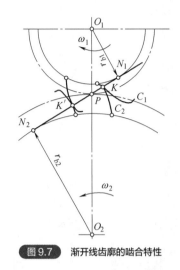

图 9.7　渐开线齿廓的啮合特性

由于渐开线齿廓还有加工刀具简单、工艺成熟等优点，故其应用特别广泛。

9.3　渐开线标准直齿圆柱齿轮的基本参数和几何尺寸

9.3.1　齿轮各部分的名称和符号

齿轮是由形状尺寸完全相同的轮齿，均匀地分布在圆柱面上形成。每个轮齿两侧是对称的两个反向渐开线曲面，为轮齿的两侧齿廓曲面，并将其按齿轮的齿数 z 等间距地分布于同轴心两圆柱面之间而形成的，于是也就形成了齿轮的齿顶圆柱面及齿根圆柱面，而其齿宽以 B 表示。

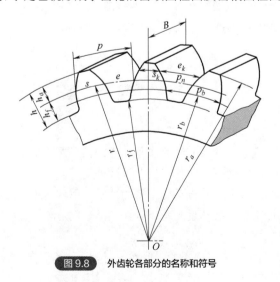

图 9.8　外齿轮各部分的名称和符号

（1）齿顶圆、齿根圆和分度圆

过所有轮齿顶部的圆称为齿顶圆，其半径和直径分别用 r_a、d_a 表示。

过所有齿槽底部的圆称为齿根圆，其半径和直径分别用 r_f、d_f 表示。

在实际工程中，为了便于齿轮的设计和制造，在齿顶圆与齿根圆之间选择一个尺寸参考圆，称其为分度圆，其半径和直径分别以 r 和 d 表示，并以此来定义齿轮轮齿各部分的名称和尺寸。如图 9.8 所示。

（2）齿厚、齿槽宽及齿距

在分度圆上，一个轮齿两侧齿廓间、一个齿槽两侧齿廓间和相邻两齿同侧齿廓间的弧线长度，分别称为齿轮的齿厚、齿槽宽及齿距，并分别以 s、e 及 p 表示。齿距等于齿厚与齿槽宽之和，即

$$p=s+e \tag{9-8}$$

在任意圆周上，齿距 p_i 等于齿厚 s_i 和齿槽宽 e_i 之和，即 $p_i=s_i+e_i$。

此外，齿轮啮合常用到法向齿距和基圆齿距，即分别为相邻两齿同侧齿廓在啮合线上所夹的线段长度和在基圆上的弧线长度，分别以 p_n 和 p_b 表示。由渐开线性质可知，法向齿距总等于基圆齿距，即

$$p_n=p_b=p\cos\alpha \tag{9-9}$$

（3）齿顶高、齿根高及齿全高

轮齿被分度圆分为两部分：介于分度圆与齿顶圆之间的部分称为齿顶，其径向高度称为齿顶高，用 h_a 表示；介于分度圆与齿根圆之间的部分称为齿根，其径向高度称为齿根高，用 h_f 表示。齿顶高与齿根高之和称为齿全高，用 h 表示，显然

$$h=h_a+h_f \tag{9-10}$$

9.3.2 渐开线齿轮的基本参数

为了方便设计、制造、测量与互换性使用的需要，渐开线标准直齿圆柱齿轮有 5 个基本参数：齿数、模数、压力角、齿顶高系数和顶隙系数。

（1）齿数 z

齿数是指齿轮在整个圆周上轮齿的总数，用 z 表示。

（2）模数 m

由于分度圆的周长等于 pz，故分度圆的直径 d 为

$$d=zp/\pi$$

为了方便设计、计算、制造和检验，令

$$p/\pi=m$$

m 称为齿轮的模数，其单位为 mm。故齿轮的分度圆直径 d 可表示为

$$d=mz \tag{9-11}$$

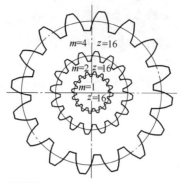

图9.9 齿数相同模数不同的齿轮齿形

模数是决定齿轮尺寸的重要参数之一。相同齿数的齿轮，模数越大，其尺寸也越大，图9.9给出了齿数相同而模数不同的齿轮齿形。为了减少齿轮加工刀具数量，模数 m 已标准化了，表9.4为 GB/T 1357—2008 所规定的标准模数系列。在设计齿轮时，若无特殊需要，应选用标准模数。

表9.4　齿轮标准模数系列（GB/T 1357—2008） mm

第一 系列	1	1.25	1.5	2	2.5	3	4	5	6	8	10
	12	16	20	25	32	40	50				
第二 系列	1.125	1.375	1.75	2.25	2.75	3.5	4.5	5.5	(6.5)	7	9
	11	14	18	22	28	35	45				

注：1. 本表适用于渐开线圆柱齿轮，对斜齿轮是指法面模数。

2. 选用模数时，应优先选用第一系列，其次是第二系列，括号内的模数尽可能不用。

（3）压力角 α

同一渐开线齿廓上各点的压力角不同，如图9.10（a）所示。通常所说的齿轮压力角是指分度圆上的压力角（简称压力角），如图9.10（b）所示，以 α 表示。由式（9-5）渐开线方程有

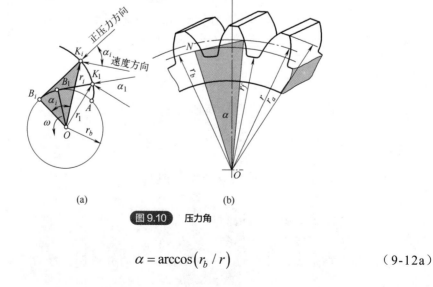

(a) (b)

图9.10 压力角

$$\alpha = \arccos\left(r_b / r\right) \qquad （9\text{-}12a）$$

或

$$r_b = r\cos\alpha = \frac{zm}{2}\cos\alpha \qquad (9\text{-}12\text{b})$$

压力角是决定渐开线齿廓形状的主要参数；国家标准（GB/T 1356—2001）中规定，分度圆上的压力角为标准值，$\alpha=20°$。在一些特殊场合，α 也允许采用其他的值。

在模数和压力角规定了标准值后，分度圆实质上就是齿轮上具有标准模数和标准压力角的圆。

（4）齿顶高系数 h_a^*

齿轮的齿顶高 h_a 是用模数的倍数表示的。标准齿顶高为：

$$h_a = h_a^* m \qquad (9\text{-}13)$$

式中，h_a^* 称为齿顶高系数，它已经标准化，$h_a^*=1.0$。

（5）顶隙系数 c^*

一对齿轮在啮合时，为了避免一轮齿顶与另一轮齿根直接接触，并能存储一定润滑油，应当在两轮轮齿的齿顶和齿根之间留有一定的径向间隙，称为顶隙。顶隙与模数的比值称为顶隙系数，用 c^* 表示。顶隙系数已标准化，$c^*=0.25$。

9.3.3 渐开线齿轮各部分的几何尺寸

渐开线标准齿轮是指 m、α、h_a^*、c^* 均为标准值，且 $s=e$ 的渐开线齿轮。为了便于计算和设计，现将渐开线标准直齿圆柱齿轮外啮合传动几何尺寸的计算公式汇集于表 9.5 中。

表 9.5 渐开线标准直齿圆柱齿轮外啮合传动几何尺寸的计算公式

名称	代号	计算公式	
		小齿轮	大齿轮
模数	m	根据齿轮受力情况和结构需要确定，选取标准值	
压力角	α	$\alpha=20°$	
分度圆直径	d	$d_1 = mz_1$	$d_2 = mz_2$
齿顶高	h_a	$h_{a1} = h_{a2} = h_a^* m$	
齿根高	h_f	$h_{f1} = h_{f2} = (h_a^* + c^*)m$	
齿全高	h	$h_1 = h_2 = (2h_a^* + c^*)m$	
齿顶圆直径	d_a	$d_{a1} = (z_1 + 2h_a^*)m$	$d_{a2} = (z_2 + 2h_a^*)m$
齿根圆直径	d_f	$d_{f1} = (z_1 - 2h_a^* - 2c^*)m$	$d_{f2} = (z_2 - 2h_a^* - 2c^*)m$
基圆直径	d_b	$d_{b1} = d_1\cos\alpha$	$d_{b2} = d_2\cos\alpha$
齿距	p	$p = \pi m$	

续表

名称	代号	计算公式	
		小齿轮	大齿轮
基圆齿距（法向齿距）	p_b	$p_b=p\cos\alpha$	
齿厚	s	$s=\pi m/2$	
齿槽宽	e	$e=\pi m/2$	
任意圆（半径）	s_i	$s_i=sr_i/r-2r_i(\text{inv}\alpha_i-\text{inv}\alpha)$	
顶隙	c	$c=c^*m$	
标准中心距	a	$a=m(z_1+z_2)/2$	
节圆直径	d'	（当中心距为标准中心距 a 时）$d'=d$	
传动比	i	$i_{12}=\omega_1/\omega_2=\overline{O_2P}/\overline{O_1P}=r_{b2}/r_{b1}$	

9.3.4 内齿轮和齿条

（1）内齿轮

图 9.11 所示内齿轮可视为分布在空心圆柱体内表面上，与外齿轮在结构上的不同如下。

① 内齿轮齿顶圆小于分度圆，齿根圆大于分度圆 $d_f>d>d_a$；齿顶圆直径等于分度圆直径减 2 倍的齿顶高，$d_a=d-2h_a$；齿根圆直径为分度圆直径加 2 倍的齿根高，$d_f=d+2h_f$。

② 内齿轮的齿廓是内凹的，其齿厚和槽宽分别对应于外齿轮的槽宽和齿厚。

③ 为了使内齿轮齿顶的齿廓全部为渐开线，实现正确啮合，其齿顶圆必须大于基圆。

内齿轮的基本尺寸可参照外齿轮的计算公式进行。

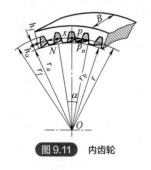

图 9.11 内齿轮

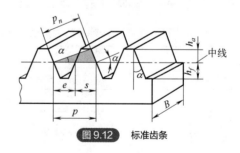

图 9.12 标准齿条

（2）齿条

图 9.12 所示为一标准齿条。当标准外齿轮的直径增大到无穷大，齿轮上的基圆和其他圆都变成了互相平行的直线，同侧渐开线齿廓也变成了互相平行的斜直线齿廓。它与齿轮的不同点是：

① 齿条齿廓上各点压力角相同，且等于齿廓的倾斜角，此角称为齿形角，标准值为 20°。

② 与齿顶线平行的各直线上齿距都相同，模数为同一标准值，其中齿厚与槽宽相等且与齿顶线平行的直线称为中线，是确定齿条各部分尺寸的基准线。

齿条的基本尺寸可参照外齿轮的计算公式进行。

9.4 渐开线直齿圆柱齿轮的啮合传动

9.4.1 正确啮合条件

渐开线齿廓能够满足啮合定律和定传动比传动，但并非任意两个渐开线齿轮装配起来就能正确地啮合传动。要实现正确啮合，还必须满足一定的条件。如图 9.13 所示的一对渐开线标准齿轮啮合传动时，它们的齿廓啮合点都应位于理论啮合线 N_1N_2 上，因此要使齿轮能正确啮合传动，即交替啮合时，轮齿既不脱开又不相互嵌入，应使处于啮合线上的各对轮齿都能同时进入啮合，为此两齿轮的法向齿距应相等，即

$$p_{n1}=p_{n2}$$

由于渐开线的法向齿距 p_n 等于基圆齿距 p_b，因此

$$p_{b1}=\pi m_1\cos\alpha_1=p_{b2}=\pi m_2\cos\alpha_2$$

$$m_1\cos\alpha_1=m_2\cos\alpha_2 \tag{9-14}$$

式中，m_1、m_2 及 α_1、α_2 分别为两齿轮的模数和压力角。由于模数和压力角均已标准化，为满足上式应使：

$$\begin{cases} m_1 = m_2 = m \\ \alpha_1 = \alpha_2 = \alpha \end{cases} \tag{9-15}$$

因此，一对渐开线标准齿轮正确啮合的条件是：两齿轮的模数和压力角应分别相等。

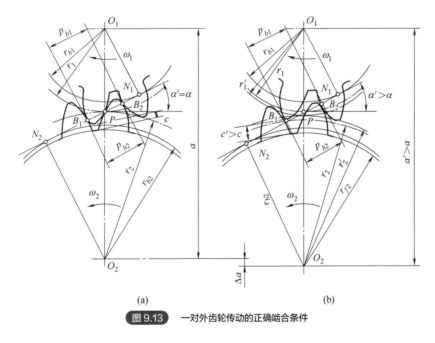

图9.13 一对外齿轮传动的正确啮合条件

9.4.2 标准中心距及啮合角

（1）中心距

中心距是齿轮传动的基本尺寸，中心距的变化虽然不影响传动比，但会改变顶隙和齿侧间

隙等的大小，为避免和减小齿轮传动中的冲击，使传动平稳，在确定其中心距时，应满足以下两点要求：

① 两轮的顶隙为标准值。如前所述，顶隙为啮合传动时一轮齿顶和另一轮齿根之间留有的间隙，必须为标准值，即 $c=c^*m$。对于图9.13（a）所示的标准齿轮外啮合传动，当顶隙为标准值时，两轮的中心距应为

$$
\begin{aligned}
a &= r_{a1} + c + r_{f2} \\
&= \left(r_1 + h_a^* m\right) + c^* m + \left(r_2 - h_a^* m - c^* m\right) \\
&= r_1 + r_2 \\
&= m\left(z_1 + z_2\right)/2
\end{aligned}
\tag{9-16}
$$

即两轮的中心距应等于两轮分度圆半径之和，此中心距称为标准中心距，用 a 表示。采用标准中心距进行的安装称为标准安装。

② 理论齿侧间隙为零。实际齿轮传动中因轮齿受力变形、制造安装误差等因素的影响，在两轮的非工作齿侧间应留有一定的齿侧间隙，简称侧隙。这个齿侧间隙一般很小，通常由制造公差来保证。在实际设计中，齿轮的尺寸和中心距是按无侧隙计算的。

由于一对齿轮啮合时两轮的节圆总是相切的，而当两轮按标准中心距安装时，两轮的分度圆也是相切的，即 $r_1' + r_2' = r_1 + r_2$。又因 $i_{12} = r_2'/r_1' = r_2/r_1$，故此时两轮的节圆分别与其分度圆相重合。由于分度圆上的齿厚与齿槽宽相等，因此有 $s_1' = e_1' = s_2' = e_2' = \pi m/2$，故标准齿轮在按标准中心距安装时无齿侧间隙。

（2）啮合角

两齿轮在啮合传动时，其节点 P 的圆周速度方向与啮合线 $N_1 N_2$ 之间所夹的锐角，称为啮合角，通常用 α' 表示。由此定义可知，啮合角等于节圆压力角。当两轮按标准中心距安装时，啮合角也等于分度圆压力角 α [图9.13（a）]。

当两轮的实际中心距 a' 与标准中心距 a 不相同时，如将中心距增大，如图9.13（b）所示，这时两轮的分度圆不再相切，而是相互分离。两轮的节圆半径将大于各自的分度圆半径，其啮合角 α' 也将大于分度圆的压力角 α。因 $r_b = r\cos\alpha = r'\cos\alpha'$，故有 $r_{b_1} + r_{b_2} = (r_1 + r_2)\cos\alpha = \left(r_1' + r_2'\right)\cos\alpha'$，可得齿轮的中心距与啮合角的关系式为

$$
a'\cos\alpha' = a\cos\alpha
\tag{9-17}
$$

此时齿轮侧面有间隙，一般齿轮传动时，这种非标准安装是不允许的。

当一对齿轮按标准中心距安装时，由于节圆等于分度圆，故啮合角 α' 等于分度圆压力角 α。应当注意，分度圆和压力角是单个齿轮的参数和尺寸，而节圆和啮合角是两齿安装进行啮合时才出现的参数。

9.4.3 连续传动条件与重合度

（1）齿轮的啮合传动过程

图9.13（a）所示为一对渐开线齿轮的啮合传动，设齿轮1为主动轮，沿顺时针方向回转，

齿轮 2 为从动轮。正常情况下，当两轮齿开始啮合时，主动轮 1 的根部齿廓与从动轮 2 的齿顶相接触。齿廓接触点必在啮合线上，所以一对轮齿在啮合线上的起点，就是从动轮 2 的齿顶圆与啮合线 N_1N_2 的交点 B_2，随着啮合传动的进行，接触点沿着啮合线 N_1N_2 移动，即主动轮轮齿上的啮合点逐渐向齿顶部分移动，而从动轮轮齿上的啮合点则逐渐向齿根部分移动，当啮合进行到主动轮的齿顶与啮合线 N_2 的交点 B_1 时，两轮齿即将脱离接触，故点 B_1 为轮齿啮合的终点。从一对轮齿的啮合过程分析，啮合点实际走过的轨迹只是啮合线 N_1N_2 的一部分线段 B_1B_2，称 B_1B_2 为实际啮合线段。当两轮齿顶圆加大，点 B_1、B_2 将接近于啮合线与两基圆的切点 N_1、N_2，实际啮合段增长。因基圆以内没有渐开线，因此啮合线 N_1N_2 是理论上可能达到的最长啮合线段，称为理论啮合限度，而 N_1、N_2 点称为啮合极限点。

为了保证传动的连续性，要求前一对齿脱开啮合之前，后一对齿已经进入啮合。否则传动瞬时中断，影响传动的平稳性。为了实现连续传动的目的，实际啮合线段 $\overline{B_1B_2}$ 应大于齿轮的法向齿距 p_n [法向齿距 p_n 等于基圆齿距 p_b，见式（9-9）]。定义 $\overline{B_1B_2}$ 与 p_b 的比值 ε_α 称为齿轮传动的重合度。

考虑到实际工程中齿轮传动的平稳性和安全性，应使 ε_α 值大于或等于许用值 $[\varepsilon_\alpha]$，即

$$\varepsilon_\alpha = B_1B_2 / p_b \geqslant [\varepsilon_\alpha] \tag{9-18}$$

许用 $[\varepsilon_\alpha]$ 的推荐值见表 9.6。

表 9.6 $[\varepsilon_\alpha]$ 的推荐值

使用场合	一般机械制造业	汽车拖拉机	金属切削机床
$[\varepsilon_\alpha]$	1.4	1.1～1.2	1.3

（2）重合度 ε_α 的计算

由重合度的定义，ε_α 的值可通过计算 B_1B_2 和 p_b 的值来确定。

如图 9.13（a）所示，$B_1B_2 = B_1P + PB_2$，而

$$B_1P = B_1N_1 - PN_1 = \frac{mz_1}{2}\cos\alpha\left(\tan\alpha_{a1} - \tan\alpha'\right)$$

$$B_2P = B_2N_2 - PN_2 = \frac{mz_2}{2}\cos\alpha\left(\tan\alpha_{a2} - \tan\alpha'\right)$$

再将 $B_1B_2 = B_1P + PB_2$ 代入式（9-18）可以得到

$$\varepsilon_\alpha = B_1B_2 / p_b = \frac{1}{2\pi}\Big[z_1\left(\tan\alpha_{a1} - \tan\alpha'\right) + z_2\left(\tan\alpha_{a2} - \tan\alpha'\right)\Big] \tag{9-19}$$

式中，α' 为啮合角；z_1、z_2 及 α_{a1}、α_{a2} 分别为齿轮 1、2 的齿数及齿顶圆压力角。

重合度的大小表示同时参与啮合的轮齿对数的平均值。重合度大，意味着同时参与啮合的轮齿对数多，对提高齿轮传动的平稳性和承载能力都有重要意义。

由式（9-19）可见，重合度 ε_α 与模数 m 无关，而随齿数 z 的增多而加大，对于按标准中心距安装的标准齿轮传动，当两轮的齿数趋于无穷大时的极限重合度：$\varepsilon_{\alpha\max} = 4h_a^* / \left[\pi\sin(2\alpha)\right] = 1.981$（即齿轮演化为齿条）。由此，直齿圆柱齿轮在啮合传动中，不可能保证总是有两对齿啮合，因

而限制了直齿圆柱齿轮的啮合传动承载能力。

9.5 渐开线齿轮的加工原理

9.5.1 齿廓切制的方法

近代齿轮加工的方法很多，如铸造、模锻、冲压、冷轧、热轧、粉末冶金和切削加工等，其中最常用的为切削法。切削法又可分为仿形法和展成法两种。

仿形法是采用刀刃形状与被切齿轮的齿槽两侧齿廓形状相同的铣刀，逐个齿槽进行切制，加工出齿廓的方法。主要有铣齿和磨齿两种。

① 铣齿　铣齿加工时，铣刀绕本身轴线旋转，同时轮坯沿齿轮轴线方向移动。铣出一个齿槽后，将轮坯转过 $360°/z$，再铣下一个齿槽，因此仿形加工属于断续切削。常用盘形铣刀［图 9.14（a）］加工小批量齿轮，而用指状铣刀［图 9.14（b）］加工大模数齿轮。但这种方法生产效率低，被切齿轮精度差，因此适合于单件精度要求不高或大模数的齿轮加工。

② 磨齿　仿形砂轮磨齿加工与盘形铣刀铣齿加工基本相同，如图 9.14（c）所示，以成形砂轮代替成形铣刀。砂轮是专用的，需要复杂的砂轮修形机构和补偿算法。其加工精度高、生产率高，适用于较大批量高精度齿轮的生产。

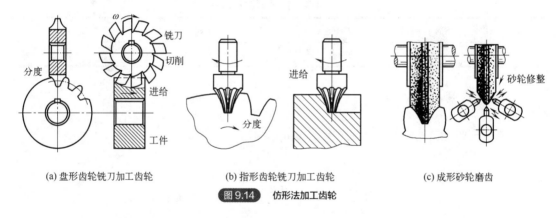

(a) 盘形齿轮铣刀加工齿轮　　　　(b) 指形齿轮铣刀加工齿轮　　　　(c) 成形砂轮磨齿

图 9.14　仿形法加工齿轮

展成法亦称范成法，是利用齿廓啮合基本定律来切制齿廓的。齿轮刀具与轮坯（或齿条刀具与轮坯）齿廓互相包络，刀具做切削运动，在轮坯上加工出与刀具齿廓共轭的齿轮齿廓。常用齿轮插刀、齿条插刀和齿轮滚刀分别在专用的插齿机和滚齿机上加工齿轮。这种方法生产效率高，被切齿轮精度高，适合于大批量和专业生产，是目前工业齿轮加工中最常用的一种方法。

9.5.2 展成法加工齿轮的原理及根切

（1）齿廓切制的基本原理

① 插齿　图 9.15（a）所示为用齿轮插刀加工齿轮的情况。齿轮插刀的外形就像一个具有刀刃的外齿轮，其模数和压力角均与被加工齿轮相同，刀具顶部比正常齿高出 c^*m，以便切出径

向间隙部分。插齿时，齿轮插刀沿轮坯轴线方向做往复切削运动，同时，插刀与轮坯按恒定的传动比 $i = \omega_{刀}/\omega_{坯} = z_{坯}/z_{刀}$ 做展成运动。在切削之初，插刀还需向轮坯中心做径向进给运动，以便切出轮齿的高度。此外，为防止插刀向上退刀时擦伤已切好的齿面，轮坯还需做小距离的让刀运动。这样，刀具的渐开线齿廓就在轮坯上切出与其共轭的渐开线齿廓，如图 9.15（b）所示，直至全部齿槽切削完毕。

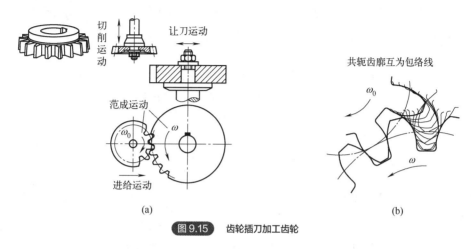

图 9.15　齿轮插刀加工齿轮

　　根据正确啮合条件，被加工齿轮的模数和压力角必定与插齿刀的模数和压力角相同。通过改变插刀与轮坯的传动比，即可加工出模数和压力角相同而齿数不同的齿轮。插齿是内齿轮、多联齿轮的有效加工方法，广泛用于加工直齿轮，也可用于加工斜齿轮及人字齿轮，采取一定措施还可以用于加工齿条。但无论用齿轮插刀还是齿条插刀加工齿轮，其切削都是不连续的，这就影响了生产率的提高。因此，在生产中更广泛地采用齿轮滚刀来加工齿轮（图 9.16）。

　　② 滚齿　图 9.16 所示为用齿轮滚刀在滚齿机上加工齿轮。在用滚刀加工直齿轮时，滚刀的轴线与轮坯端面之间的夹角应等于滚刀的导程角 γ，如图 9.16（b）所示。这样，在切削啮合处滚刀螺纹的切线方向恰与轮坯的齿向相同。而滚刀在轮坯端面上的投影相当于一个齿条，如图 9.16（c）所示。滚刀转动时，一方面产生切削运动，另一方面相当于齿条在移动，从而与轮坯转动一起构成展成运动。此外，为了切制具有一定轴向宽度的齿轮，滚刀还需沿轮坯轴线方向做缓慢的进给运动。因此，滚齿加工的切削过程是连续的，生产率比使用插刀加工高，故这种加工方法应用最为广泛。

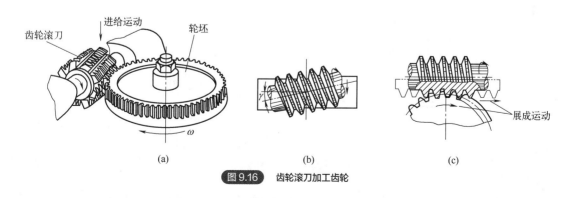

图 9.16　齿轮滚刀加工齿轮

用展成法加工齿轮时，只要刀具的模数、压力角与被切齿轮的模数、压力角分别相等，则无论被加工齿轮的齿数多少，都可用同一把刀具来加工。

（2）用标准齿条型刀具加工标准齿轮

图 9.17（c）为一标准齿条型刀具的齿廓。与标准齿条相比，刀具轮齿的顶部高出 c^*m 一段，用以切制出被加工齿轮的顶隙。这一部分齿廓不是直线，而是半径为 ρ 的圆角刀刃，用于切制被加工齿轮靠近齿根圆的过渡曲线，这段过渡曲线不是渐开线。在正常情况下，齿廓的过渡曲线是不参与啮合的。

用展成法切制标准齿轮的过程如图 9.17（a）所示，其齿条刀具的分度线与被切齿轮的分度圆相切并做纯滚动，如图 9.17(d)所示，这样切出的齿轮，齿顶高为 $h_a=h_a^*m$，齿根高为 $h_f=(h_a^*+c^*)m$，由于切齿的范成运动，可保证刀具分度线的移动速度与轮坯分度圆的圆周速度相等。由于刀具分度线上的齿厚与齿槽宽相等，切出的齿轮在分度圆上的齿厚和齿槽宽相等。刀具的渐开线齿廓就在轮坯上切出与其共轭的渐开线齿廓，如图 9.17（b）所示，直至全部齿槽切削完毕。

（3）根切现象及其原因

采用展成法加工渐开线齿轮时，有时刀具的顶部会过多地切入轮齿根部，从而将齿根部分已经切制好的渐开线齿廓切去一部分，如图 9.18 所示，这种现象称为渐开线齿廓的根切现象。产生根切的齿轮，直接导致轮齿的抗弯强度下降；也使实际啮合线缩短，从而使重合度降低，影响传动的平稳性。因此，在设计齿轮传动时应尽量避免产生根切现象。

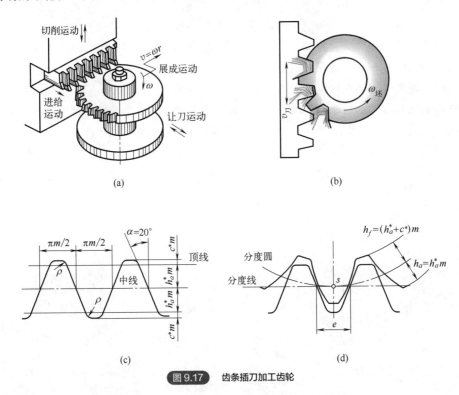

（a）

（b）

（c）

（d）

图 9.17　齿条插刀加工齿轮

在图 9.19 中，其齿条刀具的分度线与被切齿轮的分度圆相切并做纯滚动，B_1B_2 为其实际啮合线，使被切齿轮以角速度逆时针转动，而齿条则按移动速度 $v = \omega r$ 向右移动。当 B_2 点落在 N_1 点的下方见图 9.19（a），即 $PB_2 < PN_1$ 时，刀具刀刃将从图示位置 1 开始切削齿间，刀具在位置 2（啮合线与被切齿轮齿顶圆的交点 B_1 处）开始切削被切齿轮的渐开线齿廓；切制到位置 3（啮合线与刀具齿顶线的交点 B_2），则被加工齿轮基圆以外的齿廓将全部为渐开线；若点 B_2 与点 N_1 重合，即 $PB_2=PN_1$，则被加工齿轮基圆以外的齿廓将全部为渐开线。若刀具齿顶线在极限啮合点 N_1 的上方，即 B_2 在 N_1 的上方，如图 9.19（b）所示，则刀具将会把被加工齿轮的齿根部分已经切制好的渐开线齿廓切去一部分，从而产生根切。可以证明，只要齿条刀具齿顶线超过被加工齿轮的基圆与啮合线的切点 N_1，即只要 $PB_2 > PN_1$ 就会发生根切现象。

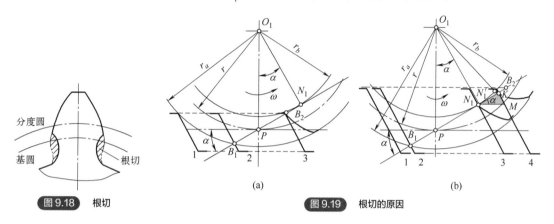

图 9.18　根切

图 9.19　根切的原因

（4）标准齿轮不发生根切的最少齿数

加工标准齿轮时，为了避免产生根切现象，齿条刀具中线与齿轮分度圆相切，啮合极限点 N_1 位于 B_2 之上。齿轮齿数越少，分度圆和基圆越小，N_1 点下移。当 N_1 点与 B_2 点重合时，正好不发生根切，此时的齿数称为标准齿轮不发生根切的最少齿数，用 z_{min} 表示。

不根切的条件：$PN_1 \geqslant PB_2$，其中 $PN_1 = r\sin\alpha = \dfrac{mz}{2}\sin\alpha$，$PB_2 = h_a^* m / \sin\alpha$

代入求得：$z \geqslant 2 h_a^* / \sin^2\alpha$

由此可求得标准齿轮不产生根切的最少齿数为

$$z_{min} = 2h_a^* / \sin^2\alpha \tag{9-20}$$

当 $h_a^* = 1$，$\alpha = 20°$ 时，$z_{min}=17$。这说明用齿条型刀具加工标准齿轮不发生根切的最少齿数为 17。

9.6　渐开线变位齿轮

9.6.1　变位齿轮的概念

标准齿轮传动具有设计简单、互换性好等一系列优点，但也存在一些不足之处。

① 当 $z<z_{min}$ 时，产生根切现象，但实际生产中经常要用到 $z<z_{min}$ 的齿轮。

② 标准齿轮不适用于中心距 $a'\neq a=m(z_1+z_2)/2$ 的场合。因为当 $a'<a$ 时，无法安装；而当 $a'>a$ 时，又会产生过大的齿侧间隙，影响传动的平稳性，且重合度也随之降低。

③ 在一对相互啮合的标准齿轮中，由于小齿轮齿廓渐开线的曲率半径较小，滑动系数大，齿根厚度也较小，参与啮合的次数又较多，故强度较低，这将影响整个齿轮传动的承载能力，另外还影响一对齿轮的整体寿命。

为了改善标准齿轮的上述不足之处，就必须突破标准齿轮的限制，对齿轮进行必要的修正。现在最为广泛采用的是变位修正法。

变位修正法，是指为避免根切，在用齿条型刀具加工齿轮时，不采用标准安装，而是将刀具径向远离或靠近轮坯回转中心，则刀具的中线不再与被加工齿轮的分度圆相切，这样加工出来的齿轮由于 $s\neq e$ 已不再是标准齿轮，因此称为变位齿轮。刀具移动的距离 xm 称为变位量，其中 m 为模数，x 称为变位系数。

根据刀具径向远离或靠近被加工齿轮，将变位分为正变位和负变位。如图 9.20 所示。若将刀具中线由被加工齿轮分度圆相切位置远离轮坯中心移动一段径向距离 xm，此时，$xm>0$，$x>0$，称正变位，加工出来的齿轮称为正变位齿轮。若将刀具中线靠近轮坯中心移动一段径向距离 xm，此时，$xm<0$，$x<0$，则称负变位，加工出来的齿轮称为负变位齿轮。

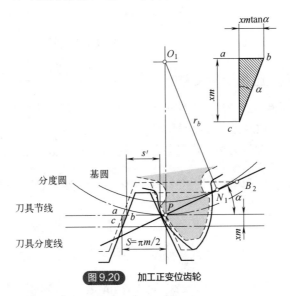

图 9.20 加工正变位齿轮

由标准加工和变位加工出来的齿数相同的齿轮，虽然其齿顶高、齿根高、齿厚和槽宽各不相同，但是其模数、压力角、分度圆、齿距和基圆均相同。它们的齿廓曲线是由相同基圆展出的渐开线，只不过截取的部位不同，如图 9.21 所示。与标准齿轮相比：

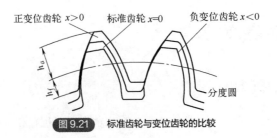

图 9.21 标准齿轮与变位齿轮的比较

① 正变位齿轮的齿根厚度增大，轮齿的抗弯能力增强。但正变位齿轮的齿顶厚度减小，因此，变位量不宜过大，以免造成齿顶变尖。

② 负变位齿轮的齿根厚度减小，轮齿的抗弯能力降低。

9.6.2　避免发生根切的最小变位系数

用标准齿条型刀具加工小于 $z_{\min}$ 齿轮时，为了避免被加工齿轮发生根切现象，由于刀具最小变位量应使刀具齿顶线通过 N_1。由图 9.20 可得

$$xm \geq h_a^* m - r\sin^2\alpha = \left(h_a^* - \frac{z}{2}\sin^2\alpha\right)m$$

结合式（9-20）可得避免被加工齿轮发生根切现象的最小变位系数为

$$x_{\min} = h_a^*\left(z_{\min} - z\right) / z_{\min} \tag{9-21}$$

9.6.3　变位齿轮的几何尺寸

（1）分度圆齿厚与齿槽宽

如图 9.20 所示，标准齿条型刀具加工正变位齿轮的情况，刀具中线远离轮坯中心移动了 xm 的距离，即径向变位量 $xm > 0$。由于与被切齿轮分度圆相切的是刀具节线而不再是分度线，刀具节线上的齿槽宽较分度线上的齿槽宽增大了 $2\overline{ab}$，由于轮坯分度圆与刀具节线做纯滚动，因此，齿厚也增大了 $2\overline{ab}$。由 $\triangle abc$ 可知，$\overline{ab} = xm\tan\alpha$。因此，正变位齿轮的齿厚为

$$s = \pi m / 2 + 2\overline{ab} = \left(\pi / 2 + 2x\tan\alpha\right)m \tag{9-22}$$

又由于齿条型刀具的齿距恒等于 πm，因此正变位齿轮的齿槽宽变为

$$e = \left(\pi / 2 - 2x\tan\alpha\right)m \tag{9-23}$$

对于负变位齿轮，将变位系数用负值代入以上两式，可以算得其分度圆上的齿厚和齿槽宽。

采用变位修正法加工变位齿轮，不仅可以避免根切，而且与标准齿轮相比，齿厚等参数也发生了变化，因而可以用这种方法来提高齿轮的弯曲强度，以提高齿轮的传动质量。

（2）中心距与啮合角

变位齿轮的传动和标准齿轮一样，要求满足无侧隙啮合和顶隙为标准值。要满足无侧隙啮合，应使一个齿轮在节圆上的齿厚等于另一齿轮在节圆上的齿槽宽，即 $s_1' = e_2'$，$s_2' = e_1'$，因此两齿轮节圆上的齿距

$$p' = s_1' + e_1' = s_1' + s_2' \tag{a}$$

根据 $r_b = r'\cos\alpha' = r\cos\alpha$ 可得

$$p'/p = \frac{2\pi r'}{z} \Big/ \frac{2\pi r}{z} = r'/r = \cos\alpha/\cos\alpha' \qquad (\text{b})$$

合并式（a）和式（b）后得

$$p\frac{\cos\alpha}{\cos\alpha'} = s_1' + s_2' \qquad (\text{c})$$

$$s_i' = s_i\frac{r_i'}{r_i} - 2r_i'\left(\mathrm{inv}\alpha' - \mathrm{inv}\alpha\right), \quad i=1, \ 2 \qquad (\text{d})$$

式中，s_i 由式（9-22）求得，而 $r_i = mz_i/2$。

式（d）代入式（c）后，可求得两齿轮无侧隙啮合时其各参数的关系式为

$$\mathrm{inv}\alpha' = 2\tan\alpha\left(x_1 + x_2\right)/\left(z_1 + z_2\right) + \mathrm{inv}\alpha \qquad (9\text{-}24)$$

式（9-24）称为无侧隙啮合方程。式中，z_1、z_2 分别为两轮的齿数；α 为分度圆压力角；α' 为啮合角；$\mathrm{inv}\alpha$、$\mathrm{inv}\alpha'$ 分别为 α、α' 的渐开线函数，其值可由已有的渐开线函数表查取；x_1、x_2 分别为两轮的变位系数。

式（9-24）表明，若两轮变位系数之和（$x_1 + x_2$）不等于零，两轮做无侧隙啮合传动，其啮合角 α' 将不等于分度圆压力角 α；两轮的实际中心距 a' 将不等于其标准中心距 a，设两者之差为 ym，其中 m 为模数，y 称为中心距变动系数，则有

$$\alpha' = \alpha + ym \qquad (9\text{-}25)$$

（3）齿高变动系数和齿顶圆半径

加工变位齿轮时，刀具中线与节线分离，移动了 xm，故变位齿轮的齿根高为

$$h_f = h_a^* m + c^* m - xm = \left(h_a^* + c^* - x\right)m \qquad (9\text{-}26)$$

由于变位齿轮的齿根高发生了变化，若要保持全齿高不变，则齿顶高应为 $h_a = \left(h_a^* + x\right)m$。一对变位齿轮传动时，既要求两轮无齿侧间隙，又要求两轮间具有标准顶隙。为了保证两轮作无齿侧间隙啮合传动，两轮的中心距 a' 应为

$$a' = a + ym$$

为了保证两轮间具有标准顶隙 $c^* m$，两轮的中心距 a'' 应为

$$\begin{aligned}
a'' &= r_{a1} + c + r_{f2}\\
&= r_1 + \left(h_a^* + x_1\right)m + c^* m + r_2 - \left(h_a^* + c^* - x_2\right)m \qquad (9\text{-}27)\\
&= a + \left(x_1 + x_2\right)m
\end{aligned}$$

由以上两式可以看出，如果 $y = x_1 + x_2$，则 $a' = a''$，可以同时满足无侧隙条件和标准顶隙条件。但经证明，只要 $x_1 + x_2 \neq 0$，总是 $x_1 + x_2 > y$，即 $a'' > a'$。工程上为了解决这一矛盾，采用如下办法：两轮按无侧隙中心距 $a' = a + ym$ 安装，而将两轮的齿顶高各减短 Δym，以满足标准顶隙

要求。Δy 称为齿顶高降低系数，其值为

$$\Delta y = \left(x_1 + x_2 \right) - y \tag{9-28}$$

这时，由于齿顶高发生了变化，齿轮的齿顶圆半径为

$$r_a = \frac{mz}{2} + h_a^* m + xm - \Delta ym = \frac{mz}{2} + \left(h_a^* + x - \Delta y \right) m \tag{9-29}$$

9.7 斜齿圆柱齿轮传动

9.7.1 斜齿轮的齿廓曲面的形成与啮合特点

直齿圆柱齿轮，因为其轮齿方向与齿轮轴线平行，因此在齿轮宽度方向上，如图 9.22（a）所示，基圆代表基圆柱，发生线代表切于基圆柱面的发生面 S。当发生面与基圆柱做纯滚动时，它上面的一条与基圆柱母线 NN 相平行的直线 KK 所展成的渐开线曲面，就是直齿圆柱齿轮的齿廓曲面，称为渐开面。图 9.22（b）所示为斜齿圆柱齿轮（简称斜齿轮）的一部分。从机构变异演化来看，斜齿轮轮齿可视为由直齿轮轮齿绕其轴线扭转一个螺旋角而形成的，即斜齿轮轮齿齿面为渐开线螺旋面。斜齿轮的齿廓曲面与其分度圆柱面相交的螺旋线的切线与齿轮轴线之间所夹的锐角（以 β 表示）称为斜齿轮分度圆柱上的螺旋角（简称为斜齿轮的螺旋角），齿轮螺旋线的旋向有左、右之分，故螺旋角 β 有正、负之别。

由于斜齿轮存在螺旋角 β，故当一对斜齿轮啮合传动时，其轮齿在啮合面内的接触线为长度变化的斜直线，即其轮齿是先由一端进入啮合逐渐过渡到轮齿的另一端而最终退出啮合，其齿面上的接触线先是由短变长，再由长变短。因此，斜齿轮的轮齿在交替啮合时所受的载荷是逐渐加上，再逐渐卸掉的，所以传动比较平稳，冲击、振动和噪声较小，故适于高速、重载传动。

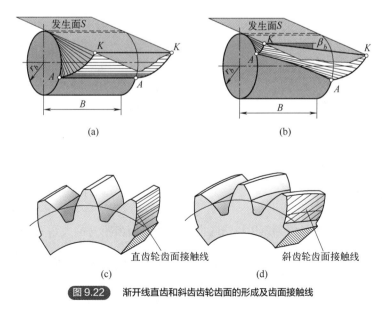

(a)　　　　　　　　　　　　(b)

(c)　　　　　　　　　　　　(d)

图 9.22　渐开线直齿和斜齿齿轮齿面的形成及齿面接触线

9.7.2 斜齿轮的基本参数与几何尺寸计算

由于螺旋角 β 的存在，斜齿轮齿廓为渐开螺旋面，不同方向截面上轮齿的齿形各不相同。因为在切制斜齿轮的轮齿时，刀具进刀的方向一般是垂直于其法面的，故其法面参数（m_n、α_n、h_{an}^*、c_n^* 等）与刀具的参数相同（即与直齿轮相同），所以取为标准值。而斜齿轮大部分几何尺寸计算均采用端面参数，因此就需要建立法向参数和端面参数之间的换算关系。

（1）螺旋角

如图 9.23（a）所示，是斜齿轮沿其分度圆柱面展开图，图中阴影线部分表示轮齿截面，空白部分表示齿槽，b 为轴向宽度，β 为斜齿轮分度圆柱面上的螺旋角（其旋向见图 9.24），P_z 为螺旋线导程。对于同一个斜齿轮，不同圆柱面上螺旋线的导程相同，但是不同圆柱面的直径不同，因此各圆柱面上的螺旋角也不相等。由图 9.23（b）可知：

$$\tan\beta = \pi d / P_z \tag{a}$$

$$\tan\beta_b = \pi d_b / P_z \tag{b}$$

因为 $d_b = d\cos\alpha$ 所以有

$$\tan\beta_b = \tan\beta\cos\alpha_t \tag{9-30}$$

式中，α_t 为斜齿轮的端面压力角。

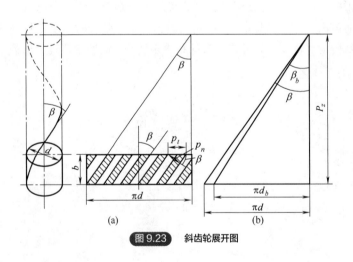

图 9.23 斜齿轮展开图

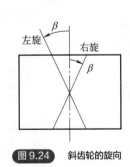

图 9.24 斜齿轮的旋向

（2）模数

在图 9.23（a）中，可以得到斜齿轮法向齿距 p_n 和端面齿距 p_t 的关系为：

$$p_n = p_t\cos\beta, \quad p_n = \pi m_n = p_t\cos\beta = \pi m_t\cos\beta$$

故得

$$m_n = m_t \cos \beta \qquad (9\text{-}31)$$

（3）压力角

如图 9.25 所示，$\triangle a'b'c$ 在法面上，$\triangle abc$ 在端面上。由图可见

$$\tan \alpha_n = \tan \angle a'b'c' = a'c \, / \, a'b', \quad \tan \alpha_t = \tan \angle abc = ac \, / \, ab$$

由于 $ab = a'b'$，$a'c = ac \cos \beta$，故得

$$\tan \alpha_n = \tan \alpha_t \cos \beta \qquad (9\text{-}32)$$

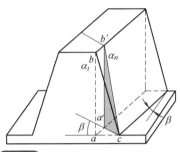

图 9.25　法面压力角与端面压力角的关系

由于斜齿轮法面与端面的齿顶高、顶隙以及变位修正移距分别相等，故可得斜齿轮的法面齿顶高系数 h_{an}^{*} 与端面齿顶高系数 h_{at}^{*}、法面顶隙系数 c_n^* 与端面顶隙系数 c_t^* 以及法面变位系数 x_n 与端面变位系数 x_t 有如下关系：

$$h_{at}^{*} = h_{an}^{*} \cos \beta, \quad c_t^{*} = c_n^{*} \cos \beta, \quad x_t = x_n \cos \beta \qquad (9\text{-}33)$$

斜齿轮的几何尺寸计算按其端面参数参照直齿轮来进行计算，其计算公式列于表 9.7。

表 9.7　斜齿轮的几何尺寸计算公式

名称	符号	计算公式
螺旋角	β	（一般取 8°～20°）
基圆柱螺旋角	β_b	$\tan \beta_b = \tan \beta \cos \alpha_t$
分度圆直径	d	$d = z m_t = z m_n / \cos \beta$
基圆直径	d_b	$d_b = d \cos \alpha_t$
最少齿数	$z_{\min}$	$z_{\min} = z_{v\min} \cos^3 \beta$
端面变位系数	x_t	$x_t = x_n \cos \beta$
齿顶高	h_a	$h_a = m_n (h_{an}^* + x_n)$
齿根高	h_f	$h_f = m_n (h_{an}^* + c_n^* - x_n)$
齿顶圆直径	d_a	$d_a = d + 2 h_a$
齿根圆直径	d_f	$d_f = d - 2 h_f$
法面齿厚	s_n	$s_n = (\pi/2 + 2 x_n \tan \alpha_n) m_n$
端面齿厚	s_t	$s_t = (\pi/2 + 2 x_t \tan \alpha_t) m_t$
当量齿数	z_v	$z_v = z / \cos^3 \beta$

注：1. m_t 应计算到小数点后四位，其余长度尺寸应计算到小数点后三位；

2. 螺旋角 β 的计算应精确到 ××°　××′××″。

9.7.3　一对斜齿轮的啮合传动

（1）正确啮合的条件

由于平行轴斜齿圆柱齿轮机构在端面内的啮合相当于一对直齿轮啮合，所以需满足端面模数和端面压力角分别相等的条件。另外，为了使一对斜齿轮能够传递两平行轴之间的运动，它们的螺旋角还必须满足如下条件：

外啮合：$\beta_1=-\beta_2$，内啮合：$\beta_1=\beta_2$

（2）中心距

斜齿轮传动的标准中心距为

$$a=\left(d_1+d_2\right)/2=m_n\left(z_1+z_2\right)/\left(2\cos\beta\right) \tag{9-34}$$

由式（9-34）可知，可以用改变螺旋角 β 的方法来调整其中心距的大小，故斜齿轮传动的中心距常做圆整，以利加工。

（3）重合度

斜齿轮啮合时两个齿廓曲面的接触线是与齿轮轴线成倾角的直线 KK（如图 9.26 所示）。以端面参数相同的直齿轮和斜齿轮为例进行比较。图 9.27（a）为直齿轮传动的啮合面，图 9.27（b）为平行轴斜齿轮传动的啮合面。直线 B_2B_2 表示一对轮齿开始进入啮合的位置，直线 B_1B_1 表示一对轮齿开始脱离啮合的位置。L 为其啮合区长度，故直齿轮传动的重合度为：

$$\varepsilon_\alpha=L/P_{bt}$$

式中，P_{bt} 为端面上的法向齿距。

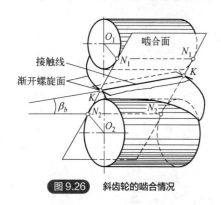

图 9.26　斜齿轮的啮合情况

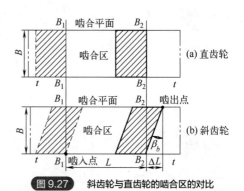

图 9.27　斜齿轮与直齿轮的啮合区的对比

图 9.27（b）所示为端面参数与直齿轮一致的斜齿轮的啮合情况，由于其轮齿是倾斜的，故其啮合区长度为 $L+\Delta L$，其总的重合度为：

$$\varepsilon_\gamma=\left(L+\Delta L\right)/p_{bt}=\varepsilon_\alpha+\varepsilon_\beta \tag{9-35}$$

式中，$\varepsilon_\alpha=L/p_{bt}$ 为斜齿轮传动的端面重合度。类似于直齿轮传动，可得其计算公式为：

$$\varepsilon_\alpha=\left[z_1\left(\tan\alpha_{at1}-\tan\alpha_t'\right)+z_2\left(\tan\alpha_{at2}-\tan\alpha_t'\right)\right]/\left(2\pi\right) \tag{9-36}$$

$\varepsilon_\beta = \Delta L/p_{bt}$ 为轴面重合度（纵向重合度），其计算公式为：

$$\varepsilon_\beta = B\sin\beta / (\pi m_n) \qquad (9\text{-}37)$$

9.7.4　斜齿轮的当量齿轮与当量齿数

用展成法切制斜齿轮和计算齿轮强度时，需要知道它的法向齿形。为了方便分析计算，需要找到一个与斜齿轮法向齿形相当的直齿轮的渐开线齿形近似替代，下面介绍斜齿轮法面齿形的近似计算。

如图 9.28 所示,过实际齿数为 z 的斜齿轮的分度圆柱面上的一点 C,作螺旋线的法向截面，该截面与分度圆柱面的交线为一个椭圆。现以椭圆上 C 点的曲率半径 ρ 为半径作一圆，作为一假想直齿轮的分度圆。以该斜齿轮的法面模数为模数、法面压力角为压力角，作一直齿轮，其齿形就是斜齿轮的法面近似齿形，称此直齿轮为斜齿轮的当量齿轮，而其齿数即为当量齿数（以 z_v 表示）。

由图 9.28 可知，椭圆的长半轴 $a = d/(2\cos\beta)$，短半轴 $b = d/2$ 而
$$\rho = a^2/b = d/(2\cos^2\beta)$$

故得

$$z_v = 2\rho / m_n = d / (m_n \cos^2\beta) = z m_t (m_n \cos^2\beta) = z / \cos^3\beta \qquad (9\text{-}38)$$

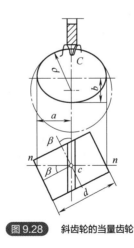

图 9.28　斜齿轮的当量齿轮

渐开线标准斜齿圆柱齿轮不发生根切的最少齿数可由式（9-38）求得

$$z_{min} = z_{vmin}\cos^3\beta \qquad (9\text{-}39)$$

式中，z_{vmin} 为当量直齿标准齿轮不发生根切的最少齿数。

9.7.5　斜齿轮传动的主要优缺点

与直齿轮传动比较，斜齿轮传动具有下列主要的优点：

① 啮合性能好，斜齿轮的齿廓接触线为斜直线，进入和退出啮合都是逐渐变化的，因此传动平稳、噪声小，适用于高速传动。

② 重合度大，降低了每对轮齿的载荷，提高了齿轮的承载能力，适合高速重载传动。

③ 不产生根切的最少齿数少，可获得更为紧凑的齿轮机构。

斜齿轮传动的主要缺点是：如图 9.29（a）所示，由于存在螺旋角 β，在运转时会产生轴向推力 F_a，当圆周力 F_t 一定时，轴向推力 F_a 随螺旋角 β 的增大而增大。为控制过大的轴向推力，一般斜齿轮取 $\beta = 8° \sim 20°$。为消除轴向分力，可采用人字齿轮，如图 9.29（b）所示，其螺旋角 β 可取为 $25° \sim 40°$。但人字齿轮的制造比较复杂且成本较高，在高铁、货轮等高速重载传动中有所应用。

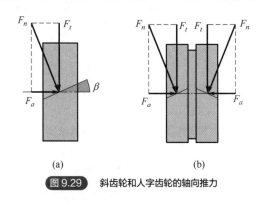

(a)　　　　　　　　(b)

图 9.29　斜齿轮和人字齿轮的轴向推力

外啮合平行轴斜齿轮机构的几何尺寸计算公式列于表 9.7。

9.8　直齿锥齿轮传动

9.8.1　锥齿轮传动概述

锥齿轮传动用来传递两相交轴之间的运动和动力，如图 9.30 所示，在一般机械中，锥齿轮两轴之间的交角多采用 $\Sigma = 90°$（但也可以不等于 90°）。锥齿轮的轮齿分布在一个圆锥面上，因此，类似圆柱齿轮的名称，在锥齿轮上变为齿顶圆锥、分度圆锥和齿根圆锥等。锥齿轮的轮齿有直齿和曲线齿（圆弧齿、摆线齿）等多种类型。直齿锥齿轮的设计、制造和安装均较简单，故在一般机械传动中得到了广泛的应用，本节只讨论直齿锥齿轮机构。

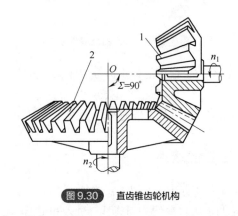

图 9.30　直齿锥齿轮机构

锥齿轮是一个锥体，从而有大端和小端之分。为了计算和测量的方便，通常取锥齿轮大端的参数为标准值，即大端的模数按表 9.8 选取，其压力角一般为 20°，齿顶高系数 $h_a^* = 1.0$，顶隙系数 $c^*=0.2$。

表 9.8 锥齿轮标准模数系列（摘自 GB/T 12368—1990）　　　mm

···1	1.125	1.25	1.375	1.5	1.75	2	2.25	2.5	2.75	3	3.25	3.5	3.75	4	4.5	5	5.5	6	6.5	7	8	9	10···

9.8.2　圆锥齿轮齿廓的形成

圆锥齿轮齿廓曲面的形成与圆柱齿轮相似。如图 9.31 所示，直齿圆锥齿轮齿廓曲面为球面渐开线，即轮齿由一系列以锥顶 O 为球心、不同半径的球面渐开线组成。由于球面曲线不能展开成平面曲线，这就给圆锥齿轮的设计和制造带来很多困难。为了在工程上应用方便，人们采用一种近似的方法来处理这一问题。

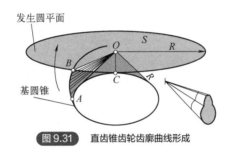

图 9.31　直齿锥齿轮齿廓曲线形成

9.8.3　直齿锥齿轮的背锥及当量齿轮

图 9.32 所示为一标准直齿圆锥齿轮的轴向剖面图。OAB 为其分度圆锥，$\overparen{bB}$ 和 $\overparen{aB}$ 为轮齿在球面上的齿顶高和齿根高。过点 B 作直线 $BO_1 \perp BO$，与圆锥齿轮轴线相交于点 O_1。设想以 OO_1 为轴线、O_1B 为母线作一圆锥 O_1AB，该圆锥称为直齿圆锥齿轮的背锥。显然，背锥与球面切于圆锥齿轮大端的分度圆上。

延长 Ob 和 Oa，分别与背锥母线相交于点 b' 和 a'。从图中可以看出，在点 A 和点 B 附近，背锥面与球面非常接近，且锥距 R 与大端模数 m 的比值越大，二者就越接近，球面渐开线 $\overparen{ab}$ 与它在背锥上的投影 $\overparen{a'b'}$ 间的差别就越小。因此，可以用背锥上的齿形近似地代替直齿圆锥齿轮大端球面上的齿形。由于背锥可以展成平面，这就给直齿圆锥齿轮的设计和制造带来了方便。

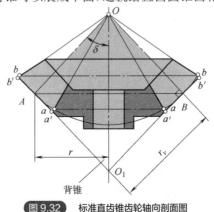

图 9.32　标准直齿锥齿轮轴向剖面图

图 9.33 为一对圆锥齿轮的轴向剖面图，OAC 和 OBC 为其分度圆锥，O_1AC 和 O_2BC 为其背锥。将两背锥展成平面后即得到两个扇形齿轮，该扇形齿轮的模数、压力角、齿顶高和齿根高分别等于圆锥齿轮大端的模数、压力角、齿顶高和齿根高，其齿数就是圆锥齿轮的实际齿数 z_1 和 z_2，其分度圆半径 r_{v1} 和 r_{v2} 就是背锥的锥距 O_1A 和 O_2B。如果将这两个齿数分别为 z_1 和 z_2 的扇形齿轮补足成完整的直齿圆柱齿轮，则它们的齿数将增加为 z_{v1} 和 z_{v2}。把这两个虚拟的直齿圆柱齿轮称为这一对圆锥齿轮的当量齿轮，其齿数 z_{v1} 和 z_{v2} 称为圆锥齿轮的当量齿数。

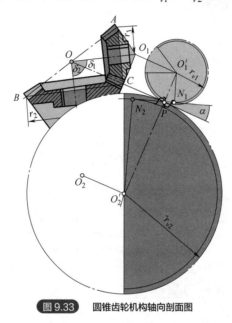

图 9.33　圆锥齿轮机构轴向剖面图

当量齿轮的齿形和锥齿轮在背锥上的齿形（即大端齿形）是一致的，故当量齿轮的模数和压力角与锥齿轮大端的模数和压力角是一致的。至于当量齿数，则可如下求得：

轮 1 的当量齿轮的分度圆半径为

$$r_{v1} = \overline{O_1P} = r_1 / \cos \delta_1 = z_1 m / (2\cos \delta_1)$$

又知

$$r_{v1} = z_{v1}m / 2$$

故得

$$z_{v1} = z_1 / \cos \delta_1$$

对于任一锥齿轮有

$$z_v = z / \cos \delta \qquad (9\text{-}40)$$

因 $\cos\delta$ 总小于 1，故 z_v 总大于 z，而且一般不是整数，也无需圆整为整数。引入当量齿轮的概念后，就可以将直齿圆柱齿轮的某些原理近似地应用到圆锥齿轮上。例如根据一对圆柱齿轮的正确啮合条件可知，一对锥齿轮的正确啮合条件应为两轮大端的模数和压力角分别相等；一对锥齿轮传动的重合度可以近似地按其当量齿轮传动的重合度来计算；为了避免轮齿的根切，锥齿轮不产生根切的最少齿数为 $z_{min}=z_{vmin}\cos\delta$。

9.8.4 直齿锥齿轮啮合传动及几何尺寸计算

（1）正确啮合条件

一对直齿圆锥齿轮的正确啮合条件为：两个当量齿轮的模数和压力角分别相等，即两个圆锥齿轮大端的模数和压力角应分别相等。此外，还应保证两轮的锥距相等、锥顶重合。

（2）连续传动条件

为保证一对直齿圆锥齿轮能够实现连续传动，其重合度也必须大于（至少等于）1。其重合度可按其当量齿轮进行计算。

（3）传动比

一对直齿圆锥齿轮传动的传动比为

$$i_{12} = \omega_1 / \omega_2 = z_2 / z_1 = d_2 / d_1 = \sin\delta_2 / \sin\delta_1 \qquad (9\text{-}41)$$

当两锥齿轮之间的轴交角 Σ=90°时，则因 $\delta_1+\delta_2$=90°，式（9-41）变为

$$i_{12} = \omega_1 / \omega_2 = z_2 / z_1 = d_2 / d_1 = \cot\delta_1 = \tan\delta_2 \qquad (9\text{-}42)$$

在设计锥齿轮传动时，可根据给定的传动比 i_{12}，按式（9-42）确定两轮分锥角的值。

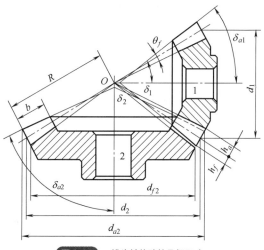

图 9.34　锥齿轮传动的几何尺寸

锥齿轮齿顶圆锥角和齿根圆锥角的大小，则与两圆锥齿轮啮合传动时对其顶隙的要求有关。根据国家标准（GB/T 12369—1990，GB/T 12370—1990）规定，现多采用等顶隙锥齿轮传动，如图 9.34 所示，两轮的顶隙从齿轮大端到小端是相等的，两轮的分度圆锥及齿根圆锥的锥顶重合于一点。但两轮的齿顶圆锥，因其母线各自平行于与之啮合传动的另一锥齿轮的齿根圆锥的母线，故其锥顶就不再与分度圆锥锥顶相重合了。这种圆锥齿轮相当于降低了轮齿小端的齿顶

高，从而减小了齿顶过尖的可能性；而且齿根圆角半径较大，有利于提高轮齿的承载能力、加工刀具寿命和储油润滑。

标准直齿锥齿轮传动的主要几何尺寸计算公式列于表 9.9。

表 9.9　标准直齿锥齿轮传动的主要几何尺寸计算公式（$\Sigma=90°$）

名称	代号	计算公式	
		小齿轮	大齿轮
分锥角	δ	$\delta_1 = \arctan(z_1/z_2)$	$\delta_2 = 90° - \delta_1$
齿顶高	h_a	$h_a = h_a^* m = m$	
齿根高	h_f	$h_f = (h_a^* + c^*)m = 1.2m$	
分度圆直径	d	$d_1 = mz_1$	$d_2 = mz_2$
齿顶圆直径	d_a	$d_{a1} = d_1 + 2h_a\cos\delta_1$	$d_{a2} = d_2 + 2h_a\cos\delta_2$
齿根圆直径	d_f	$d_{f1} = d_1 - 2h_f\cos\delta_1$	$d_{f2} = d_2 - 2h_f\cos\delta_2$
锥距	R	$R = m\sqrt{z_1^2 + z_2^2}/2$	
齿根角	θ_f	$\tan\theta_f = h_f/R$	
顶锥角	δ_a	$\delta_{a1} = \delta_1 + \theta_f$	$\delta_{a2} = \delta_2 + \theta_f$
根锥角	δ_f	$\delta_{f1} = \delta_1 - \theta_f$	$\delta_{f2} = \delta_2 - \theta_f$
顶隙	c	$c = c^*m$（一般取$c^* = 0.2$）	
分度圆齿厚	s	$s = \pi m/2$	
当量齿数	z_v	$z_{v1} = z_1/\cos\delta_1$	$z_{v2} = z_2/\cos\delta_2$
齿宽	B	$B \leqslant R/3$（取整）	

注：1.当 $m \leqslant 1mm$ 时，c^*=0.25，h_f=1.25m。

2.各角度计算应准确到$\times\times°\times\times'$。

9.9　蜗轮蜗杆传动

9.9.1　蜗轮蜗杆传动及其特点

蜗杆蜗轮传动是用来传递空间两交错轴间的运动和动力的，又称为蜗杆传动，它由蜗杆和蜗轮组成。一般其轴交错角等于 90°。如图 9.35 所示，在分度圆柱上具有完整螺旋齿的构件 1 称为蜗杆。与蜗杆相啮合的构件 2 称为蜗轮。通常，以蜗杆为主动件做减速运动。当其反行程不自锁时，也可以蜗轮为主动件做增速运动。

蜗杆与螺旋相似，有右旋和左旋之分，一般都用右旋蜗杆。蜗杆上只有一条螺旋线，即端面上只有一个齿的蜗杆称为单头蜗杆；有两条或多条螺旋线者，称为双头或多头蜗杆。蜗杆螺纹的头数即是蜗杆齿数，用 z_1 表示。一般可取 $z_1 = 1\sim10$，推荐取 1、2、4、6。当要求传动比大或反行程具有自锁性时，常取 z_1=1，即单头蜗杆；当要求具有较高传动效率时，则 z_1 应取大值。蜗轮的齿数 z_2 可根据传动比计算而得。对于动力传动，一般推荐 $z_2 = 29\sim70$。

图 9.35　蜗轮蜗杆传动

蜗轮蜗杆传动的主要特点是：

① 蜗杆的轮齿是连续不断的螺旋齿，所以传动特别平稳，啮合冲击及噪声都小。在现代一些减速比不需很大的超静传动中，常采用蜗轮蜗杆传动。

② 传动比大，结构紧凑。由于蜗杆的齿数（头数）少，单级传动可获得较大的传动比（可达 1000）。在作减速动力传动时，传动比的范围为 $5 \leqslant i_{12} \leqslant 70$。增速时，传动比 $i_{21} = 1/5 \sim 1/15$。

③ 反行程具有自锁性。当蜗杆导程角小于啮合轮齿间的当量摩擦角时，机构反行程具有自锁性，只能由蜗杆带动蜗轮，而不能由蜗轮带动蜗杆。

④ 传动效率较低，磨损较严重。由于啮合轮齿间相对滑动速度大，故摩擦损耗大，因而传动效率较低，易出现发热和温升过高现象，且磨损较严重。为保证有一定使用寿命，蜗轮常需采用价格较高的减磨材料，因而成本高。

⑤ 蜗杆轴向力较大，致使轴承摩擦损失较大。

根据蜗杆的外形不同，可有圆柱蜗杆传动［图 9.36（a）］、环面（圆弧面）蜗杆传动［图 9.36（b）］和锥蜗杆传动［图 9.36（c）］三种类型。圆柱蜗杆的齿顶位于圆柱面上，而环面蜗杆的齿顶位于圆弧回转面上。环面蜗杆传动比圆柱蜗杆传动的承载能力大而且效率高，但其制造和安装精度要求高，成本也高。其中以阿基米德螺旋面为蜗杆齿面的圆柱蜗杆传动，即阿基米德蜗轮蜗杆传动是最基本的，下面仅就这种蜗轮蜗杆传动做简略介绍。

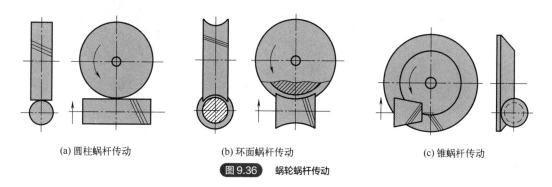

(a) 圆柱蜗杆传动　　　　　(b) 环面蜗杆传动　　　　　(c) 锥蜗杆传动

图 9.36　蜗轮蜗杆传动

9.9.2　蜗轮蜗杆正确啮合的条件

图 9.37 所示为蜗轮与阿基米德蜗杆啮合的情况。过蜗杆的轴线作一平面垂直于蜗轮的轴线，该平面对于蜗杆是轴面，对于蜗轮是端面，这个平面称为蜗轮蜗杆传动的中间平面。在此平面内蜗杆的齿廓相当于齿条，蜗轮的齿廓相当于一个齿轮，即在中间平面上两者相当于齿条与齿

轮啮合，如图 9.37 所示。在中间平面上，蜗杆与蜗轮的模数和压力角分别相等，即

$$m_{x_1} = m_{t2} = m, \alpha_{x_1} = \alpha_{t2} = \alpha$$

其中，蜗杆轴面参数取标准值，m_{x_1}、α_{x_1} 分别为蜗杆的轴面模数和压力角；蜗轮的标准参数为端面参数，m_{t2}、α_{t2} 分别为蜗轮的端面模数和压力角。

当蜗杆与蜗轮的轴线交错角 $\Sigma=90°$时，还需保证蜗杆的导程角等于蜗轮的螺旋角，即 $\gamma_1=\beta_2$，且两者螺旋线的旋向相同。

9.9.3　蜗轮蜗杆传动的主要参数及几何尺寸

（1）模数

蜗杆模数系列与齿轮模数系列有所不同。蜗杆模数系列见表 9.10。

表 9.10　蜗杆模数 m 值　　　　　　　mm

第一系列	1，1.25，1.6，2，2.5，3.15，4，5，6.3，8，10，12.5，16，20，25，31.5，40
第二系列	1.5，3，3.5，4.5，5.5，6，7，12，14

注：摘自 GB/T 10088—2018，优先采用第一系列。

（2）压力角

国家标准 GB/T 10087—2018 规定，阿基米德蜗杆的压力角 $\alpha=20°$。在动力传动中，允许增大压力角，推荐用 25°；在分度传动中，允许减小压力角，推荐用 15°或 12°。

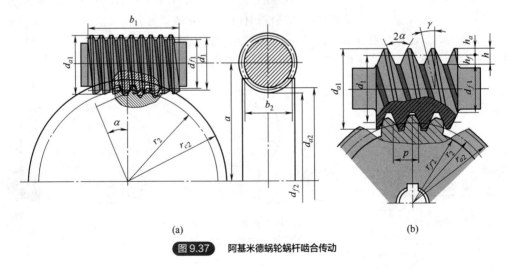

(a)　　　　　　　　　　　　　　(b)

图 9.37　阿基米德蜗轮蜗杆啮合传动

（3）蜗杆的分度圆直径

在用蜗轮滚刀切制蜗轮时，滚刀的分度圆直径必须与工作蜗杆的分度圆直径相同，为了限制蜗轮滚刀的数目，国家标准中规定将蜗杆的分度圆直径标准化，且与其模数相匹配。d_1 与 m 匹配的标准系列见表 9.11。

（4）导程角

蜗杆的形成原理与螺旋相同，z_1 为蜗杆的齿数，以 p_x 表示其轴向齿距，则其螺旋线导程 $P_z = z_1 p_x = z_1 \pi m$，其导程角 γ 可由下式求出：

$$\tan\gamma = \frac{P_z}{\pi d_1} = \frac{z_1 \pi m}{\pi d_1} = \frac{z_1 m}{d_1} \tag{9-43}$$

式中，d_1 为蜗杆的分度圆直径。

表 9.11　蜗杆分度圆直径与其模数的匹配标准系列　　　　　　　　　mm

m	d_1	m	d_1	m	d_1	m	d_1
1	18		(22.4)		40	6.3	(80)
1.25	20	2.5	28	4	(50)		112
	22.4		(35.5)		71		(63)
1.6	20		45		(40)	8	80
	28		(28)	5	50		(100)
2	(18)	3.15	35.5		(63)		140
	22.4		(45)		90		(71)
	(28)		56	6.3	(50)	10	90
	35.5	4	(31.5)		63		⋮

注：摘自 GB/T 10085—2018，括号中的数字尽可能不采用。

9.10　齿轮机构设计应用实例

9.10.1　齿轮传动的类型及其选择

（1）齿轮传动的类型

按照一对齿轮变位系数之和（x_1+x_2）的不同，齿轮传动可分为三种基本类型。

1）$x_1+x_2=0$，且 $x_1=x_2=0$。此类为标准齿轮传动。

2）$x_1+x_2=0$，且 $x_1=-x_2\neq0$。此类称为等变位齿轮传动。由于 $x_1+x_2=0$，根据式（9-25）可知 $\alpha'=\alpha$，$a'=a$，即其啮合角等于分度圆压力角，中心距等于标准中心距，节圆与分度圆重合，$y=0$，$\Delta y=0$。即全齿高没有变化，但每个齿轮的齿顶高和齿根高均发生了改变。

对于等变位齿轮传动，为有利于强度的提高，小齿轮应采用正变位，大齿轮采用负变位，使大、小齿轮的强度趋于接近，从而使齿轮的承载能力提高。

3）$x_1+x_2\neq0$。此类齿轮传动称为不等变位齿轮传动（又称为角度变位齿轮传动）。$x_1+x_2>0$ 时称为正传动；$x_1+x_2<0$ 时称为负传动。

① 正传动。由于此时 $x_1+x_2>0$，根据式（9-24）、式（9-17）、式（9-25）及式（9-28）可知：$\alpha'>\alpha$，$a'>a$，$y>0$，$\Delta y>0$。即在正传动中，其啮合角 α' 大于分度圆压力角 α，中心距 a' 大于标准中心距 a，两轮的分度圆分离，齿顶高需缩减。

正传动的优点是可以减小齿轮机构的尺寸，能使齿轮机构的承载能力有较大提高。正传动的缺点是重合度减小较多。

② 负传动。由于 $x_1+x_2<0$，故其 $\alpha'<\alpha$，$a'<a$，$y<0$，$\Delta y>0$。负传动重合度略有增加，但轮齿的强度有所下降，所以负传动只用于配凑中心距这种特殊需要的场合中。

以上三种传动中，正传动的优点较多，传动质量较高，所以一般情况下应多采用正传动；负传动的缺点较多，除了用于配凑中心距，一般情况下尽量不用；在传动中心距等于标准中心距时，为了提高传动质量，可以用等变位齿轮传动代替标准齿轮传动。

（2）变位系数的选择

在齿轮机构的运动设计中，变位系数的选择十分重要，它直接影响齿轮传动的性能。只有恰当地选择变位系数，才能充分发挥变位齿轮传动的优点。变位系数的选择是一个很复杂的问题，受到一系列的限制，在外啮合齿轮传动中，必须满足的基本限制条件有：

① 根切的限制。变位系数应大于或至少等于不发生根切的最小变位系数。

② 重合度的限制。除去负传动，其他变位齿轮传动都会使重合度下降，重合度大于或等于许用重合度。

③ 齿顶厚度的限制。正变位时会导致齿顶变尖，一般要求齿顶厚 $s_a \geqslant (0.2\sim0.4)m$。

④ 过渡曲线干涉的限制。在渐开线齿廓和齿根圆之间是一段过渡曲线，过渡曲线不应参与啮合。但如果变位系数选择不当，可能出现过渡曲线进入啮合的情况，称为过渡曲线干涉，这是不允许的。

满足上述基本限制条件的变位系数有很多，在给出的变位系数许用范围内，变位系数的选择应充分发挥变位齿轮传动的优越性。

国际上曾经提出过很多选择变位系数的方法，但目前比较科学、完整、方便和实用的方法是封闭图方法。这种方法是针对不同齿数组合的一对齿轮，分别作出相应的封闭图，根据设计所提出的具体要求，参照封闭图中各条啮合特性曲线，就可以选择出符合设计要求的变位系数。关于变位系数选择的详细讨论，可参阅相关专著，此处不再赘述。

9.10.2　变位齿轮传动的设计步骤

从机械原理角度来看，遇到的变位齿轮传动设计问题，可以分为如下两类。

（1）已知中心距的设计

已知条件是 z_1、z_2、m、a' 和 α，其设计步骤如下：

① 确定啮合角　$\alpha' = \arccos(a\cos\alpha / a')$；

② 确定变位系数之和　$x_1 + x_2 = (\mathrm{inv}\alpha' - \mathrm{inv}\alpha)(z_1 + z_2)/(2\tan\alpha)$；

③ 确定中心距变动系数　$y = (a' - a)/m$；

④ 确定齿顶高变动系数　$\Delta y = (x_1 + x_2) - y$；

⑤ 分配变位系数 x_1、x_2，齿轮传动几何尺寸公式计算两轮的几何尺寸。

（2）已知变位系数的设计

已知条件是 z_1、z_2、m、α、x_1 和 x_2，其设计步骤如下：

① 确定啮合角　$\mathrm{inv}\,\alpha' = 2\tan\alpha\left(x_1 + x_2\right)/\left(z_1 + z_2\right) + \mathrm{inv}\,\alpha$；

② 确定中心距　$a' = a\cos\alpha/\cos\alpha'$；

③ 确定中心距变动系数　$y = \left(a' - a\right)/m$；

④ 确定齿顶高变动系数　$\Delta y = \left(x_1 + x_2\right) - y$；

⑤ 按齿轮传动几何尺寸公式计算两轮的几何尺寸。

9.10.3　齿轮机构设计应用实例

例 9-1　已知一对齿轮的参数为 m=10 mm，α=20°，h_a^*=1，c^*=0.25，a'=310mm，i_{12}=2。试确定其传动类型。

解： 假设为标准齿轮传动，则

$$m(z_1+z_2)/2=10(z_1+z_2)/2=a'=310 \text{ mm}$$

$$i_{12}=z_2/z_1=2$$

联立解得 z_1=20.7，z_2=41.4。为保证 i_{12}=2，取 z_1=21，z_2=42 或 z_1=20，z_2=40 两个方案。

方案一：a=［10×(21+42)/2］mm=315mm＞a'=310 mm，要采用负传动。

方案二：a=［10×(20+40)/2］mm=300mm＜a'=310 mm，要采用正传动。

方案二较优，所以采用 z_1=20，z_2=40，因此得

$$\alpha' = \arccos\left(300\cos 20° / 310\right) = 24.58°$$

$$x_1 + x_2 = (20+40)\times\left(\mathrm{inv}24.58° - \mathrm{inv}20°\right)/\left(2\tan 20°\right) = 1.113$$

由相关文献查封闭图曲线，取 x_1=0.55，x_2=0.563，该变位系数不产生齿廓根切，不产生过渡曲线干涉，齿顶厚足够，重合度足够。

例 9-2　某机床中有一对外啮合渐开线直齿圆柱齿轮传动，已知齿数 z_1=17，z_2=118，模数 m=5mm，压力角 α=20°，齿顶高系数 h_a^*=1，现已发现小齿轮轮齿折断，拟将其报废。大齿轮磨损较轻（测量知，沿齿厚方向的磨损量为 0.75mm)，拟修复使用，并要求新设计小齿轮的齿顶厚尽可能大些，应如何设计这对齿轮？

解： 修复旧齿轮时中心距不能改变，故采用等移距变位齿轮传动

标准中心距　a=r_1+r_2=1/2$m(z_1+z_2)$=337.5mm

此时修复大齿轮，为等移距变位齿轮传动，即对大齿轮采用负变位，使其齿厚 s 变小，小齿轮采用正变位，保证齿厚尽可能大，Σx=x_1+x_2=0，中心距不变。

齿轮变位后分度齿厚会改变，齿厚不再等于齿槽宽，变位齿轮分度圆齿厚公式为

$$s_2^{'} = s_2 + 2x_2 m\tan\alpha$$

由已知大齿轮磨损量为 0.75mm，可得

$$2x_2 m\tan\alpha ＞0.75$$

解得 $|x_2|>0.2061$

取 $x_1=-x_2=0.21$ 进行齿轮设计。

例 9-3 某产品需配置一对外啮合渐开线直齿圆柱齿轮传动，已知 $m=4$mm，压力角 $\alpha=20°$，传动比 $i_{12}=2$，齿数和 $z_1+z_2=36$，实际安装中心距 $a'=75$mm。

（1）采用何种类型传动方案最佳？其齿数 z_1、z_2 各为多少？

（2）求该对齿轮传动的变位系数之和 x_1+x_2，并定性说明确定变位系数 x_1、x_2 应考虑哪些因素。

附注：$\mathrm{inv}\,\alpha' = \dfrac{2(x_1+x_2)}{z_1+z_2}\tan\alpha + \mathrm{inv}\,\alpha$

$\mathrm{inv}\,\alpha' = \tan\alpha' - \alpha'$，$\mathrm{inv}20° = 0.014904$

解：（1）按标准齿轮计算中心距。

$$a=(z_1+z_2)m/2 = 4\times36/2\,\mathrm{mm} = 72\,\mathrm{mm}$$

为满足实际中心距是 $a'=75$mm，采用正传动为最佳方案。

由 $z_1+z_2=36$ 与 $i_{12}=z_2/z_1=2$ 联立可得 $z_1=12$，$z_2=24$。

（2）因为 $\alpha' = \arccos(a\cos\alpha/a') = 25.56°$

于是可得 $\mathrm{inv}\,\alpha' = \tan\alpha' - \alpha' = 0.033671$

故

$$x_1+x_2 = (\mathrm{inv}\,\alpha' - \mathrm{inv}\,\alpha)(z_1+z_2)/2\tan\alpha = 0.9281$$

确定 x_1、x_2 时应考虑：不产生根切，齿顶厚 $>0.25m$，重合度 $\varepsilon>[\varepsilon]$，不产生过渡曲线干涉。

文献阅读指南

非圆齿轮机构是一种用来传递两轴之间变传动比运动的机构，可实现主动机构与从动机构的非线性关系，其节线不再是一个圆，而是非圆曲线，称为节线。节曲线形状是按运动要求设计的，和其他能得到非匀速的机构相比，具有明显的优点。随着计算机技术及数控技术的发展，非圆齿轮机构设计与制造中的一些难点问题已得到解决，使此类齿轮机构越来越广泛地应用到工程实际中。在仪器和机器制造业愈来愈多地采用非圆齿轮机构来替代凸轮机构、连杆机构和其他运动机构。有关非圆齿轮机构的设计、制造及其应用实例，可参阅姚文席所著《非圆齿轮设计》（北京：机械工业出版社，2013）和华林所著《非圆齿轮传动设计、制造与检测》（武汉：武汉理工大学出版社，2019）。

 思考和练习题

9-1 试确定图 9.38（a）所示传动中蜗轮的转向，以及图 9.38（b）所示传动中蜗杆和蜗轮的螺旋线的旋向。

9-2 有一对渐开线外啮合标准直齿圆柱齿轮啮合，已知 $z_1=19$，$z_2=42$，$m=5$mm，试求：

（1）两轮的几何尺寸和标准中心距 a 以及重合度 ε_α；

（2）按照比例作图，画出理论啮合线 N_1N_2，在其上标出实际啮合线 B_1B_2。

9-3 用标准齿条刀具切制直齿轮，已知齿轮参数 $z=35$，$h_a^*=1$，$\alpha=20°$。欲使齿轮齿廓的渐开线起始点在基圆上，问是否需要变位？如需变位，其变位系数应取多少？

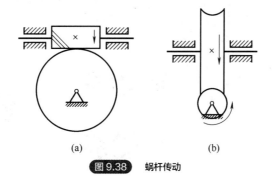

(a)   (b)

图 9.38 蜗杆传动

9-4 设有一渐开线标准齿轮，$z=26$，$m=3mm$，$h_a^*=1$，$\alpha=20°$，求其齿廓曲线在分度圆和齿顶圆上的曲率半径及齿顶圆压力角。

9-5 一对外啮合直齿圆柱标准齿轮 $m=2mm$，$\alpha=20°$，$h_a^*=1$，$c^*=0.25$，$z_1=20$，$z_2=40$，试求：

（1）标准安装的中心距；

（2）齿轮 1 齿廓在分度圆上的曲率半径 ρ_1；

（3）这对齿轮安装时若中心距 $a'=62mm$，要求做无侧隙啮合，其啮合角 α' 为多少？传动比 i_{12}、顶隙 c 是否变化？

（4）若用平行轴标准斜齿圆柱齿轮机构满足中心距 $a'=62mm$ 的要求，试计算螺旋角 β。

9-6 一个正常齿制标准斜齿圆柱齿轮，已知法向压力角 $\alpha_n=20$，$z=15$，$\beta=20$，试问用滚刀加工该齿轮时是否产生根切？原因是什么？

9-7 已知一对外啮合变位齿轮传动的 $z_1=z_2=12$，$m=10mm$，$\alpha=20°$，$h_a^*=1$，$a'=130mm$，试设计这对齿轮（取 $x_1=x_2$）。

9-8 已知一对直齿锥齿轮的 $z_1=15$，$z_2=30$，$m=5mm$，$h_a^*=1$，$\Sigma=90°$，试确定这对锥齿轮的几何尺寸（按照表 9.9 计算）。

9-9 一蜗轮的齿数 $z_2=40$，$d_2=200mm$，与一单头蜗杆啮合，试求：

（1）蜗轮端面模数 m_{t2} 及蜗杆轴面模数 m_{x1}；

（2）蜗杆的轴面齿距 p_{x1} 及导程 p_h；

（3）两轮的中心距 a；

（4）蜗杆的导程角 γ_1、蜗轮的螺旋角 β_2 及两者轮齿的旋向。

第 10 章

齿轮系

扫码获取配套资源

思维导图

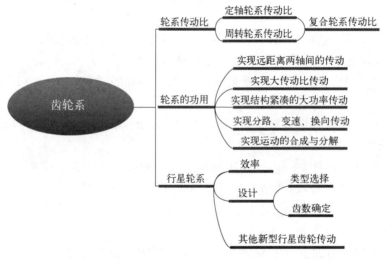

内容导入

前面章节学习了齿轮机构。齿轮系是由两个或两个以上的齿轮按照一定的传动比关系组成的传动系统。它能够实现分路传动、变速传动、换向传动等多种功能，是机械设备中传递运动和动力的关键部件。齿轮系具有传动比准确、传动效率高、结构紧凑、功能多样等特点，在现代生产生活中应用最为广泛。

本章将学习齿轮系相关知识，主要内容是轮系传动比的计算，对轮系的功用也做了简单介绍。

学习目标

（1）了解轮系的概念和分类；
（2）能够对定轴轮系、周转轮系、复合轮系进行传动比的计算；
（3）了解轮系的功用、行星轮的效率及设计；
（4）了解其他行星轮传动。

10.1 概述

齿轮机构研究的是一对齿轮传动，也是齿轮传动的最简单形式。在实际机械中，如汽车的变速和倒挡，转弯时的差速，金属切削机床的换向传动等问题，仅用一对齿轮传动是不够的，需要由多对齿轮构成齿轮传动系统来实现。由一系列齿轮所构成的齿轮传动系统称为齿轮系，简称轮系。

轮系的应用十分广泛，轮系的组成也多种多样，一个轮系中可以包括圆柱齿轮、锥齿轮、蜗轮蜗杆等各种类型的齿轮机构。根据轮系运转时各个齿轮轴线在空间的位置关系是否变化，可以将轮系分为定轴轮系、周转轮系和复合轮系三大类。

10.1.1 定轴轮系

如图 10.1 所示，轮系运转时，所有齿轮轴线相对于机架的位置都是固定不变的，这种轮系称为定轴轮系。定轴轮系中所有齿轮轴线互相平行为平面定轴轮系 [图 10.1（a）]；定轴轮系中包含空间齿轮（锥齿轮、蜗轮蜗杆等）为空间定轴轮系 [图 10.1（b）]。

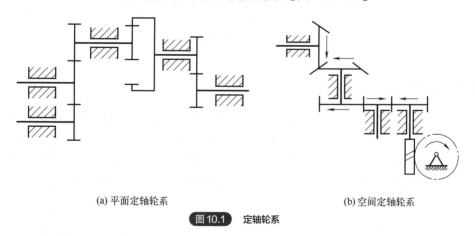

(a) 平面定轴轮系　　　　　　　　　　(b) 空间定轴轮系

图 10.1　定轴轮系

10.1.2 周转轮系

轮系在运转时，其中至少有一个齿轮的轴线位置并不固定，而是绕着其他齿轮的固定轴线回转，则这种轮系称为周转轮系，如图 10.2 所示。其中，齿轮 1 和内齿轮 3 都围绕着固定轴线 OO 回转，称为太阳轮。齿轮 2 用回转副与构件 H 相连，它一方面绕着自己的轴线 O_1O_1 自转，

另一方面又随着 H 一起绕着固定轴线 OO 公转，就像行星的运动一样，故称之为行星轮。构件 H 称为行星架、转臂或系杆。在周转轮系中，一般都以太阳轮和行星架作为输入和输出构件，故又称它们为周转轮系的基本构件。基本构件都围绕着同一固定轴线回转。

周转轮系还可根据其自由度的数目作进一步的划分。若自由度为 2，如图 10.2（a）所示，则称其为差动轮系；若自由度为 1，如图 10.2（b）所示，其中轮 3 为固定轮，则称其为行星轮系。

此外，周转轮系还常根据其基本构件的不同来分类。若轮系中的太阳轮以 K 表示，行星架以 H 表示，则图 10.2 所示轮系称为 $2K$-H 型周转轮系；图 10.3 所示轮系称为 $3K$ 型周转轮系，因其基本构件是三个太阳轮 1、3、4，而行星架 H 不作输入、输出构件用。

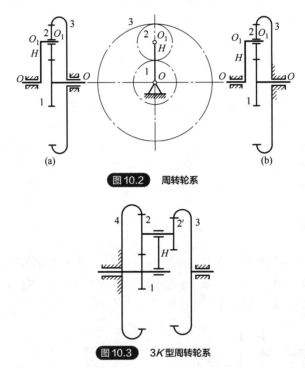

图 10.2　周转轮系

图 10.3　$3K$ 型周转轮系

10.1.3　复合轮系

在实际机械中，除了采用单一的定轴轮系和单一的复合轮系外，往往还采用既包含定轴轮系部分，又包含周转轮系部分，或者是由几部分周转轮系组成的复杂轮，通常把这种轮系称为复合轮系。如图 10.4 为由一个定轴轮系 1-2 和一个周转轮系 2'-3-4-H 串联而成的复合轮系。图 10.5 为一个周转轮系 1-2-3-H_1 和另一个周转轮系 4-5-6-H_2 串联而成的复合轮系。

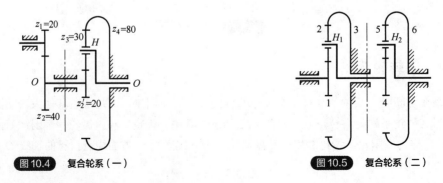

图 10.4　复合轮系（一）

图 10.5　复合轮系（二）

10.2　定轴轮系传动比

当一对齿轮运转时，传动比是指该两齿轮的角速度之比，而轮系的传动比，则是指轮系中输入轴与输出轴的角速度（或转速）之比。用 i_{1k} 表示，1 表示轮系的输入轴，k 为轮系的输出轴，则该轮系的传动比 $i_{1k}=\omega_1/\omega_k=n_1/n_k$。轮系的传动比计算包括传动比的大小和输入和输出轴的转向关系两方面内容。

10.2.1　传动比大小的计算

如图 10.6 所示，定轴轮系由 1、2，2、3，3′、4 和 4′、5 四个串联齿轮机构组成，其中 2、3 为一对内啮合齿轮；3、3′，4 和 4′分别为双联齿轮；1、2，3′、4 及 4′、5 为外啮合齿轮。齿轮 1 到齿轮 5 之间的传动，是通过一对对齿轮依次啮合来实现的。为此，首先求出该轮系中各对啮合齿轮传动比的大小

$$i_{12}=\frac{\omega_1}{\omega_2}=\frac{z_2}{z_1}\ ,\quad i_{23}=\frac{\omega_2}{\omega_3}=\frac{z_3}{z_2}\ ,\quad i_{3'4}=\frac{\omega_{3'}}{\omega_4}=\frac{\omega_3}{\omega_4}=\frac{z_4}{z_{3'}}\ ,\quad i_{4'5}=\frac{\omega_{4'}}{\omega_5}=\frac{\omega_4}{\omega_5}=\frac{z_5}{z_{4'}}$$

将上列各式连乘，并注意到 $\omega_3=\omega_{3'}$，$\omega_4=\omega_{4'}$ 可得

$$i_{15}=\frac{\omega_1}{\omega_5}=\frac{\omega_1}{\omega_2}\times\frac{\omega_2}{\omega_3}\times\frac{\omega_{3'}}{\omega_4}\times\frac{\omega_{4'}}{\omega_5}=i_{12}i_{23}i_{3'4}i_{4'5}=\frac{z_2z_3z_4z_5}{z_1z_2z_{3'}z_{4'}}$$

上式说明，定轴轮系的传动比等于组成该轮系的各对啮合齿轮传动比的连乘积，也等于各对啮合齿轮中所有从动轮齿数的连乘积与所有主动轮齿数的连乘积之比，即

$$\text{定轴轮系的传动比}\ (i_{1k})=\frac{\omega_1}{\omega_k}=\frac{1\to k\text{所有从动轮齿数的连乘积}}{1\to k\text{所有主动轮齿数的连乘积}}=\frac{\Pi z_{\text{从}}}{\Pi z_{\text{主}}} \qquad (10\text{-}1)$$

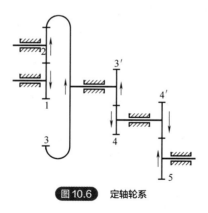

图10.6　定轴轮系

10.2.2　首、末轮转向关系的确定

在工程实际中，不仅需要知道轮系传动比的大小，还需要根据主动轮的转动方向来确定从动轮的转向。齿轮传动的转向关系可以用正负号或用箭头表示。

平面定轴轮系和空间定轴轮系的传动比的大小均可用式（10-1）计算，但转向的确定方法有所不同。

平面定轴轮系中均为圆柱齿轮,转向关系可用"+""–"号来表示,"+"号表示转向相同,"–"号表示转向相反。一对外啮合圆柱齿轮传动两轮的转向相反,其传动比前应加注"–"号;一对内啮合圆柱齿轮传动两轮的转向相同,其传动比前应加注"+"号。设轮系中有 m 对外啮合齿轮,则在式(10-1)右侧的分式前应加注$(-1)^m$。若传动比的计算结果为正,则表示输入轴与输出轴的转向相同;结果为负,则表示转向相反。故图 10.6 所示轮系的传动比为:

$$i_{15} = \frac{\omega_1}{\omega_5} = -\frac{z_2 z_3 z_4 z_5}{z_1 z_2 z_{3'} z_{4'}}$$

空间定轴轮系含有轴线不平行的齿轮传动,因而输入轴与输出轴之间的转向关系不能用"+""–"方法来确定。必须在机构简图上用画箭头的方法来表示。对于锥齿轮传动,标志两者转向的箭头应该同时指向啮合点(即箭头对箭头),或同时背离啮合点(即箭尾对箭尾)。对于蜗杆蜗轮传动,可用左、右手规则进行判断。如果是右旋蜗杆,用左手规则判断,即以左手握住蜗杆,四指指向蜗杆的转向,则拇指的指向为啮合点处蜗轮的线速度方向。如果是左旋蜗杆,则用右手规则来判断,如图 10.7(b)所示。

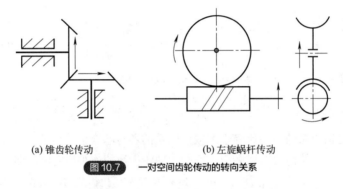

(a) 锥齿轮传动　　　　　　　　(b) 左旋蜗杆传动

图 10.7　一对空间齿轮传动的转向关系

用箭头表示轮系转向的方法同样适用于平面定轴轮系,如图 10.6 所示。

在图 10.6 所示轮系中,轮 2 对轮 1 为从动轮,但对轮 3 又为主动轮,在传动比的计算公式中可以被约去。因此没有影响到传动比的大小,但是改变了输出轴的转向,故称之为过轮或惰轮。

例 10-1　在图 10.8 所示的钟表传动中,E 为擒纵轮,N 为发条,S、M 及 H 分别为秒针、分针和时针。设 $z_1 = 72$,$z_2 = 12$,$z_3 = 64$,$z_4 = 8$,$z_5 = 60$,$z_6 = 8$,$z_7 = 60$,$z_8 = 6$,$z_9 = 8$,$z_{10} = 24$,$z_{11} = 6$,$z_{12} = 24$。求秒针与分针的传动比 i_{SM} 及分针与时针的传动比 i_{MH}。

解: 如图 10.8 所示,由发条盘 N 驱动齿轮 1 转动时,通过齿轮 1 与齿轮 2 的啮合使分针 M 转动;同时由齿轮 1-2-3-4-5-6 组成的轮系可使秒针 S 获得一种转速;由齿轮 1-2-9-10-11-12 组成的轮系,又可使时针 H 获得另一种转速。

秒针 S 到分针 M 之间含有齿轮 6 和 5、4 和 3 两对外啮合,分针 M 到时针 H 之间含有齿轮 9 和 10、11 和 12 两对外啮合,用式(10-1),该轮系传动比的符号为$(-1)^2 = +1$,再根据已知的齿数条件可分别求出 i_{SM} 及 i_{MH}。

$$i_{SM} = (-1)^2 \frac{z_5 z_3}{z_6 z_4} = \frac{60 \times 64}{8 \times 8} = 60 \qquad\qquad i_{MH} = (-1)^2 \frac{z_{10} z_{12}}{z_9 z_{11}} = \frac{24 \times 24}{8 \times 6} = 12$$

传动比为正,说明转向相同。

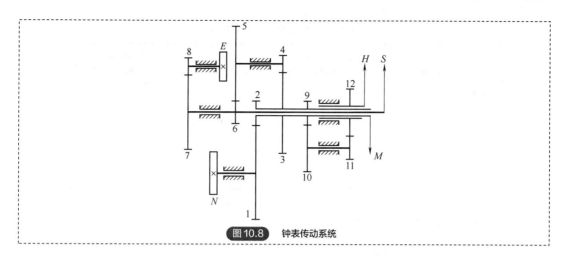

图 10.8　钟表传动系统

10.3　周转轮系传动比

10.3.1　周转轮系传动比计算的基本思路

在周转轮系中，以如图 10.9 所示的周转轮系为例，由于存在转动的系杆，使行星轮既有自转又有公转，所以不能直接引用求解定轴轮系传动比的方法来计算其传动比。但是，可以根据相对运行原理采用转化机构法求解，其基本思想是给整个周转轮系加上一个公共角速度"$-\omega_H$"，使之绕行星架的固定轴线回转，这时轮系中各构件之间的相对运动仍保持不变，而系杆的角速度变为 $\omega_H + (-\omega_H) = 0$，即系杆成为"静止不动"的构件。于是系杆成为"机架"，周转轮系转化成了相对系杆 H 的定轴轮系。这种转化所得的假想的定轴轮系，称为原周转轮系的转化轮系或转化机构。

周转轮系再加上"$-\omega_H$"以后转化为如图 10.10 所示的定轴轮系，通过定轴轮系传动比公式，可得出周转轮系中各构件之间角速度的关系，进而求得周转轮系的传动比。周转轮系在转化前后各构件角速度的变化如表 10.1 所示。

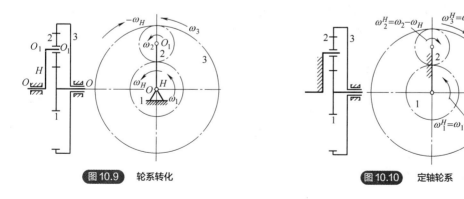

图 10.9　轮系转化

图 10.10　定轴轮系

表 10.1　各构件角速度的变化

构件	原有角速度 （相对机架的角速度）	在转化轮系中的角速度 (相对于系杆的角速度)
太阳轮 1	ω_1	$\omega_1^H = \omega_1 - \omega_H$
行星轮 2	ω_2	$\omega_2^H = \omega_2 - \omega_H$
太阳轮 3	ω_3	$\omega_3^H = \omega_3 - \omega_H$
机架 4	$\omega_4=0$	$\omega_4^H = \omega_4 - \omega_H = -\omega_H$
系杆 H	ω_H	$\omega_H^H = \omega_H - \omega_H = 0$

10.3.2　周转轮系传动比计算方法

由于转化轮系是一个定轴轮系（即该周转轮系的转化轮系），首先求转化轮系的传动比，三个齿轮相对于系杆 H 的角速度 ω_1^H、ω_2^H、ω_3^H 即为它们在转化轮系中的角速度。于是转化轮系的传动比 i_{13}^H 为

$$i_{13}^H = \frac{\omega_1^H}{\omega_3^H} = \frac{\omega_1 - \omega_H}{\omega_3 - \omega_H}$$

式中，i_{13}^H 表示在转化机构中 1 轮主动、3 轮从动时的传动比。由于转化机构为一定轴轮系，因此其传动比的大小为

$$i_{13}^H = -\frac{z_3}{z_1}$$

综合以上两式可得

$$i_{13}^H = \frac{\omega_1 - \omega_H}{\omega_3 - \omega_H} = -\frac{z_3}{z_1}$$

式中，齿数比前的"−"号表示在转化轮系中齿轮 1 和齿轮 3 的转向相反。

在上式中包含了周转轮系中各基本构件的角速度和各轮齿数之间的关系，给定三个基本构件的角速度 ω_1、ω_3 及 ω_H 中的任意两个，便可求出第三个，从而可求出三个基本构件中任意两个构件之间的传动比。

根据上述原理，得出周转轮系转化轮系传动比的一般公式。设周转轮系中两个中心轮分别为 m 和 n，系杆为 H，则其转化机构的传动比 i_{mn}^H 可表示为

$$i_{mn}^H = \frac{\omega_m^H}{\omega_n^H} = \frac{\omega_m - \omega_H}{\omega_n - \omega_H}$$

$$= \pm \frac{\text{在转化轮系中由} m \text{至} n \text{各从动轮齿数的乘积}}{\text{在转化轮系中由} m \text{至} n \text{各主动轮齿数的乘积}} \tag{10-2}$$

应用式（10-2）时应注意：

① 该式只适用于齿轮 m、n 与系杆 H 的回转轴线重合或平行时的情况；

② 等号右侧"±"号的判断方法同定轴轮系；

③ 将各个角速度的数值代入时，必须带有"±"号。可先假定某一已知机构的转向为正号，则另一构件的转向与其相同时取正号，而与其相反时取负号。

例 10-2　在图 10.11 所示的行星轮系中，设已知 $z_1 =100$，$z_2 =101$，$z_{2'} =100$，$z_3 =99$，试求传动比 i_{H1}。

解： 在图示的轮系中，由于轮 3 为固定轮（即 $n_3 =0$），故该轮系为一行星轮系，其传动比的计算可根据式（10-2）求得

$$i_{1H} = 1 - i_{13}^{H} = 1 - \frac{z_2 z_3}{z_1 z_{2'}} = 1 - \frac{101 \times 99}{100 \times 100} = \frac{1}{10000}$$

故

$$i_{H1} = \frac{1}{i_{1H}} = 10000$$

当行星架转 10000 转时，轮 1 才转 1 转，其转向相同。

最后需说明，上述计算传动比的方法适用于由圆柱齿轮所组成的周转轮系中的一切活动构件（包括行星轮）。但是，对于由锥齿轮组成的周转轮系，如图 10.12 所示，上述计算方法只适用于该轮系中的基本构件（1、3、H），而不适用于行星轮 2。当需要知道 ω_2 时，可应用角速度向量来求解。

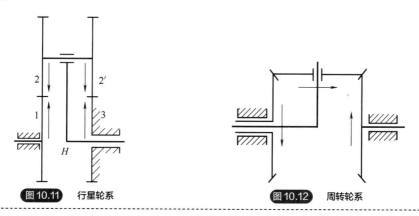

图 10.11　行星轮系　　　　　　　图 10.12　周转轮系

例 10-3　在图 10.13 所示轮系中，已知各轮齿数为：$z_1 =48$，$z_2 =48$，$z_{2'} =18$，$z_3 =24$，又 $n_1 =250\text{r/min}$，$n_3 =100\text{r/min}$，转向如图所示。试求系杆 H 的转速 n_H 的大小及方向。

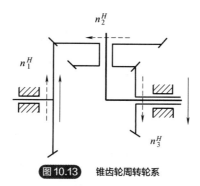

图 10.13　锥齿轮周转轮系

解： 这是一个由锥齿轮所组成的周转轮系。先计算其转化机构的传动比。

$$i_{13}^H = \frac{n_1^H}{n_3^H} = \frac{n_1 - n_H}{n_3 - n_H} = -\frac{z_2 z_3}{z_1 z_{2'}} = -\frac{48 \times 24}{48 \times 18} = -\frac{4}{3}$$

式中，齿数比前的"−"号表示在该轮系的转化机构中，齿轮 1、3 的转向相反，它是通过图中用虚线箭头所表示的 n_1^H、n_2^H、n_3^H（转化机构中各轮的转向）确定的。

将已知的 n_1、n_3 值代入上式。由于 n_1 和 n_3 的实际转向相反，故一个取正值，另一个取负值。今取 n_1 为正，n_3 为负，则

$$\frac{n_1 - n_H}{n_3 - n_H} = \frac{250 - n_H}{-100 - n_H} = -\frac{4}{3}$$

解该式可得

$$n_H = \frac{350}{7} = 50 (\mathrm{r/min})$$

计算结果为正，表明系杆 H 的转向与齿轮 1 相同，与齿轮 3 相反。

对于由锥齿轮所组成的周转轮系，在计算其传动比时应注意以下两点：

① 转化机构的传动比，传动比的大小按定轴轮系传动比公式计算，但是传动比的方向只能在转化轮系中用箭头表示的方法来确定。

② 由于行星轮与系杆的旋转轴线不平行，所以不能用代数相加减，即 $\omega_2^H \neq \omega_2 - \omega_H$，$i_{12}^H \neq \dfrac{\omega_1 - \omega_H}{\omega_2 - \omega_H}$。由于计算时是中心轮之间或中心轮与系杆之间的传动比，计算过程中并不涉及 ω_2 与 ω_H 之间的关系，故实际上并不妨碍计算的进行。否则，就需要利用向量合成的方法来求解。

10.4 复合轮系传动比

复合轮系由定轴轮系和周转轮系或者由两个以上的周转轮系组成，对这样的复合轮系，其传动比的正确计算方法是将其所包含的各部分定轴轮系和周转轮系一一分开，并分别列出其传动比计算式，然后联立这些轮系的计算式解出所求的传动比。

因此，计算复合轮系传动比的首要问题是如何正确地划分轮系，其中关键是找出各个周转轮系。找周转轮系的方法是：先找出轴线位置不固定的行星轮，支持行星轮的构件就是系杆，注意有时系杆不一定呈简单的杆状；而几何轴线与系杆的回转轴线相重合，且直接与行星轮相啮合的定轴齿轮就是中心轮。这样的行星轮、系杆和中心轮便组成一个周转轮系。其余的部分可按照上述同样的方法继续划分，若有行星轮存在，同样可以找出与此行星轮相对应的周转轮系。若没有行星轮存在，则为定轴轮系。

例 10-4 在图 10.14 所示轮系中，已知 ω_6 和各轮齿数 $z_1 = 50$，$z_{1'} = 30$，$z_{1''} = 60$，$z_2 = 30$，$z_{2'} = 20$，$z_3 = 100$，$z_4 = 45$，$z_5 = 60$，$z_{5'} = 45$，$z_6 = 20$。求 ω_3 的大小和方向。

解：双联齿轮 2-2′ 是行星轮，与双联齿轮 2-2 啮合的齿轮 1 和 3 为中心轮，而支持双联齿轮

2-2′旋转的则为系杆 H。因此，齿轮 1、2-2′、3 和 H 组成一个差动周转轮系，所以其余的齿轮 6、1″-1′、5-5′、4 组成一个定轴轮系。

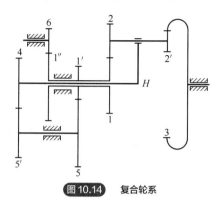

图10.14　复合轮系

周转轮系转化轮系的传动比为

$$i_{13}^H = \frac{\omega_1 - \omega_H}{\omega_3 - \omega_H} = (-1)^1 \frac{z_2 z_3}{z_1 z_{2'}} = -\frac{30 \times 100}{50 \times 20} = -3$$

式中，ω_1、ω_H 由定轴轮系求得。

$$\omega_1 = \omega_{1''} = \omega_6 \times \left(-\frac{\omega_6}{\omega_{1''}}\right) = \omega_6 \times \left(-\frac{20}{60}\right) = -\frac{1}{3}\omega_6$$

$$\omega_H = \omega_4 = \omega_6 \times \left(-\frac{z_6 z_{1'} z_{5'}}{z_{1''} z_5 z_4}\right) = \omega_6 \times \left(-\frac{20 \times 30 \times 45}{60 \times 60 \times 45}\right) = -\frac{1}{6}\omega_6$$

将 ω_1、ω_H 代入计算可得

$$\frac{\omega_1 - \omega_H}{\omega_3 - \omega_H} = \frac{-\frac{1}{3}\omega_6 - \left(-\frac{1}{6}\omega_6\right)}{\omega_3 - \left(-\frac{1}{6}\omega_6\right)} = -3$$

解得 $\omega_3 = -\frac{1}{9}\omega_6$，齿轮 3 与齿轮 6 的转动方向相反。

例 10-5 在图 10.15 所示的电动卷扬机减速器中，各齿轮的齿数为 $z_1 = 24$，$z_2 = 52$，$z_{2'} = 21$，$z_3 = 97$，$z_{3'} = 18$，$z_4 = 30$，$z_S = 78$。求 i_{1H}。

解: 在该轮系中，双联齿轮 2-2′ 的几何轴线随着构件 H（卷筒）转动，所以是行星轮，支持它运动的构件 H 就是系杆，和行星轮相啮合的齿轮 1 和 3 是两个中心轮。这两个中心轮都能转动，所以齿轮 1、2-2′、3 和系杆 H 组成一个差动轮系，齿轮 3′、4 和 5 组成一个定轴轮系。齿轮 3′ 和 3 是同一构件，齿轮 5 和系杆 H 是同一构件，也就是说差动轮系的两个基本构件被定轴轮系封闭起来了。这种通过一个定轴轮系把差动轮系的两个基本构件（中心轮或系杆）联系起来而组成的自由度为 1 的复杂行星轮系，通常称为封闭式行星轮系。

在差动轮系 1-2-2′、3-H（5）的转化机构中

$$i_{13}^H = \frac{\omega_1 - \omega_H}{\omega_3 - \omega_H} = -\frac{z_2 z_3}{z_1 z_{2'}}$$

在定轴轮系 5-4-3′中

$$i_{35} = \frac{\omega_3}{\omega_5} = \frac{\omega_{3'}}{\omega_5} = -\frac{z_5}{z_{3'}}$$

联立上式，并考虑到 $\omega_5 = \omega_H$，整理得

$$i_{1H} = \frac{\omega_1}{\omega_H} = 1 + \frac{z_3 z_2}{z_{2'} z_1} + \frac{z_5 z_3 z_2}{z_{3'} z_{2'} z_1} = 1 + \frac{97 \times 52}{21 \times 24} + \frac{97 \times 78 \times 52}{18 \times 21 \times 24} = 54.38$$

齿轮 1 和系杆 H 的转向相同。

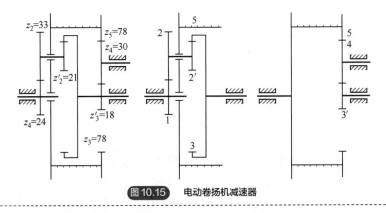

图 10.15　电动卷扬机减速器

10.5　轮系的功用

在工程实际中，轮系的应用非常广泛。其功能可大致概括为以下几个方面。

10.5.1　实现相距较远的两轴之间的传动

当要实现相距较远的两轴之间的传动时，如果只用一对齿轮直接把输入轴的运动传递给输出轴，如图 10.16 所示的齿轮 1 和齿轮 2，则需要的齿轮尺寸很大。需要占据较大的空间且费材料，给制造和安装带来很大不便。采用多组齿轮组成的轮系来传动，便可克服上述缺点。

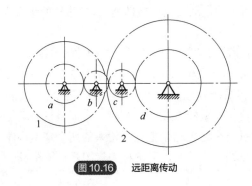

图 10.16　远距离传动

10.5.2 实现大速比传动

一对齿轮传动，为了避免由于齿数过于悬殊而使小齿轮易于损坏和发生齿根干涉等问题，一般传动比不得大于 5~7。在需要获得更大传动比时，可利用定轴轮系的多级传动来实现，见图 10.16。

利用行星轮系也可以由很少的几个齿轮获得很大的传动比，如图 10.11 中仅用两对齿轮其传动比竟高达 10000。值得注意的是，这类行星轮系用于减速传动时其传动比愈大，机械效率愈低，所以它只适用于某些微调机构，不宜用于传递动力。

10.5.3 实现结构紧凑的大功率传动

周转轮系中采用多个均布的行星轮来同时传动，如图 10.17 所示，由于多个行星轮共同承担载荷，齿轮尺寸可以减小，又可平衡各啮合点处的径向分力和行星轮公转所产生的离心惯性力，减少了主轴承内的作用力，因此传递功率大，同时效率也较高。目前，大功率传动越来越广泛采用周转轮系或复合轮系。

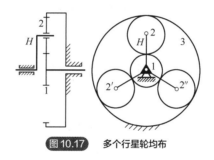

图 10.17 多个行星轮均布

图 10.18 所示为国产某涡轮螺旋桨发动机主减速器的传动简图。其右侧为一差动轮系，左侧为一定轴轮系。动力自太阳轮 1 输入后，分两路经系杆 H 和内齿轮 3 输往左部，最后汇合到一起输往螺旋桨。由于功率实施分路传递，加之采用了多个行星轮均匀分布承担载荷，从而使整个装置在体积小、重量轻的情况下，实现了大功率传动。该减速器的外部尺寸仅有 $\phi 430\text{mm}$，而传递的功率却可达 2850kW，整个轮系的减速比 $i_{1H}=11.45$。

在动力传动用的行星减速器中，几乎都用到内啮合，兼之其输入轴和输出轴在同一轴线上，径向尺寸非常紧凑。因此可在结构紧凑的条件下，实现大功率传动。

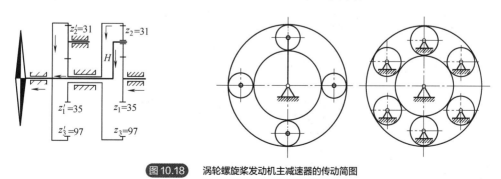

图 10.18 涡轮螺旋桨发动机主减速器的传动简图

10.5.4　实现分路传动

利用定轴轮系，可以通过主动轴上的若干齿轮分别把运动传递给多个工作部位，从而实现分路传动。图 10.8 所示钟表传动中，由发条盘 N 驱动齿轮 1 转动时，通过齿轮 1 与齿轮 2 的啮合使分针 M 转动；同时由齿轮 1-2-3-4-5-6 组成的轮系可使秒针 S 获得一种转速；由齿轮 1-2-9-10-11-12 组成的轮系，又可使时针 H 获得另一种转速，这就是利用定轴轮系实现分路传动的一个实例。

10.5.5　实现变速传动

在主动轴转速不变的条件下，利用轮系可使从动轴得到若干种转速，这种传动称为变速传动。在图 10.19 所示的轮系中，齿轮 1、2 为双联滑移齿轮，是一个整体，利用导向键与轴 I 相连，可在 I 轴上滑动，当分别使齿轮 1 与 1′ 或 2 与 2′ 啮合时，可得两种速比。

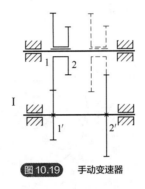

图 10.19　手动变速器

10.5.6　实现换向传动

在主动轴转向不变的条件下，利用轮系可改变从动轴的转向。

图 10.20 所示为金属切削车床上走刀丝杠的三星轮换向机构，其中构件 a 可绕轮 4 的轴线回转。在图 10.20（a）所示位置时，从动轮 4 与主动轮 1 的转向相反；如转动构件 a 使其处于图 10.20（b）所示位置时，因轮 2 不参与传动，这时轮 4 与轮 1 的转向相同。

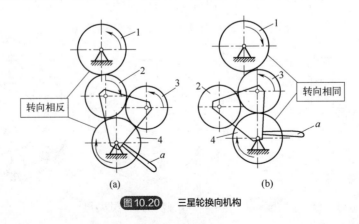

图 10.20　三星轮换向机构

图 10.21 为发射红宝石导弹而设计的快速反向装置。其中，电动机两端分别装有齿轮 1 及

5，它们分别带动齿轮 2、3、4 和 6、7、8、9 不停地旋转。A、B 为两个电磁离合器，当 A 接通时，齿轮 10 与 4 成为一体而转动，扇形蜗轮 15 将沿实线箭头方向回转；当 A 断开而 B 接通时，齿轮 12 与 9 成为一体而转动，这时扇形蜗轮 15 将沿虚线箭头方向回转；当 A、B 均不接通时，扇形蜗轮 15 则停止不动。

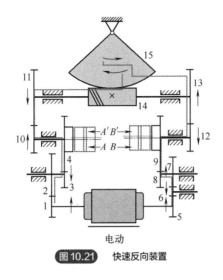

图 10.21　快速反向装置

10.5.7　实现运动的合成与分解

如前所述，差动轮系有 2 个自由度。利用差动轮系的这一特点，可以把两个运动合成为一个运动。

图 10.12 所示的由锥齿轮所组成的差动轮系，因两个中心轮的齿数相等，即 $z_1 = z_3$，故

$$i_{13}^H = \frac{n_1 - n_H}{n_3 - n_H} = -\frac{z_3}{z_1} = -1$$

即

$$n_H = \frac{1}{2}(n_1 + n_3)$$

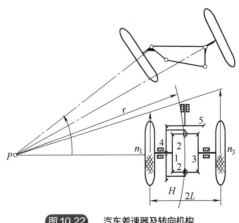

图 10.22　汽车差速器及转向机构

上式说明，系杆 H 的转速是两个中心轮 1、3 转速的合成，故这种轮系可用作加法机构。故此种轮系可用作和差运算。差动轮系可做运动合成的这种性能，在机床、模拟计算机、补偿调节装置等中得到了广泛的应用。

差动轮系不仅能将两个独立的运动合成为一个运动，而且还可以将一个基本构件的主动转动，按所需比例分解成另两个基本构件的不同转动。汽车后桥的差速器（图 10.22）就利用了差动轮系的这一特性。其中，齿轮 5 由发动机驱动，齿轮 4 上固连着系杆 H，其上装有行星轮 2。齿轮 1、2、3 及系杆 H 组成一差动轮系。

在该差动轮系中，$z_1 = z_3$，$n_H = n_4$，根据式（10-2）有

$$(n_1 - n_4)/(n_3 - n_4) = -1 \qquad\qquad\text{（a）}$$

因该轮系有 2 个自由度，若仅由发动机输入一个运动时，将无确定解。

当汽车以不同的状态行驶（直行、左右转弯）时，两后轮应以不同的传动比转动。如设汽车要左转弯，汽车的两前轮在转向机构的作用下，其轴线与汽车两后轮的轴线汇交于 P 点，这时整个汽车可看作是绕着 P 点回转。在车轮与地面不打滑的条件下，两后轮的转速应与弯道半径成正比，由图 10.19 可得

$$\frac{n_1}{n_3} = \frac{r - L}{r + L} \qquad\qquad\text{（b）}$$

式中，r 为弯道平均半径；L 为后轮距之半。

联立求解式（a）、式（b）就可求得两后轮的转速。

10.6　行星轮系效率

在各种机械中，由于广泛地采用各种轮系，所以其效率对于这些机械的总效率就具有决定意义。对于例如高铁齿轮箱等用于传递动力的轮系，传递的功率很大，其传动效率的分析计算就尤为重要。在分析齿轮传动效率时，主要考虑齿轮的啮合摩擦损失、搅油损失和轴承的摩擦发热损失。

定轴轮系的效率计算最为简单。当轮系由 k 对齿轮串联组成时，其传动总效率为：

$$\eta = \eta_1 \eta_2 \cdots \eta_k$$

式中，η_1，η_2，…，η_k 为每对齿轮的传动效率，简单传动机构和运动副的效率见表 10.2。由于 η_1，η_2，…，η_k 均小于 1，故啮合对数越多，传动的总效率越低。

表 10.2　简单传动机构和运动副的效率

名称	传动形式	效率值	备注
圆柱齿轮传动	6~7 级精度齿轮传动	0.98~0.99	良好磨合、稀油润滑
	8 级精度齿轮传动	0.97	稀油润滑
	9 级精度齿轮传动	0.96	稀油润滑
	切制齿、开式齿轮传动	0.94~0.96	干油润滑
	铸造齿、开式齿轮传动	0.90~0.93	

名称	传动形式	效率值	备注
锥齿轮传动	6~7 级精度齿轮传动	0.97~0.98	良好磨合、稀油润滑
	8 级精度齿轮传动	0.94~0.97	稀油润滑
	切制齿、开式齿轮传动	0.92~0.95	干油润滑
	铸造齿、开式齿轮传动	0.88~0.92	
蜗杆传动	自锁蜗杆	0.40~0.45	润滑良好
	单头蜗杆	0.70~0.75	
	双头蜗杆	0.75~0.82	
	三头和四头蜗杆	0.80~0.92	
	圆弧面蜗杆	0.85~0.95	
带传动	平带传动	0.90~0.98	
	V 带传动	0.94~0.96	
	同步带传动	0.98~0.99	
链传动	套筒滚子链	0.96	润滑良好
	无声链	0.97	
摩擦轮传动	平摩擦轮传动	0.85~0.92	
	槽摩擦轮传动	0.88~0.90	
滑动轴承		0.94	润滑不良
		0.97	润滑正常
		0.99	液体润滑
滚动轴承	球轴承	0.99	稀油润滑
	滚子轴承	0.98	稀油润滑
螺旋传动	滑动螺旋	0.30~0.80	
	滚动螺旋	0.85~0.95	

周转轮系中有既自转又公转的行星轮，它的效率不能用定轴轮系的公式来计算。

在研究周转轮系传动比计算问题时，通过转化轮系法得到了周转轮系传动比的计算方法，同样可以解决行星轮系效率的计算问题。

根据机械效率的定义，对于任何机械，如果其输入功率、输出功率和摩擦损失功率分别以 P_d、P_r、P_f 表示，则其效率为

$$\eta = \frac{P_d - P_f}{P_d} \tag{a}$$

或

$$\eta = \frac{P_r}{P_r + P_f} \tag{b}$$

在计算机械效率时，P_d 和 P_r 中总有一个已知，所以只要能求出 P_f 的值，就可计算出机械的效率 η。

机械中的摩擦损失功率主要取决于各运动副中的作用力、运动副元素间的摩擦因数和相对运动速度的大小。而行星轮系的转化轮系和原行星轮系的上述三个参量除因构件回转的离心惯性力有所不同外，其余均不会改变。因而，行星轮系与其转化轮系中的摩擦损失功率 P_f^H（主要指轮齿啮合损失功率）应相等（即 $P_f = P_f^H$）。以图 10.23 所示的 2K-H 型行星轮系为例来加以说明。

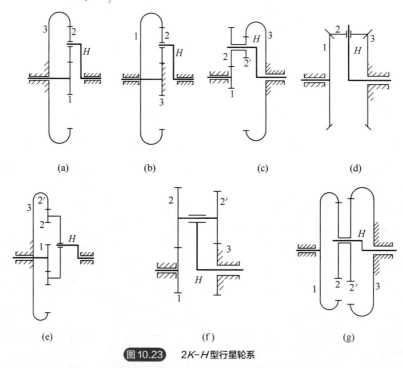

(a)　　　　　(b)　　　　　(c)　　　　　(d)

(e)　　　　　(f)　　　　　(g)

图 10.23　2K-H 型行星轮系

在图 10.23 所示的轮系中，设齿轮 1 为主动轮，作用于其上的转矩为 M_1，齿轮 1 所传递的功率为

$$P_1 = M_1 \omega_1 \tag{c}$$

而在转化轮系中轮 1 所传递的功率为

$$P_1^H = M_1(\omega_1 - \omega_H) = P_1(1 - i_{H1}) \tag{d}$$

因齿轮 1 在转化轮系中可能为主动或从动，故 P_1^H 可能为正或为负，由于按这两种情况计算所得的转化轮系的损失功率 P_f^H 的值相差不大，为简化计算，取 P_1^H 为绝对值，即

$$P_f^H = \left| P_1^H \right|\left(1 - \eta_{1n}^H\right) = \left| P_1(1 - i_{H1}) \right|\left(1 - \eta_{1n}^H\right) \tag{e}$$

式中，η_{1n}^H 为转化轮系的效率，即把行星轮系视作定轴轮系时由轮 1 到轮 n 的传动总效率。它等于由轮 1 到轮 n 之间各对啮合齿轮传动效率的连乘积。各对齿轮的传动效率见表 10.2。

若在原行星轮系中轮 1 为主动（或从动），则 P_1 为输入（输出）功率，由式（b）或式（a）可得行星轮系的效率分别为

$$\eta_{1H} = \frac{P_1 - P_f}{P_1} = 1 - \left| \left(1 - \frac{1}{i_{1H}}\right) \right| \left(1 - \eta_{1n}^H\right) \tag{10-3}$$

$$\eta_{H1} = \frac{|P_1|}{|P_1| + P_f} = \frac{1}{1 + \left|\left(1 - i_{H1}\right)\right|\left(1 - \eta_{1n}^H\right)} \tag{10-4}$$

由式（10-3）和式（10-4）可见，行星轮系的效率是其传动比的函数，其变化曲线如图 10.24 所示，图中设 $\eta_{1n}^H = 0.95$。图中实线为 $\eta_{1H} - i_{1H}$ 线图，这时轮 1 为主动轮。由图中可以看出，当 $i_{1H} \to 0$ 时（即增速 $|1/i_{1H}|$ 足够大时），效率 $\eta_{1H} \leqslant 0$，轮系将发生自锁。图中虚线为 $\eta_{H1} - i_{H1}$ 线图，这时行星架 H 为主动。

图中所注的正号机构和负号机构分别指其转化轮系的传动比 i_{1n}^H 为正号或负号的周转轮系。由图中可以看出，$2K\text{-}H$ 型行星轮系负号机构的啮合效率总是比较高的，且高于其转化轮系的效率 η_{1n}^H，故在动力传动中多采用负号机构。

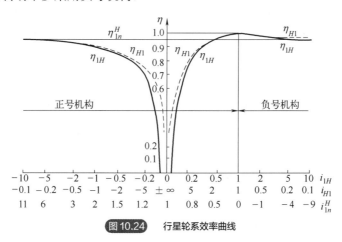

图 10.24　行星轮系效率曲线

10.7　行星轮系设计

在机构运动方案设计阶段，行星轮系设计的主要任务是：合理选择轮系的类型，确定各轮的齿数，选择适当的均衡装置。

10.7.1　行星轮系类型的选择

行星轮系的类型很多，在相同的传动比和载荷的条件下，采用不同的类型可以使轮系的外廓尺寸、重量和效率相差很多，因此在设计行星轮系时，应重视轮系类型的选择。

① 当设计的轮系主要用于传递运动时，首要的问题是考虑能否满足工作所要求的传动比，其次兼顾效率、结构复杂程度、外廓尺寸和重量。

在设计轮系时，若工作所要求的传动比不太大，根据具体情况选用负号机构，可同时获得较高的传动效率。

若利用负号机构来实现大的传动比，首先要设法增大其转化机构传动比的绝对值，同时会造成机构外廓尺寸较大。在选择轮系类型时，要注意这一问题。若希望获得比较大的传动比，又不致机构外廓尺寸过大，可考虑选用复合轮系。

利用正号机构可以获得很大的减速比，且当传动比很大时，机构的尺寸不致过大。但是正号机构的效率较低。若设计的轮系是用于传动比大而对效率要求不高的场合，可考虑选用正号机构。正号机构用于增速时，可以获得极大的传动比，但随着传动比的增大，效率将急剧下降，甚至出现自锁现象。因此，选用正号机构一定注意效率问题。

② 当设计的轮系主要用于传递动力时，首先要考虑机构效率的高低，其次兼顾传动比、外廓尺寸、结构复杂程度和重量。

负号机构无论是用于增速还是减速，都具有较高的效率。因此，当设计的轮系主要是用于传递动力时，兼顾机构效率，应选用负号机构。若设计的轮系除了用于传递动力外，还要求具有较大的传动比，当单级负号机构不能满足传动比的要求时，可采用串联负号机构的方法，或采用负号机构与定轴轮系串联的复合轮系，以获得较大的传动比。随着串联级数的增多，效率将会有所降低，机构外廓尺寸和重量都会增加。

10.7.2 行星轮系中各轮齿数的确定

行星轮系在设计时，轮系中各轮齿数的选配应满足以下四个条件：

① 保证满足给定的传动比要求。

② 确保两太阳轮和系杆转轴的轴线重合，即满足同心条件。

③ 在采用多个行星轮时，保证各行星轮能够均匀地分布在两太阳轮之间，即满足安装条件，以实现行星轮-系杆系统惯性力的平衡。

④ 保证多个均布的行星轮相互间不发生干涉，即满足邻接条件。

现以图 10.25（a）所示的 2K-H 型行星轮系为例加以说明。

（1）满足给定的传动比要求

$$i_{1H} = 1 - i_{13}^H = 1 - (-\frac{z_3}{z_1}) = 1 + \frac{z_3}{z_1}$$

$$i_{1H} - 1 = z_3 / z_1 \tag{10-5}$$

（2）满足同心条件

要使行星轮系能正常运转，其基本构件的回转轴线必须在同一直线上，此即同心条件。对图 10.25（a）所示的轮系来说，必须满足

$$r_3' = r_1' + 2r_2' \tag{10-6a}$$

当采用标准齿轮传动或等变位齿轮传动时，式（10-6a）变为

$$z_3 = z_1 + 2z_2 \tag{10-6b}$$

（3）满足均布条件

为使各行星轮能均布地装配，行星轮的个数与各轮齿数之间必须满足一定的关系，否则将会出现行星轮与太阳轮轮齿干涉而不能装配，即均布条件。下面就来分析这个问题。

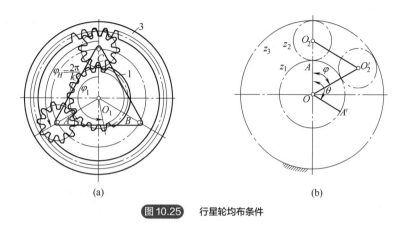

图10.25　行星轮均布条件

如图10.25所示，设需均布 k 个行星轮，相邻两行星轮之间相隔 $\varphi = 360^\circ / k$。设先装入第一个行星轮于 O_2，为了在相隔 φ 角处装入第二个行星轮，可以设想把太阳轮3固定起来，而转动太阳轮1，使第一个行星轮的位置由 O_2 转到 O_2'，并使 $\angle O_2 O O_2' = \varphi$。这时，太阳轮1上的 A 点转到 A' 位置，转过的角度为 θ。根据其传动比公式，角度 φ 与 θ 的关系为

$$\theta / \varphi = \omega_1 / \omega_H = i_{1H} = 1 + z_3 / z_1$$
$$\theta = \left(1 + z_3 / z_1\right)\varphi = \left(1 + z_3 / z_1\right)360^\circ / k \tag{a}$$

如这时太阳轮1恰好转过整数个齿 N，即

$$\theta = N \times 360^\circ / z_1 \tag{b}$$

式中，N 为整数；$360^\circ / z_1$ 为太阳轮1的齿距角。这时，轮1与轮3的齿的相对位置又回复到与装第一个行星轮时一模一样，故在原来装第一个行星轮的位置处，O_2 一定能装入第二个行星轮。同样的过程，可以装入第三个、第四个、…，直至第 k 个行星轮。

将式（b）代入式（a），得

$$\left(z_1 + z_3\right) / k = N \tag{10-7}$$

由式（10-7）可知，要满足均布安装条件，两个太阳轮的齿数和（$z_1 + z_3$）应能被行星轮个数 k 整除。

（4）满足邻接条件

在图10.22中，O_2、O_2' 为相邻两行星轮的中心位置，为了保证相邻两行星轮不致互相碰撞，需使中心距 $O_2 O_2'$ 大于两轮齿顶圆半径之和，即 $O_2 O_2' > d_{a2}$（行星轮齿顶圆直径），此即邻接条件。

对于标准齿轮传动有：

$$\left(z_1 + z_2\right)\sin\left(180^\circ / k\right) > z_2 + 2h_a^* \tag{10-8}$$

行星轮系的均载装置中，行星轮系可采用多个行星轮来分担载荷。但由于制造和装配误差，往往会出现各行星轮受力极不均匀的现象。为了降低载荷分配不均现象，常把行星轮系中的某些构件做成可以浮动的，如各行星轮受力不均匀，由于这些构件的浮动，可减轻载荷分配不均现象，此即均载装置。

均载装置的类型很多，有使太阳轮浮动的，有使行星轮浮动的，有使行星架浮动的，也有使几个构件同时浮动的。图 10.26 所示为这种均载装置的几种结构。图（a）为行星轮装在弹性心轴上；图（b）为行星轮装在非金属弹性衬套上；图（c）为行星轮内孔与轴承外套的介轮之间留有较大间隙以形成厚油膜的所谓"油膜弹性浮动"结构。均载装置的实现方法很多，可参阅其他相关文献。

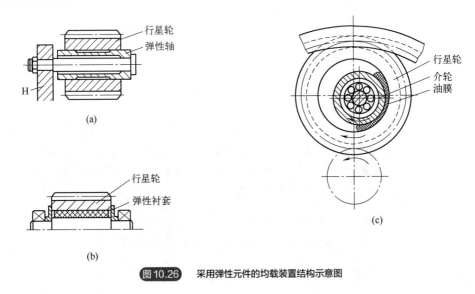

图 10.26　采用弹性元件的均载装置结构示意图

10.8　其他新型行星齿轮传动介绍

10.8.1　渐开线少齿差行星传动

图 10.27 所示为渐开线少齿差行星传动的基本原理。通常，内齿中心轮 1 固定，系杆 H 为输入轴，输出轴 V 与行星轮 2 用等角速比机构 3 相连接，所以 V 的转速就是行星轮 2 的绝对转速。它与前述各种行星轮系的不同之处在于，它输出的是行星轮的绝对转动，而不是中心轮或系杆的绝对运动。由于中心轮与行星轮的齿廓均为渐开线，且齿数差很少（一般为 1~4），故称为渐开线少齿差行星传动。又因其只有 1 个中心轮、1 个系杆和 1 个带输出机构的输出轴 V，故又称为 K-H-V 行星轮系。

这种轮系的传动比可用下式计算：

$$\frac{\omega_2 - \omega_H}{\omega_1 - \omega_H} = \frac{\omega_2 - \omega_H}{0 - \omega_H} = \frac{z_1}{z_2}$$

解得

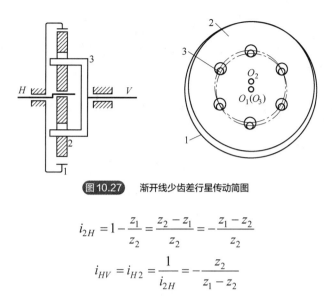

图 10.27　渐开线少齿差行星传动简图

$$i_{2H} = 1 - \frac{z_1}{z_2} = \frac{z_2 - z_1}{z_2} = -\frac{z_1 - z_2}{z_2}$$

$$i_{HV} = i_{H2} = \frac{1}{i_{2H}} = -\frac{z_2}{z_1 - z_2}$$

两轮齿数差愈少，传动比愈大。当齿数差 $z_1 - z_2 = 1$ 时，称为一齿差行星传动，这时传动比出现最大值：

$$i_{HV} = i_{H2} = \frac{n_H}{n_2} = -\frac{z_2}{z_1 - z_2} \tag{10-9}$$

由此可知，少齿差行星传动输入轴和输出轴的转向相反。另外需要注意的是，为保证一齿差行星传动的内、外齿轮装配，渐开线齿廓的行星轮和内齿轮均需要变位，以避免产生干涉而不能转动。

少齿差行星传动常采用销孔输出机构作为等角速比机构，使输出轴 V 绕固定轴线转动。目前用得最为广泛的是如图 10.28 所示的双盘销轴式输出机构。图中 O_2、O_3、……分别为行星轮 2 和输出轴圆盘的中心。在输出轴圆盘上，沿半径 ρ 为的圆周上均匀分布有若干个轴销（一般为 6～12 个），其中心为 B。为了改善工作条件，在这些圆柱销的外边套有半径 r_x 的滚动销套。将这些带有销套的轴销对应地插入行星轮轮辐上中心为 A、半径为 r_k 的销孔内。若设计时取系杆的偏距 $e = r_k - r_x$。O_2、O_3、A、B 将构成平行四边形 O_2ABO_3。由于在运动过程中，位于行星轮上的 O_2A 和位于输出轴圆盘上的 O_3B 始终保持平行，故输出轴 V 将始终与行星轮 2 等速同向转动。

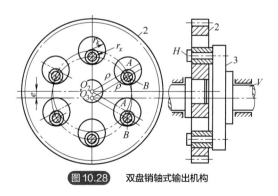

图 10.28　双盘销轴式输出机构

渐开线少齿差行星传动具有传动比大、结构简单紧凑、体积小、重量轻、加工装配及维修方便、传动效率高等优点，被广泛用于冶金机械、食品工业、石油化工、起重运输及仪表制造等行业。但由于齿数差很小，又是内啮合传动，为避免产生齿廓重叠干涉，一般需采用啮合角很大的正传动（当齿数差为 1 时，啮合角为 54°~56°），从而导致轴承压力增大。加之还需要一个输出机构，故使传递的功率受到一定限制，一般用于中、小型的动力传动（一般≤45kW）。

10.8.2　摆线针轮传动及 RV 减速器

图 10.29 所示为摆线针轮行星传动的示意图。其中，1 为针轮、2 为摆线行星轮、H 为系杆、3 为输出机构。运动由系杆 H 输入，通过输出机构 3 由轴 V 输出。同渐开线一齿差行星传动一样，摆线针轮行星传动也是一种 $K\text{-}H\text{-}V$ 型一齿差行星传动。两者的区别仅在于：在摆线针轮传动中，行星轮的齿廓曲线不是渐开线，而是变态外摆线；中心内齿轮采用了针齿，又称为针轮。摆线针轮传动由于同时工作的齿数多，传动平稳，承载能力大，传动效率一般在 0.9 以上，传递的功率已达 100kW。

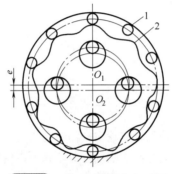

图 10.29　摆线针轮行星传动示意图

RV 减速器是由行星齿轮传动（一级传动）和行星摆线针轮传动（二级传动）组成的两级减速传动机构，采用中心圆盘支撑结构，两个支撑圆盘组成一个输出轴，这是一种封闭式、静不定、组合式的行星传动机构，具有传动比大、体积小、重量轻、承载能力强、刚度大、耐过载、传动效率高、回差小、寿命长，良好的加速性能可实现平稳运转并获取正确的位置精度等优点，近年来在工业机器人、机床、搬运装置等精密传动领域得到了广泛的应用。其结构及传动原理如图 10.30 所示。

该结构的传动比，第一级行星齿轮传动与第二级摆线针轮行星传动相加得到的减速比 i 因使用方式不同而异（RV 减速器常用的工作方式有两种：输出轴固定和外壳固定）。外壳固定，轴转动时，该机构的传动比可按照下列公式计算：

$$R = 1 + \frac{z_2}{z_1} \times z_4 , \quad i = \frac{1}{R} \qquad (10\text{-}10)$$

其中，R 为速比值；z_1 为输入齿轮的齿数；z_2 为正齿轮的齿数；z_3 为 RV 摆线齿轮的齿数；z_4 为销的根数；i 为传动比。RV 减速器的性能、设计选用注意事项可参阅其他文献。

10.8.3　谐波齿轮传动

谐波齿轮传动是利用行星传动原理，建立在弹性变形理论基础上的一种新型传动。图 10.31 所示为谐波齿轮传动的示意图。它由 3 个主要构件组成，即具有内齿的刚轮 1、具有外齿的柔

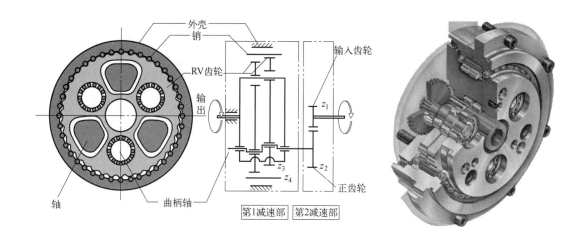

图 10.30 　 RV 减速器结构与传动原理

轮 2 和波发生器 H。这 3 个构件和少齿差行星传动中的中心内齿轮 1、行星轮 2 和系杆 H 相当。通常波发生器为主动件，而刚轮和柔轮之一为从动件，另一个为固定件。

当波发生器装入柔轮内孔时，迫使柔轮变为椭圆形，于是在椭圆的长轴两端柔轮与刚轮轮齿形成两个局部啮合区；同时在椭圆短轴两端，两轮轮齿则完全脱开。当波发生器连续转动时，柔轮长短轴的位置不断变化，使柔轮的齿依次进入啮合再退出啮合，实现啮合传动。由于在传动过程中，柔轮的弹性变形波近似于谐波，故称之为谐波齿轮传动。

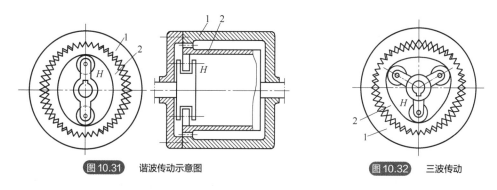

图 10.31 　 谐波传动示意图　　　　　　　　图 10.32 　 三波传动

在波发生器转动 1 周期间，柔轮上一点变形的循环次数与波发生器上的凸起部位数是一致的，称为波数，常用的有两波（图 10.31）和三波（图 10.32）两种。为了有利于柔轮的力平衡和防止轮齿干涉，刚轮和柔轮的齿数差应等于波发生器波数（即波发生器上的滚轮数）的整倍数，通常取为等于波数。

由于在谐波齿轮传动过程中，柔轮与刚轮的啮合过程与行星齿轮传动类似，故其传动比可按周转轮系的计算方法求得。

当刚轮 1 固定，波发生器 H 主动、柔轮 2 从动时，其传动比可计算如下：

$$i_{21}^H = \frac{\omega_2 - \omega_H}{\omega_1 - \omega_H} = \frac{\omega_2 - \omega_H}{-\omega_H} = 1 - \frac{\omega_2}{\omega_H} = \frac{z_1}{z_2}$$

故

$$i_{H2} = \frac{\omega_H}{\omega_2} = -\frac{z_2}{z_1 - z_2} \qquad (10\text{-}11)$$

上式与渐开线少齿差行星传动的传动比计算式完全相同。主从动件转向相反。当柔轮 2 固定，波发生器主动、刚轮从动时，其传动比为

$$i_{H1} = \frac{\omega_H}{\omega_1} = -\frac{z_2}{z_1 - z_2} \qquad (10\text{-}12)$$

此时，主从动件转向相同。

谐波齿轮传动具有以下明显优点：结构简单、体积小、重量轻；传动比变化范围宽，一般单级谐波齿轮传动比为 60~500；损耗小，效率高；由于同时啮合的轮齿对数多，齿面相对滑动速度低，加之多齿啮合的平均效应，使其承载能力强、传动平稳、运动精度高。其缺点是：柔轮易发生疲劳损坏；啮合刚度较差；起动力矩大等。另外，柔轮加工较困难，对柔性轴承的材料及制造精度要求较高。

近年来谐波齿轮传动技术发展十分迅速，应用日益广泛。在机械制造、冶金、发电设备、矿山、造船及国防工业中都得到了广泛应用。

文献阅读指南

渐开线少齿差行星齿轮传动、摆线针轮行星传动和谐波齿轮传动的应用日渐增多。如有兴趣对此作深入学习和研究，可参阅饶振纲编著的《行星传动机构设计》（第二版）（北京：国防工业出版社，1994）。书中系统地论述了上述 3 种行星传动机构的传动原理、结构形式、传动比计算、几何尺寸设计、受力分析、强度计算和效率计算等。

 思考和练习题

10-1 在定轴轮系中如何确定首、末轮的转向关系？

10-2 如何计算周转轮系的传动比？何谓周转轮系的转化机构？如何确定周转轮系中从动轮的回转方向？

10-3 计算复合轮系传动比的基本思路是什么？能否通过给整个轮系加一个公共的角速度 $-\omega_H$ 的方法来计算整个轮系的传动比？

10-4 如何划分一个复合轮系的定轴轮系部分和各基本周转轮系部分？

10-5 周转轮系中各轮齿数的确定需要满足哪些条件？

10-6 何谓正号机构、负号机构？各有何特点？各适用于什么场合？

10-7 在图 10.33 所示的车床变速箱中，已知各轮齿数分别为 $z_1 = 42$，$z_2 = 58$，$z_{3'} = 38$，$z_{4'} = 42$，$z_{5'} = 50$，$z_{6'} = 48$，电动机转速为 1450 r/min。若移动三联滑移齿轮 a 使齿轮 3′和 4′啮

合，又移动双联滑移齿轮 b 使齿轮 5′和 6′啮合，试求此时带轮转速的大小和方向。

10-8　在图 10.34 所示的手摇提升装置中，已知各轮齿数为 $z_1 = 20$，$z_2 = 50$，$z_{2'} = 15$，$z_3 = 30$，$z_4 = 40$，$z_{4'} = 18$，$z_5 = 52$，蜗杆 $z_{3'} = 1$ 且为右旋，试求传动比 i_{15}，并指出提升重物时手柄的转向。

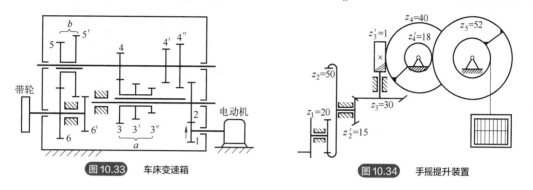

图 10.33　车床变速箱　　　　　　　图 10.34　手摇提升装置

10-9　如图 10.35 所示轮系中，已知 $z_1 = z_4 = 40$，$z_2 = z_5 = 30$，$z_3 = z_6 = 100$，齿轮 1 的转速 $n_1 = 100$r/min，求系杆 H 的转速 n_H 的大小和方向。

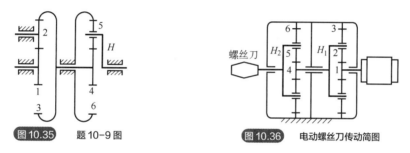

图 10.35　题 10-9 图　　　　　　　图 10.36　电动螺丝刀传动简图

10-10　图 10.36 所示为一装配用电动螺丝刀的传动简图。已知各轮齿数为 $z_1 = z_4 = 7$，$z_3 = z_6 = 39$，若 $n_1 = 3000$ r/min，试求螺丝刀的转速。

10-11　在图 10.37 所示的双螺旋桨飞机的减速器中，已知 $z_1 = 26$，$z_2 = z_{2'} = 20$，$z_4 = 30$，$z_5 = z_{5'} = 18$，齿轮 1 的转速 $n_1 = 15000$ r/min，求螺旋桨 P 和 Q 的转速 n_P、n_Q 的大小和方向。

10-12　图 10.38 所示自行车里程表机构中，C 为车轮轴，各轮齿数为 $z_1 = 17$，$z_3 = 23$，$z_4 = 19$，$z_{4'} = 20$，$z_5 = 24$。设轮胎受压变形后车轮有效直径约为 0.7m，当自行车行驶 1km 时，表上的指针刚好回转一周，试求齿轮 2 的齿数 z_2。

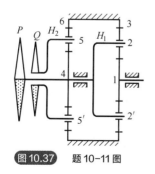

图 10.37　题 10-11 图

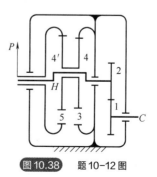

图 10.38　题 10-12 图

第11章

其他常用机构

扫码获取配套资源

 思维导图

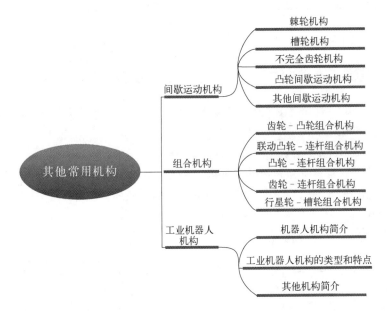

 内容导入

在机械工程中，除了前面学习的连杆机构、凸轮机构、齿轮机构外，还有许多其他常用的机构，通过不同的工作原理和结构形式，实现了各种特定的运动和动力传递功能，具有独特的功能和应用场景，广泛应用于汽车、航空航天、机械加工、电子设备等行业。

本章将学习其他常用机构的基本知识，包括间歇运动机构、组合机构、工业机器人机构等。

学习目标

（1）了解间歇运动机构的组成；

（2）了解常用间歇运动；

（3）了解组合机构的常见形式；

（4）了解常见工业机器人机构。

11.1 概述

除了前面章节介绍的连杆机构、凸轮机构、齿轮机构等常用机构，在工业生产和机械仪表中还经常用到一些其他类型的机构。比如现代工业生产中广泛使用的工业机器人机构、各类间歇运动机构、组合机构以及其他特殊机构等。本章将针对这些常用机构，从其结构、工作原理、特点和应用等方面进行阐述。

11.2 间歇运动机构

生产过程中有些工序要求机械构件周期地运动和停歇，需要用到间歇运动机构。间歇运动机构是指能够将原动件的连续转动（一般为匀速）转变为从动件周期性运动-停歇的机构。能够实现间歇运动的机构有棘轮机构、槽轮机构、凸轮机构和不完全齿轮机构等。本节对常用间歇运动机构做一简单介绍。

11.2.1 棘轮机构的组成和分类

棘轮机构能够将主动件的连续转动或往复运动转换成棘轮的单向间歇运动。棘轮机构一般由棘轮、棘爪和机架组成。

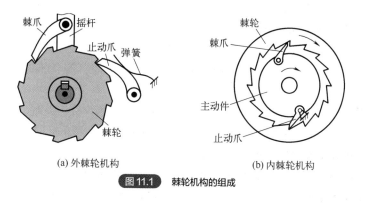

(a) 外棘轮机构　　　　　　　　　　(b) 内棘轮机构

图 11.1　棘轮机构的组成

如图 11.1 所示，主动件摆杆连续往复摆动实现棘轮的单向间歇运动。当摆杆逆时针摆动时，棘爪将带动棘轮逆时针转过一定的角度；反之，棘爪在棘轮的齿背上滑过，棘轮不动。止动爪的作用是防止棘轮反转，在弹簧力的作用下止动爪与棘轮轮齿始终保持接触。棘轮机构有外棘轮机构和内棘轮机构，图 11.1（a）所示为外棘轮机构，图 11.1（b）所示为内棘轮机构。

　　将棘轮机构中摆杆改为如图 11.2 所示结构，可得到双动式棘轮机构。根据棘爪的形状不同，图（a）为直杆式双动棘轮机构，图（b）为钩头式双动棘轮机构。若将棘轮轮齿的齿侧加工成对称结构，则为双向棘轮机构，可实现棘轮的双向间歇圆周运动，如图 11.3 所示，其中图（a）为翻转棘爪双向棘轮机构，图（b）为回转棘爪双向棘轮机构。

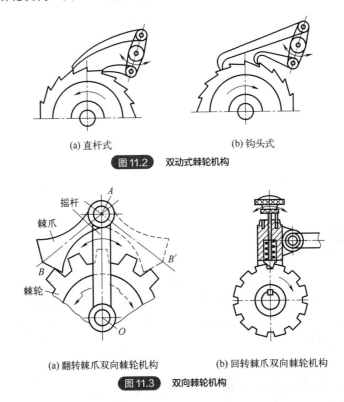

(a) 直杆式　　　　　　　　(b) 钩头式

图 11.2　双动式棘轮机构

(a) 翻转棘爪双向棘轮机构　　　　　(b) 回转棘爪双向棘轮机构

图 11.3　双向棘轮机构

　　如前所述，双向棘轮机构通过可翻转或回转的棘爪实现棘轮运动方向的切换。图 11.3（a）为翻转棘爪方式，当棘爪在图示的位置 B 时，棘轮逆时针方向作间歇运动；当棘爪翻转到位置 B' 时，棘轮顺时针方向做间歇运动。具有回转棘爪的双向式棘轮机构通过回转棘爪实现棘轮运动方向的切换。如图 11.3（b）所示，此刻棘轮将沿顺时针方向运动，当棘轮摆动到一定的幅度后，摆杆将逆时针摆动到中线位置，由于棘爪的特殊结构，此过程棘轮静止。当棘爪回到中线位置后绕着自身轴线旋转 180°，可实现棘轮逆时针方向的间歇运动。双向棘轮机构棘轮多采用矩形齿。

　　当棘轮圆周方向展开就演变成棘条机构，原理和外啮合棘轮机构类似，棘条机构的棘条的运动模式是间歇直线运动，如图 11.4（a）所示，图 11.4（b）为棘条机构在千斤顶上的应用。

　　如果将棘轮轮廓做成圆形，棘爪变成块状，便得到摩擦式棘轮机构，其原理和齿轮式棘轮机构类似，可以实现任意棘轮转角。摩擦式棘轮机构可分为内接式和外接式两种，如图 11.5（a）所示为外接式摩擦棘轮机构，图 11.5（b）为内接式摩擦棘轮机构。根据摩擦元素不同，又可分为楔块摩擦式和滚子摩擦式棘轮机构。由于是摩擦传动，工作时噪声较小，不足之处是接触面之间容易发生滑动，可以通过改变棘轮形状增大摩擦力，比如将棘轮做成槽形。棘轮机构的参数和几何尺寸可参阅相关手册。

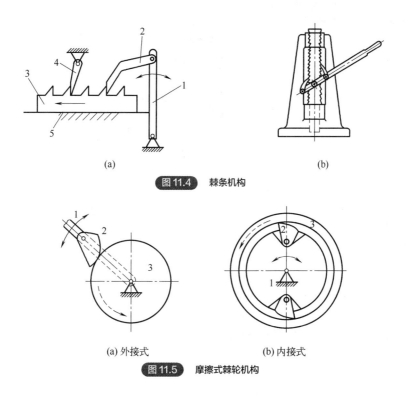

图 11.4 棘条机构

(a)   (b)

(a) 外接式   (b) 内接式

图 11.5 摩擦式棘轮机构

11.2.2 棘轮机构主要参数

如图 11.6 所示，棘轮棘爪自动啮紧条件为 $\beta \geqslant \varphi$。β 为棘爪方位线 O_1A 与 nn 线夹角（nn 线为齿面法线），φ 为摩擦角，$\varphi = \arctan f$，f 为摩擦系数。

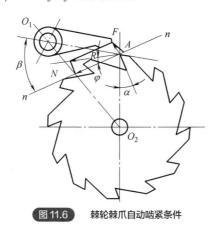

图 11.6 棘轮棘爪自动啮紧条件

为使棘爪受力最小，应使 $\angle O_1AO_2 = 90°$，此时 $\alpha = \beta$。棘轮轮齿齿面倾角 α 应根据强度确定，当载荷较大时取较小值。α 一般为 $10° \sim 30°$。

棘爪数可用 j 表示，一般取 $j=1$。当载荷较大且受尺寸限制而棘轮齿数 z 较少时，齿距角 θ 较大，棘爪每次摆角可能小于 θ，此时棘爪无法拨动棘轮，需采用多个棘爪，如图 11.7 所示。

棘轮齿数 z 与棘轮最小转角 θ 有关，$\theta = 2\pi/z$，由工艺条件确定。选择齿数 z 时，应兼顾齿距 p 的大小，齿距太小影响轮齿强度。为增大 p 值，应同时增加齿数和棘轮直径 d_a。一般情况下齿数 $z = 8 \sim 30$。

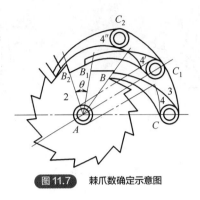

图 11.7　棘爪数确定示意图

例如，齿条式千斤顶，z 可取 6~8；棘轮停止器，z 可取 12~20；棘轮制动器，z 可取 16~25。

11.2.3　棘轮机构的应用

棘轮机构结构简单、运行可靠，有噪声和冲击，易磨损，适用于低速、轻载的场合，在生产和生活中得到了较为广泛的应用。外棘轮机构在一些机床的进给机构（如图 11.8 所示的牛头刨床刨刀进给机构）、起重机、绞盘等机械的防逆转装置中有着广泛的应用。内棘轮机构常用于超越离合器等装置（如自行车后轮轴上）。

图 11.8　牛头刨床进给机构

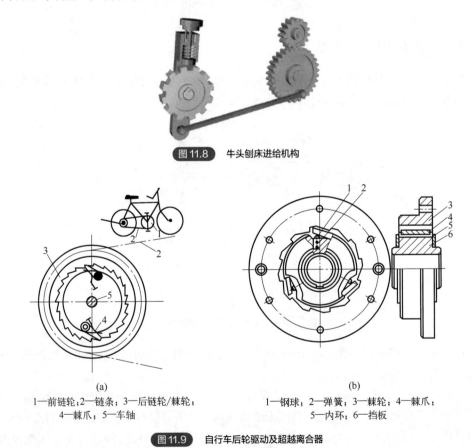

(a)

1—前链轮；2—链条；3—后链轮/棘轮；
4—棘爪；5—车轴

(b)

1—钢球；2—弹簧；3—棘轮；4—棘爪；
5—内环；6—挡板

图 11.9　自行车后轮驱动及超越离合器

骑车时，链条带动内圈具有棘齿的链轮 3 顺时针转动，驱动棘爪 4，轮轴 5 在棘爪 4 的作用下顺时针转动，驱动自行车前进。如果踏板不动作，后轮轴 5 超越链轮 3，此时棘爪 4 在棘轮齿背上滑过，实现速度超越，自行车自由滑行，发出"滴答"的悦耳声音，便是棘爪划过棘轮轮齿的声音。超越离合器便是这个原理，如图 11.9 所示。

如图 11.10 所示亦是棘轮机构实现超越运动的应用。与棘轮同轴的 5 在蜗轮蜗杆作用下逆时针转动，可以手动逆时针转动手轮，当手柄转速大于由蜗轮蜗杆传动的速度时，棘爪在棘轮上滑过，实现运动的超越。棘轮机构也可用于制动，如图 11.11 所示，此外在绞盘、绳索张紧器等场合也得到了应用。

图 11.10　棘轮棘爪运动的超越　　　　　　　图 11.11　棘轮机构制动

如图 11.12 所示为棘轮机构作为计数器的应用。当电磁铁 1 的线圈加载直流脉冲电时，街铁 2 在电磁铁作用下将棘爪 3 向右吸合，棘爪在棘轮 5 的齿上滑过；当断开信号电流时，棘爪在弹簧 4 的作用下复位推动棘轮转动一个齿的角度，实现计数。日常使用的电子钟的原理也是如此，如图 11.13 所示。

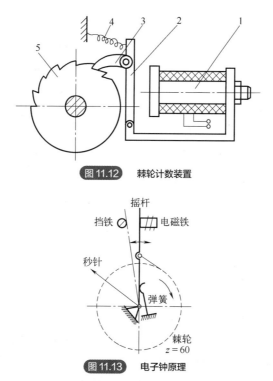

图 11.12　棘轮计数装置

图 11.13　电子钟原理

如图 11.14 所示为某钻孔攻丝机的转位机构。工作盘 10 的间歇运动由棘轮 9 和棘爪（棘爪装在连杆 8 上）实现。连杆 8 的运动由蜗轮蜗杆机构（1、2）和凸轮（6）机构传递。摆杆 4 为定位块，配合定位盘 5 的 V 形槽，工件实现精确定位，驱动由定位凸轮 3 实现。

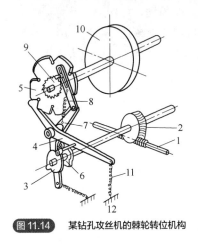

图 11.14　某钻孔攻丝机的棘轮转位机构

11.2.4　槽轮机构

槽轮机构可将主动件的连续转动转换成从动件单向周期性间歇转动。如图 11.15 所示，槽轮机构是由槽轮、拨盘和机架组成的间歇运动机构，主动件拨盘装有圆销。槽轮机构结构简单，尺寸紧凑，传动效率高，传动较平稳，但槽轮机构的转角大小不易调节，始末有加速度变化，存在冲击。常用于速度不太高的自动机械、轻工机械和仪器仪表中。

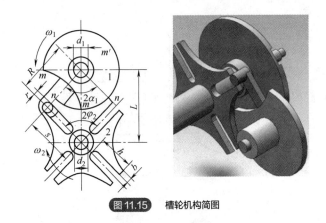

图 11.15　槽轮机构简图

如图 11.15 所示，拨盘 1 做匀速回转，当圆柱销进入槽轮的径向槽时，带动槽轮转动一定角度；圆柱销离开径向槽时，槽轮在锁止弧的作用下保持静止，等待下一次圆柱销进入槽轮径向槽，如此循环，槽轮做时动时停的间歇运动。

根据结构特点，槽轮机构可以分为外槽轮机构和内槽轮机构，外槽轮机构槽轮与拨盘转向相反，内槽轮机构槽轮与拨盘转向相同。槽轮机构与其他机构组合，可以实现自动送料或转位。

槽轮机构一般用于传递两平行轴间的运动，球面槽轮机构可以传递相交轴之间的间歇运动。图 11.16 所示为两相交轴间夹角为 90° 的球面槽轮机构，其工作过程与平面槽轮机构类似，从动槽轮 2 为半球形，拨轮 1 及拨销 3 的轴线交点与球心重合。

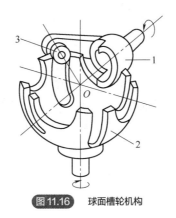

图 11.16 球面槽轮机构

（1）槽轮机构的运动系数

如图 11.15（单销外槽轮机构简图）所示，槽轮机构的运动系数 k 为槽轮 2 的运动时间 t_d 与主动拨盘 1 转动一周时间 t 之比。

$$k = \frac{t_d}{t} \tag{11-1}$$

设拨盘转动一周拨盘转角为 α，槽轮有 z 个槽均布，则其槽间角 ψ 为 $2\pi/z$，则 $\alpha = \pi - \psi$，运动系数 k 可表示为：

$$k = \frac{t_d}{t} = \frac{\alpha}{2\pi} = \frac{\pi - \psi}{2\pi} = \frac{\pi - \dfrac{2\pi}{z}}{2\pi} = \frac{1}{2} - \frac{1}{z} \tag{11-2}$$

由 $k>0$ 得槽轮齿数 $z>2$，由 $z>2$，得 $k<0.5$。

若槽轮机构为单销内槽轮机构，则 $k>0.5$（过程可根据上述步骤推导）。

若在拨盘 1 上均匀分布 n 个圆销，当拨盘转动一周时，槽轮将被拨动 n 次，运动系数则是单销的 n 倍。

（2）槽轮机构的应用

槽轮机构结构简单，工作可靠，在一些需要间歇运动且转速不高的场合得到了应用，如电影放映机、自动机床转塔刀架转位机构、物料输送机构等，如图 11.17 所示。但槽轮机构转角大小不能调整，槽轮每个间歇动作的始末位置加速度变化较大，存在冲击。

如图 11.18 所示为书芯加工联动的传动机构。锥齿轮带动槽轮机构，通过链条传送带获得间歇转动。其前端传动是椭圆齿轮，当从动椭圆齿轮 2 的角速度处在最小位置时带动槽轮机构转位。

如图 11.19 所示为某自动生产线中的自动传送装置。1 为主动件，2 为槽轮，槽轮的间歇运动通过齿轮 3 和齿轮 4 的啮合传递给与齿轮 4 同轴的链轮 5，传送链 6 实现间歇直线运动，7 为生产线上的装配工位，满足自动线上的流水装配作业。

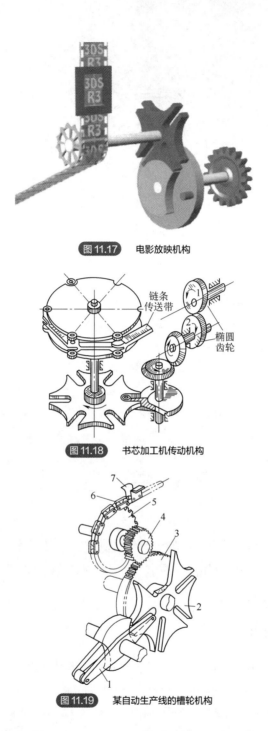

图 11.17 　电影放映机构

图 11.18 　书芯加工机传动机构

链条
传送带

椭圆
齿轮

图 11.19 　某自动生产线的槽轮机构

11.2.5 　不完全齿轮机构

不完全齿轮机构是由普通渐开线齿轮机构演化而成的间歇运动机构，其相互啮合的齿轮齿数是不完整的（通常为主动轮），从动轮上的齿数与位置由从动轮的运动与间歇时间确定，从动轮在主动轮的作用下做单向间歇运动。当主动轮的有齿部分与从动轮轮齿啮合时，推动从动轮转动；当主动轮的有齿部分与从动轮脱离啮合时，从动轮停歇不动。图 11.20（a）所示当主动轮 1 转动一周时，从动轮 2 转动 1/4 周，通过调整齿数，可改变从动轮的间歇转动角度，如果主动轮只有1个齿，从动轮齿数为 z，则主动轮转一周时，从动轮转过 $1/z$ 周。在从动轮的停歇期间，两个齿轮的轮缘有锁止弧对从动轮实施定位，防止从动轮在与主动轮无齿部分啮合时自由运动。不完全齿轮机构有外啮合 [图 11.20（a）] 和内啮合 [图 11.20（b）] 两种，外啮合两轮转向相反，内啮合两轮转向相同。

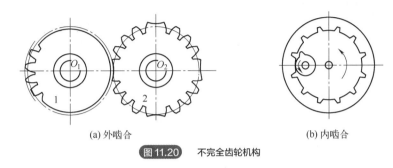

(a) 外啮合　　　　　　　　　　　　　　(b) 内啮合

图 11.20　不完全齿轮机构

相较槽轮机构，不完全齿轮机构从动轮运动间歇频率和间歇角度变化范围都较大，设计灵活，结构简单、工作可靠，但其加工艺较复杂。从动轮每次转动开始和终止时角速度的突变带来刚性冲击，一般用于低速、轻载的工作场合。如在自动机床和半自动机床中用于工作台的间歇转位机构，如肥皂生产自动线及蜂窝煤饼压制机的转位机构，以及用于间歇进给机构及计数机构，如电表、煤气表的计数器等，如图 11.21 所示。

图 11.21　不完全齿轮在计数器的应用

11.2.6　凸轮间歇运动机构

凸轮间歇运动机构一般由凸轮、转盘和机架组成，凸轮通常作主动件，转盘作从动件。图 11.22 所示为圆柱凸轮式间歇运动机构，凸轮的圆柱面上加工有非封闭的沟槽（或凸脊），从动转盘的端面上有均匀分布的圆柱销。凸轮为主动件，通过曲线沟槽（或凸脊）带动转盘底部的圆柱销，转盘实现间歇运动。图 11.23 所示为蜗杆凸轮间歇运动机构，其主动凸轮上加工有凸脊，当蜗杆凸轮转动时，通过转盘上的圆柱销推动从动转盘做间歇运动。

凸轮间歇运动机构具有结构简单紧凑、运行可靠、定位精度高等优点，通过设计从动件的运动规律和凸轮廓线，可减小动载荷和冲击，适用于高速运动的场合，广泛应用于自动机床、内燃机、灌装机械、印刷机械、纺织机械、包装机械等领域。凸轮机构容易磨损和产生噪声，高速凸轮的设计比较复杂，制造、装调的要求也比较高。

凸轮间歇运动机构主要有圆柱凸轮间歇运动机构、蜗杆凸轮间歇运动机构，以及共轭凸轮间歇运动机构等。圆柱凸轮间歇运动机构用于两交错轴间的分度传动，在轻载的情况下可以实

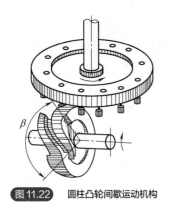

图 11.22　圆柱凸轮间歇运动机构

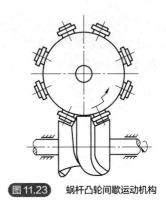

图 11.23　蜗杆凸轮间歇运动机构

现快速间歇运动。蜗杆凸轮间歇运动机构可以在高速状态下承受较大的载荷，在一些要求高速度、高精度的分度转位机械中得到了广泛的应用。共轭凸轮式间歇运动机构两个共轭凸轮分别与从动盘两侧的滚子接触，两凸轮在一个周期内相继推动从动件连续转动，具有良好的动力特性，分度精度较高，性价比较高，在自动分度机构、机床换刀机构等有广泛的应用，如图 11.24 所示的某攻丝凸轮转位机构。

图 11.24　某攻丝机凸轮转位机构

11.2.7　其他间歇运动机构

（1）转盘式间歇运动机构

如图 11.25 所示，转盘式间歇机构主要包括两个部件。主动件为一个转盘，回转中心为 O_1，从动件为杆端有圆柱销的转杆，回转中心为 O_2。转盘上的多段凹槽弧与转杆的圆销配合实现间歇运动。转盘绕中心顺时针转动，圆销 A 和 B 在静止弧 EPF 中时，A 和 B 两个圆销都被约束在

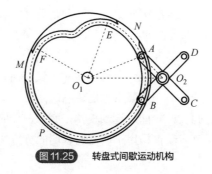

图 11.25　转盘式间歇运动机构

静止弧中，当圆销 A 开始接触运动弧 EF 的 E 处时，圆销 A 会顺着弧 EF 运动，圆销 B 绕 O_2 开始逆时针旋转，通过槽口 N 离开。当圆销 A 到达运动弧的 F 处时，圆销 D 通过槽口 M 进入转盘，由此圆销 A 与圆销 D 都进入静止弧中。这样就完成了转盘式间歇机构的一个工作行程。即转盘旋转一圈，转杆转 1/4 圈。

（2）对心椭圆曲柄滑块间歇运动机构

对心椭圆曲柄滑块机构如图 11.26 所示。设原动件系杆 O_1B 的长度为 L，行星连杆 BA（连杆 2）的相对长度为 b，连杆 AC（连杆 3）的相对长度为 l，原动件 1 的位置角为 φ_1。当 $\varphi_1=0$ 时，行星连杆 2 在 B_0A_0 的位置，其位置角 φ_0 称为初始安装角。

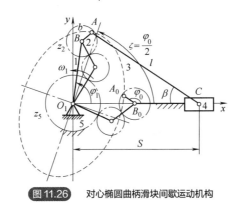

图 11.26　对心椭圆曲柄滑块间歇运动机构

（3）勒洛三角形行星轮间歇机构

勒洛三角形是一种特殊三角形，分别以正三角形的顶点为圆心，以其边长为半径作圆弧，由这三段圆弧组成的曲边三角形即为勒洛三角形。在任何方向上都有相同的宽度，即能在距离等于其圆弧半径 a（等于正三角形的边长）的两条平行线间自由转动，并且始终保持与两直线都接触。

如图 11.27 所示的勒洛三角形行星轮间歇机构，由主动太阳轮 1 和固定太阳轮 2、勒洛三角形行星轮 3、滑块 4、导杆 5 和机架 6 构成。行星轮 3 有 3 个尖顶 A、B、C，尖顶 B 与滑块 4 铰接并组成转动副，而滑块 4 与导杆 5 组成移动副，导杆 5 与太阳轮共轴，且与输出轴相连。行星轮 3 分别与太阳轮 1、太阳轮 2 接触并做纯滚动。行星轮 3 任一顶点到所对圆弧上各点的距离均相等，并用 r 表示。因太阳轮 2 固定不动，故在任何时刻行星轮 3 与太阳轮 2 的接触点 D 即是行星轮 3 的绝对速度瞬心。设太阳轮 1 以 ω_1 旋转，行星轮 3 则以 ω_2 绕 D 转动。令 B 点至 D 的距离为 r_3，则 $0 \leqslant r_3 \leqslant r$，且尖点 B 的速度 $v_B = r_3 \times \omega_3$，当 B 点到达与太阳轮 2 接触时，$r_3=0$ 和 $v_B=0$，此时导杆处于停歇状态。

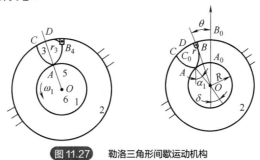

图 11.27　勒洛三角形间歇运动机构

（4）非圆齿轮机构

非圆齿轮机构是一种用于变传动比传动的齿轮机构，瞬时传动比是按一定规律变化的，如图 11.28 所示。根据前面章节所述的齿廓啮合基本定律，一对做变传动比传动的齿轮，其瞬心线不再是一个圆，是一条非圆曲线。在非圆形瞬心线切制的齿轮是非圆齿轮。常见的非圆齿轮的节线最常见的是椭圆形，除此之外还有卵形和螺旋线形。具有椭圆形节线的齿轮称为椭圆齿轮。

非圆齿轮机构的瞬时传动比为：

$$i_{12} = \frac{\omega_1}{\omega_2} = \frac{O_2P}{O_1P} = \frac{r_2}{r_1}$$

$$i_{12} = \frac{\omega_1}{\omega_2} = \frac{O_2P}{O_1P} = \frac{r_2}{r_1} \tag{11-3}$$

r_1 和 r_2 为两轮瞬心线的瞬时向径。任意时刻两齿轮的瞬时向径之和等于中心距 a；两轮相互滚过的弧长相等。

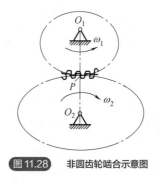

图 11.28 非圆齿轮啮合示意图

图 11.29 所示为椭圆齿轮机构简图。椭圆齿轮机构的瞬心线为两个相同的椭圆，传动时两个相互啮合的齿轮以椭圆节线作纯滚动，转动中心的距离为椭圆的长轴 a。传动比不是恒定的，按一定规律周期性变化。偏心率越大，不均匀系数也越大，传动比的变化也越大。

图 11.29 椭圆齿轮机构简图

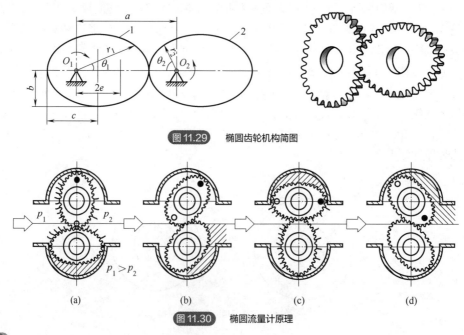

图 11.30 椭圆流量计原理

图 11.30 所示为椭圆流量计工作原理。流体在椭圆齿轮的作用下流过流量计上下两个腔室，从而得出流经流体的体积。

如图 11.31 所示为卵形齿轮，其瞬心线为两个相同的卵形曲线，常用于仪器仪表中。

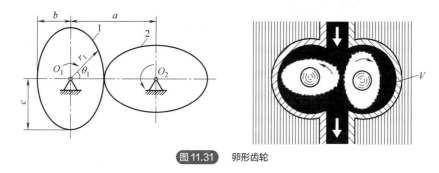

图 11.31 卵形齿轮

非圆齿轮机构可以进行连续的单向周期性变速比传动，能够按设计要求实现精确的非匀速比传动规律，结构紧凑，刚性好，容易实现动平衡，传动比较平稳，适用于高速、非匀速比传动的场合，实现两轴线间的非匀速比传动，能够代替传统的凸轮和连杆变速比结构，常用在要求从动轴速度需要按一定规律变化的场合，在机床、自动化设备、轻工机械、仪器仪表、压力机械、解算装置中均有应用，也可以与其他机构组合，用来改变传动的运动特性和改善动力条件。

11.3 组合机构

随着现代工业的发展，机械运动的多样性和复杂性日益提高，单一的机构往往不能满足现代机械的运动要求。组合机构是把一些基本的机构组合起来，各取所长，实现单个机构难以实现的复杂运动规律和运动轨迹，满足现代机械对复杂运动的需求。

机构组合的方式有串联式组合、并联式组合、反馈式组合和复合式组合。

11.3.1 齿轮-凸轮组合机构

齿轮-凸轮组合机构由齿轮机构和凸轮机构组成，一般以齿轮机构为主体，凸轮机构起控制、调节与补偿作用。如图 11.32 所示的齿轮-凸轮组合机构，由一对齿数相同的定轴齿轮机构 1、2 和凸轮 3 所组成，齿轮 2 上的柱销 B 在凸轮 3 的曲线槽中运动，槽凸轮 3 与齿轮 1 在 A 点铰接。当主动齿轮 1 以等角速度 ω_1 连续转动时，做平面复合运动的凸轮 3 上某一点 P 沿轨迹 pp 运动，实现轨迹要求。

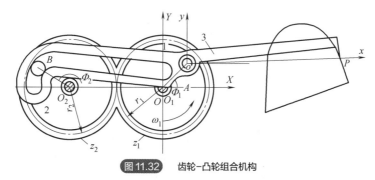

图 11.32 齿轮-凸轮组合机构

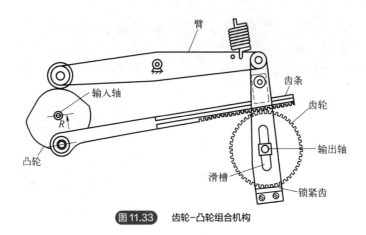

图 11.33　齿轮-凸轮组合机构

图 11.33 所示齿轮-凸轮组合机构能够实现输出齿轮 180°转动和 180°暂停的间歇运动。输入轴为凸轮，驱动齿条在半圈内与输出轴齿轮相啮合。当齿条与齿条输出轴齿轮相啮合时，在滑槽底部的锁紧输入轴齿脱离啮合，相反，若齿条脱离开输出轴齿轮时，滑槽底部的锁紧齿进行啮合，沿正向锁住输出轴。

图 11.34（a）所示为蜗轮蜗杆-圆柱凸轮组合机构。圆柱凸轮 1 为主动件，凸轮与蜗杆同轴以 ω_1 转动，同时在凸轮凹槽的作用下沿轴向往复移动，蜗轮以一定规律的变角速度 ω_2 转动。如图 11.34（b）所示的组合机构是图 11.34（a）所示机构的扩展，实现输出轴在一个工作循环中按一定规律正反向转动，常用于纺丝机。

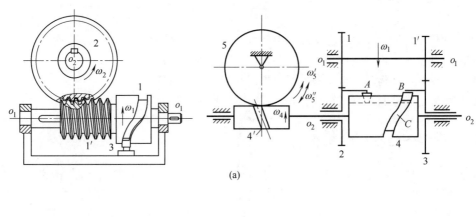

(a)

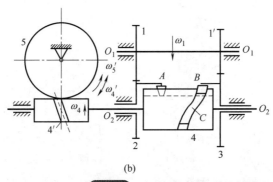

(b)

图 11.34　蜗轮蜗杆-圆柱凸轮组合机构

11.3.2 联动凸轮-连杆组合机构

在一些装备中，有时采用两个凸轮机构组成联动凸轮机构，实现某些特定运动轨迹。

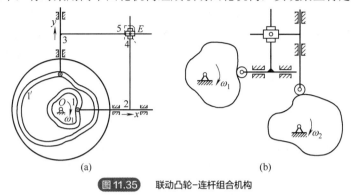

图 11.35 联动凸轮-连杆组合机构

图 11.35（a）所示为联动凸轮-连杆组合机构。主动件是两个固连在一起的盘形槽凸轮，根据实际需求设计这两个凸轮的不同轮廓形状和相互间的位置关系，获得工作所需要的预定轨迹（如 E 点），图 11.35（b）所示为两个凸轮的另一种布置方式。

11.3.3 凸轮-连杆组合机构

图 11.36 和图 11.37 所示为凸轮-连杆组合机构，该机构以五杆机构为基础，凸轮随主动件一起转动，控制五杆机构两个输入运动间的关系，实现给定的工作要求。通过改变凸轮的轮廓曲线形状可控制 AC 长度的变化规律，该机构相当于连杆 AC 长度可变的四杆铰链机构 $OACD$。

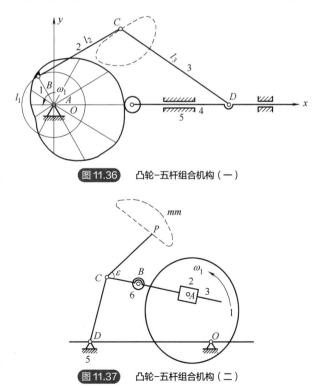

图 11.36 凸轮-五杆组合机构（一）

图 11.37 凸轮-五杆组合机构（二）

11.3.4　齿轮–连杆组合机构

图 11.38（a）所示为齿轮-连杆组合机构。输入齿轮的转动使与机架相连的连杆摆动，齿轮 3 带动连杆滑块做行程较大的往复运动。图 11.38（b）所示机构是三个齿轮与铰链四杆机构的组合。输入曲柄旋转带动齿轮 1 转动，齿轮 1 与惰轮 5 啮合驱动输出齿轮 6。当主动曲柄以等角速度 ω_1 连续旋转时，根据四杆机构各杆尺度和齿轮齿数的不同配置，可得到齿轮 6 不同类型的运动规律。

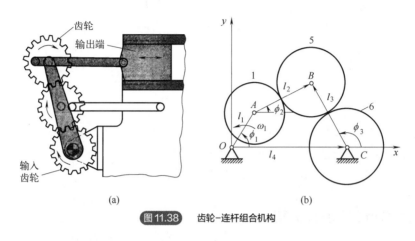

（a）　　　　　　　　　　　（b）

图 11.38　齿轮–连杆组合机构

如图 11.39（a）所示为后一级连杆机构铰接在前一级行星机构的行星轮上。由于行星轮上各不同点的轨迹是各种内摆线，故选不同的铰接点 C 可使从动杆 4 获得多种不同的运动规律。如图 11.39（b）所示，图中曲柄尖端的曲率近似地为一圆弧。当从点 P 移到 P' 点时，摇杆在右极限位置停歇；从点 P' 到点 P'' 快速返回，在这个阶段的最后摇杆有一个短暂的歇停。然后，摇杆从 P'' 到 P''' 有一轻微的摆动。

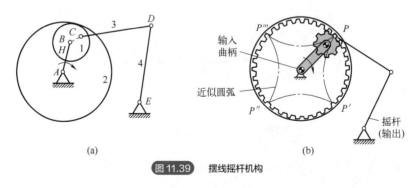

（a）　　　　　　　　　　　（b）

图 11.39　摆线摇杆机构

图 11.40 为三谐波驱动机构，输入轴驱动与连杆相连的三个齿轮。连杆选择不同的长度可以获得变化范围较大的往复输出运动。另外，每个转动周期至少能够获得一个歇停。

图 11.41 所示为振摆式轧钢机所用五杆-齿轮组合机构。主动齿轮 10 连续旋转时，M 点的运动轨迹为 mm，一对工作轧辊 6 的包络线 $m'm'$ 和 $m''m''$ 实现轧制钢坯的工艺需要。调节曲柄 1 和 4 的相位角 ϕ_1 和 ϕ_4，可改变 M 点的轨迹及相应的包络线形状，以满足不同的轧钢工艺要求。

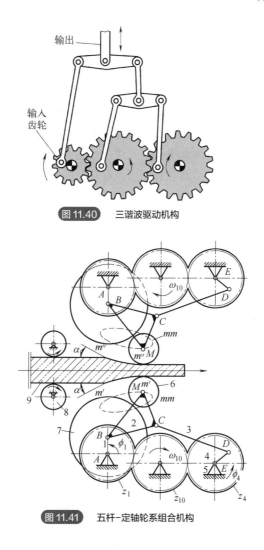

图 11.40 三谐波驱动机构

图 11.41 五杆-定轴轮系组合机构

11.3.5 行星轮-槽轮组合机构

图 11.42 所示为行星轮-槽轮组合机构。当用在锁止盘上的一个单齿驱动行星齿轮时，输出杆保持静止。锁止盘是行星齿轮的一部分，它与环形齿槽轮相啮合，使输出杆转动一个位置。

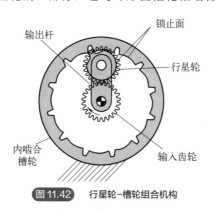

图 11.42 行星轮-槽轮组合机构

11.4　工业机器人机构

11.4.1　机器人机构简介

　　机器人按不同用途可分为工业机器人、服务机器人、特种机器人等多种类型，其中以工业机器人应用最为广泛。工业机器人是集多种先进技术为一体的自动化装备，是广泛用于工业领域的多关节机械手或多自由度的机器装置，可依靠自身的动力能源和控制能力实现各种工业加工制造功能，广泛应用于电子、物流、化工等各个工业领域。

　　工业机器人一般由机器人本体、驱动系统、控制系统及辅助系统等组成，其机械结构一般采用由一系列连杆通过运动副串联起来的开式运动链。

　　本体即机座和执行机构，包括臂部、腕部和手部，有的机器人还有行走机构。大多数工业机器人有 3~6 个运动自由度，其中腕部通常有 1~3 个运动自由度；驱动系统包括动力装置和传动机构，用以使执行机构产生相应的动作；控制系统是按照输入的程序对驱动系统和执行机构发出指令信号，并进行控制。

　　机器人机构学不仅是机器人的主要基础理论和关键技术，也是现代机械原理研究的主要内容。

11.4.2　工业机器人机构的类型和特点

（1）开式链机构

　　开式链机构是由开式运动链所组成的机构，在各种机器人和机械手中得到了广泛的应用，如图 11.43 所示。固定式机器人的执行系统是机器人完成各种运动和操作的机械部分，通常由机座、臂部、腕部和末端执行器组成。执行器的主运动链通常是一个固定在机架上的开式运动链。由于开式链的自由度较闭式链的多，因此需要多个原动机才能使其有确定的运动，开式链中末端构件的运动与闭式链中任何构件的运动相比，更为复杂多样。因此，开式链机构具有运动灵活、复杂多样，但需要多个驱动源，且运动分析复杂的特点。利用开式链机构的特点，结合伺服电机控制和计算机的使用，开式链机构的重要应用领域是机器人工程，开式链机构在各种机器人中得到了广泛的应用。

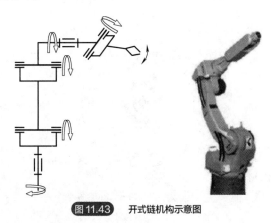

図11.43　开式链机构示意图

　　工业机器人按臂部的运动形式分为四种。直角坐标型的臂部可沿三个直角坐标移动；圆柱坐标型的臂部可作升降、回转和伸缩动作；球坐标型的臂部能回转、俯仰和伸缩；关节型的臂部有多个转动关节。

　　① 多轴机器人是以 XYZ 直角坐标系为基本数学模型，以伺服电机、步进电机为驱动，以单轴机械臂为基本工作单元，以滚珠丝杆、同步带、齿轮齿条为常用的传动方式构成的机器人系统，可以完成在 XYZ 三维坐标系中任意一点的定位和可控的运动轨迹，如图 11.44 所示的多轴机械臂。

图 11.44　多轴机械臂

　　② SCARA 机器人是一种圆柱坐标型的特殊类型的工业机器人，如图 11.45 所示。SCARA 机器人有 3 个旋转关节，其轴线相互平行，在平面内进行定位和定向。另一个关节是移动关节，用于完成末端件在垂直于平面的运动，具有结构轻便、响应速度快等特点，最适用于平面定位、垂直方向进行装配的作业。

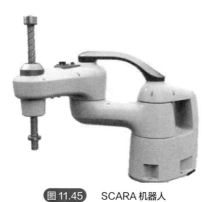

图 11.45　SCARA 机器人

　　③ 坐标机器人是通过机械和控制系统完成沿着 X、Y、Z 轴的线性运动，如图 11.46 所示。采用运动控制系统实现对其的驱动及编程控制，直线、曲线等运动轨迹的生成为多点插补方式，操作及编程方式为引导示教编程方式或坐标定位方式。

　　④ 串联机器人的串联式结构是一个开放的运动链，各杆件并没有形成封闭的结构链，其典型结构如图 11.47 所示，由机身、腰部、臂部及腕部、手部所组成。其臂部（可分为大臂、小臂或肘）、腕部均为杆状构件，而手部一般被视为一类独立末端执行部件。各部件之间用可独立驱动的铰链连接，按人体结构将其称为"关节"，有多少关节就可以有多少个独立的"驱动源"，

图 11.46　坐标机器人

成为该机器人工作自由度的特征，因此又称为关节机器人。若将手部结构与腕部刚化成为末端执行器，结构可简化为如图 11.47（b）所示的具有五个独立驱动自由度的结构。

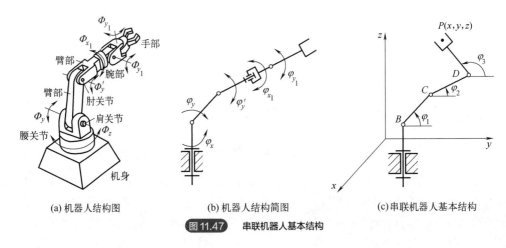

(a) 机器人结构图　　　　　　(b) 机器人结构简图　　　　　(c) 串联机器人基本结构

图 11.47　串联机器人基本结构

串联机器人是目前应用最多的机器人形式，各构件组成一个开式运动链，在各杆长确定之后，末端执行件上一点 P 的位置以及末杆的姿态是由 φ_1、φ_2、φ_3 等角位移所确定的。各杆的运动由其驱动关节确定，不会对其他构件的运动产生耦合作用，只要给定了各个转角，就可很方便地确定末端执行件的位置和姿态。开链串联机器人机构，除了上述关节机器人外，按其腰、臂自由度结构还有如图 11.48 所示的直角坐标型、圆柱坐标型、球坐标型等定位机构，且各有特点（表 11.1）及应用场合。

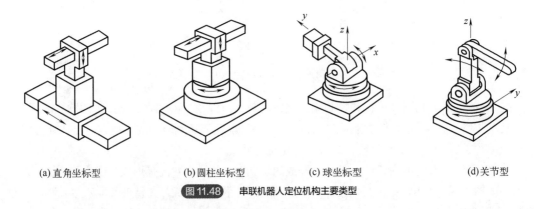

(a) 直角坐标型　　　　(b) 圆柱坐标型　　　　(c) 球坐标型　　　　(d) 关节型

图 11.48　串联机器人定位机构主要类型

表11.1　串联式机器人的运动和特点

类型	直角坐标型	圆柱坐标型	球坐标型	关节型
基本自由度	三个移动	两个移动，一个回转	一个移动，两个回转	三个回转
基本运动	伸缩、升降、平移	伸缩、升降、水平回转	伸缩、水平回转、俯仰回转	水平回转和两个俯仰回转
工作空间	长方体	空心圆柱体	空心球体的一部分	空心球体的一部分
特点	结构简单，运动直观性强，便于实现高精度，占据空间大，工作范围较小	运动直观性强，结构紧凑，工作范围大，应用较广	工作范围更大，结构较复杂，运动直观性差，不便于实现高精度	占据空间最小，工作范围最大，运动直观性最差，驱动控制较复杂，应用较广

（2）闭式链机构

机构中包含一个或多个环路的运动链叫闭链。并联机构是动平台和定平台通过至少两个独立的运动链（支链）相连接的多闭环机构，机构具有两个或两个以上自由度，且以并联方式驱动的一种闭环机构，支链数一般与动平台的自由度数相同，其典型结构如图11.49所示。其特点为结构紧凑，工作空间小，刚度高，承载能力大；无累积误差，精度较高；驱动装置可置于定平台上或接近定平台的位置，运动部分重量轻，速度高，动态响应好。因此并联机器人在需要高刚度、高精度或者大载荷而无需很大工作空间的领域内得到了广泛应用。

图11.49　并联机构结构

并联机构动平台至少需要2个支链支撑，原动机（一般为电机）数量与动平台自由度数相等。主要用在运动模拟器、并联机床、微操作机器人、力传感器等行业。军事领域中的潜艇、坦克驾驶运动模拟器，下一代战斗机的矢量喷管、潜艇及空间飞行器的对接装置、姿态控制器等；生物医学工程中的细胞操作机器人、可实现细胞的注射和分割；微外科手术机器人；大型射电天文望远镜的姿态调整装置；混联装备等。

并联机构灵巧、轻质，在腹腔镜、泌尿外科、骨科、脑外科等外科手术中得到了越来越广泛的应用。图11.50为国产腔镜手术机器人。

并联机床诞生于20世纪90年代，也称为"六条腿机床"，是以并联机构作为部分或全部进给机构的机床，实现复杂曲面加工，且具有结构简单、刚性好、响应速度快、精度高等优点。图11.51所示为国产并联机床。

图 11.50　国产腔镜手术机器人

图 11.51　并联机床

Stewart 平台（图 11.52）并联机构具有刚度大、承载能力强、位置误差不累计等特点，在航空、航天、海底作业、地下开采、制造装配等行业得到了广泛的应用。

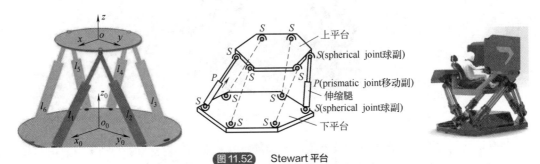

图 11.52　Stewart 平台

图 11.53　分拣并联机器人

现代生产线的高速自动分拣需要用到高速、高加速度的机械臂或机械手，并联机构由于其结构紧凑、重量轻以及负载自重比大等优点得到了广泛的应用，如图 11.53 所示。

在空间探索领域，并联机构因具有高动态特性、高速、高加速度、高精度等特性，而得到了应用。在空间站对接过程中，并联机构可以用作飞船和空间站对接器的对接机构。

11.5　其他机构简介

螺旋机构是用螺杆和螺母组成的螺旋副连接相邻构件而形成的机构，将回转运动转化为直线运动或者将直线运动转化为回转运动，进而进行运动和力的传递。螺旋机构主要有简单螺旋机构、差动螺旋机构和复式螺旋机构三种类型。简单的螺旋机构通常由螺杆、螺母和机架等组成，除了螺旋副还有移动副和转动副，如图 11.54 所示。值得注意的是，若 A 和 B 均为螺旋副且旋向相同，在螺杆转动的过程中，螺母 B 的位移为两个螺旋副移动之差，称之为差动螺旋。当差动螺旋螺距相差较小时，螺母的位移可以很小。反之，当两个螺旋副旋向相反时，螺母的位移为两螺旋副移动之和，称之为复式螺旋。

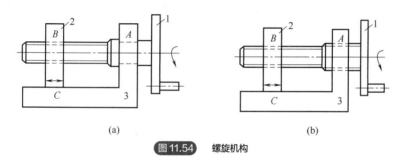

(a)　　　　　　　　　　　　　　　　(b)

图 11.54　螺旋机构

如图 11.54（a）所示的螺旋机构，当螺杆 1 转过角度 φ 时，螺母 2 的轴向移动距离 s 为

$$s = \frac{l\varphi}{2\pi}$$
（11-4）

式中，l 为螺旋的导程。

如图 11.54（b）所示的螺旋机构，螺杆 1 的 A 段螺旋在固定的螺母中转动，B 段在移动的螺母 2 中转动。设其螺旋导程分别为 l_A、l_B，如两段螺旋的旋向相同，则当螺杆 1 转过角度 φ 时，螺母 2 轴向移动的距离 s 为：

$$s = \frac{(l_A - l_B)\varphi}{2\pi}$$
（11-5）

由上式可知，两段螺距相差很小时，位移 s 可以很小。这种螺旋机构称为微动螺旋机构，在螺旋测微计、分度/调节机构中有广泛的应用。

若两段螺旋的旋向相反，则当螺杆 1 转过角度 φ 时，螺母 2 轴向移动的距离 s 为：

$$s = \frac{(l_A + l_B)\varphi}{2\pi}$$
（11-6）

简单螺旋机构又可以分为几种形式，如图 11.55 所示。

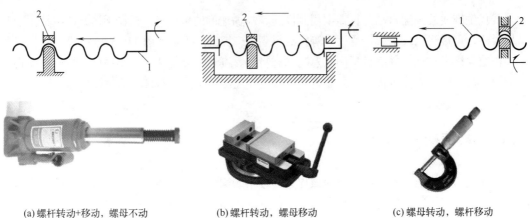

(a) 螺杆转动+移动，螺母不动　　　　(b) 螺杆转动，螺母移动　　　　(c) 螺母转动，螺杆移动

图 11.55 简单螺旋机构的基本形式

按螺杆与螺母之间的摩擦状态，螺旋机构可分为滑动螺旋机构、滚动螺旋机构和静压螺旋机构。滑动螺旋机构结构简单，制造成本低，螺杆与螺母的螺旋面直接接触，摩擦副为滑动摩擦，摩擦力大，效率低，传动精度较低。滚动螺旋机构在螺杆与螺母的螺纹滚道间有滚动体，当螺杆或螺母转动时，滚动体在螺纹滚道内滚动，摩擦副由滑动变成了滚动，传动效率和传动精度高。静压螺旋机构是在螺杆与螺母间充以压力油，为液体摩擦，传动效率和精度高。

按用途，螺旋传动可以分为传力螺旋、传导螺旋、调整螺旋和压力螺旋等几种。传力螺旋主要用来传力，通常要求自锁。典型应用如螺旋压力机和螺旋千斤顶，如图 11.56 所示。传导螺旋主要用以传递运动，要求有较高的运动精度和速度。如机床的进给螺旋、滚珠丝杠等。调整螺旋主要用来调整零件间的相对位置，要求自锁和较高的精度。如微调螺旋、车床尾座等。测量螺旋主要用于千分尺等精密测量仪器。

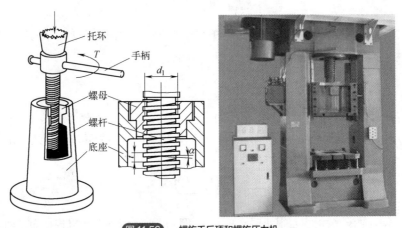

图 11.56 螺旋千斤顶和螺旋压力机

思考和练习题

11-1 常用间歇运动机构有哪些？各有什么特点？

11-2 设计一个棘轮机构，要求每次进给量为齿距的 1/3。

11-3 什么是槽轮机构的运动系数 k？其取值应满足什么条件？为什么？

11-4 图 11.57 所示凸轮-连杆组合机构，拟使 C 点的轨迹为 a-b-c-d，试说明凸轮 1 和 2

的设计方法。

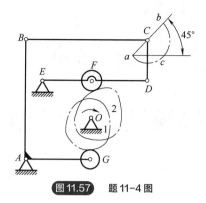

图 11.57   题 11-4 图

11-5   图 11.58 所示为一机床的微动螺旋机构，螺杆 1 上有两段旋向相同（右旋）的螺纹，A 段的导程 $l_1=1$mm，B 段的导程 $l_2=0.75$mm。当手轮按图示方向转动一周时，试求溜板 2 相对于导轨 3 移动的方向及距离。

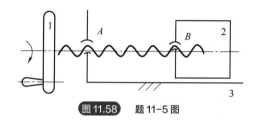

图 11.58   题 11-5 图

11-6   工业机器人机构有哪几类？各自的特点是什么？

11-7   常用组合机构有哪些类型？试举例说明。

11-8   试举出 4 种间歇机构在实际中的应用。

第 12 章

机械系统方案设计

扫码获取配套资源

思维导图

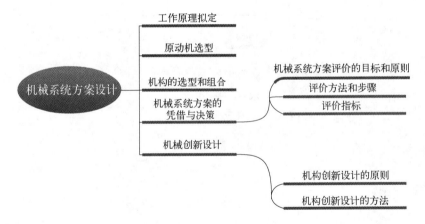

内容导入

　　机械系统方案设计是将实际需求转化为具体、可行的机械设计方案，是机械设计与制造过程中的一个关键环节。设计方案的优劣直接关系到产品的性能、制造成本以及市场竞争力。机械系统方案设计过程复杂，它要求工程师在深入理解用户需求的基础上，综合运用机械设计原理、材料科学、制造工艺以及自动化控制等多学科知识，进行创新性的设计。

　　本章主要学习机械系统方案设计相关内容，主要包括工作原理拟定、机械系统方案评价、机构创新设计等。

学习目标

（1）了解机械系统工作原理拟定方法；

（2）了解原动机选型及机构的选型、组合；

（3）了解机械系统方案的评价与决策；

（4）了解机构创新设计的原则与方法。

机械本体是机械的重要组成部分，机械本体的设计是机械设计非常重要的环节。本章就机械系统方案设计中的一些基本问题做简单阐述。

12.1 机械系统方案设计概述

机械设计的过程如图12.1所示。确定机械的总功能之后需要进行机械系统方案的设计。机械运动方案设计是一项复杂的工作，涉及机构运动学、动力学和设计方法学等各方面知识，要求设计者对各种机构的性能、工作特点和适用场合等具有较深入全面的了解，而且需要具备较丰富的实践知识和设计经验，并能了解现代设计理念和方法，借助现代工具技术，充分发挥想象力和创造力，方能设计出新颖、高效、节能等有市场竞争力的机械系统。该过程的主要内容包括确定机械的工作原理及工艺动作、执行构件的数量及参数、原动机选型、传动系统设计等，是一个从无到有的创造性设计过程。

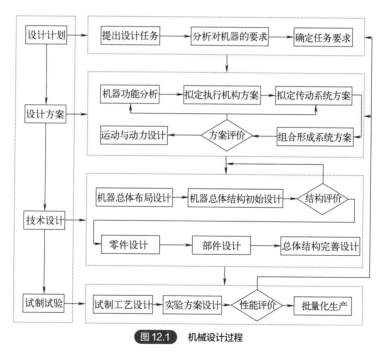

图12.1 机械设计过程

机械运动方案设计是机械设计的重要环节，其一般步骤如图12.2所示。

（1）工作原理拟定

每种机械都有特定的使用要求，设计时首先根据机械预期完成的生产任务或功能初定工作原理和工艺动作过程。

同一种功能要求可以采用不同的工作原理，即使采用同一工作原理，机械运动方案也可有不同选择。确定工作原理之后，将机械按照使用要求进行功能分解，确定工艺动作。例如，牛头刨床的功能可分解为刀具刨削、工件进给等分功能，动作可以分解为刀具的往复直线移动和工件的间歇进给运动。值得一提的是，分功能也可以继续分解成更小的运动。

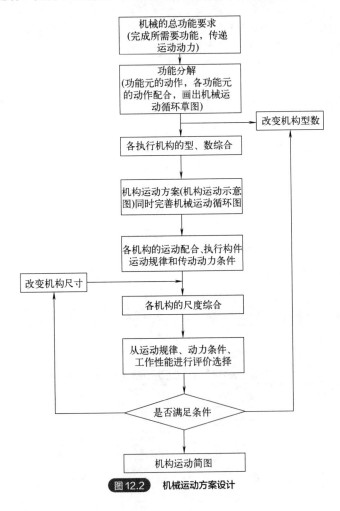

图 12.2 机械运动方案设计

（2）执行构件的运动设计及绘制机械运动循环图

根据机械的功能和工艺动作，确定具体执行构件及其运动形式和运动参数，并根据各工艺动作的运动协调配合关系，绘制机械运动简图和机械运动循环图，作为机构选型和拟定机构组合方案的依据。

根据机械的功能及生产工艺，运动可以分为周期性循环和非周期性循环。起重、运输机械，建筑机械等属于非周期性循环，机床等则属于周期性循环。值得一提的是，生产中大部分机械都属于周期性运动循环。机械的运动循环图又称为工作循环图，用以描述机械各执行构件之间有序的、相互协调、制约的运动关系示意图，反映机器的工作节奏，指导各执行构件的设计。运动循环图有直线式运动循环图、圆周式运动循环图以及直角坐标式运动循环图等形式。

（3）原动机的选择

根据使用环境条件和各执行机构的运动参数，选择原动机的类型和运动参数，并根据生产阻力初步确定其动力参数。

（4）机构系统方案的拟定

根据机械的运动及动力等性能要求，综合考虑机构的功能、结构、尺寸、动力特性及运动协调配合要求等多种因素，选择各机构的类型，并对所选机构进行组合形成机构系统方案，绘制机构系统示意图。

（5）机构的尺度设计及绘制机构运动简图

根据执行构件和原动机的运动参数，以及各执行构件运动的协调配合关系，同时考虑动力性能要求，确定各构件的运动参数（如各级传动轴的转速）和各构件的几何参数（如连杆机构各杆的长度）或几何形状（如凸轮轮廓曲线），绘制机构系统的运动简图。

（6）运动方案分析与评价

对拟定的机构运动简图从运动规律、动力条件、工作性能等多方面进行综合分析与评价，必要时适当进行调整。

运动方案分析的内容主要包括：对机构系统进行运动分析，考察其能否全面满足机械的位移、速度、加速度等方面的要求;根据机械的生产阻力或原动机的额定转矩进行机械中力的计算，用于评价机构的传力性能、效率等指标，以及对强度和振动稳定性等方面的影响。力分析的结果（如各级传动轴传递的转矩及各构件所承受的载荷）将作为今后机械零件的工作能力计算和结构设计的依据。

由于完成同一工作任务可以根据不同的工作原理，拟定出许多不同的机构运动方案，其中必有好坏优劣之分，故在设计机械时应对这些方案进行综合评价，以便从中选出最佳方案。

机械运动方案设计是一项比较复杂的工作，涉及机构运动学、动力学和设计方法学等各方面知识。为了能较好地完成此项任务，不仅需要对各种机构的性能、工作特点和适用场合等具有较深入全面的了解，而且需要具备较丰富的实践知识和设计经验。此外，在设计机构系统时，虽已有一些规律可借鉴，但这些规律并非是一成不变的。

12.2 工作原理拟定

如前所述，设计机械产品时，需要首先根据实际要求确定机器的总功能，然后拟定其工作原理，设计机械系统方案。同一机器工作原理可以不同，同一工作原理，机械运动方案也可各异。机械的工作原理很大程度上决定了该机械的先进程度以及市场接受程度，在拟定机械工作原理时，思路要开阔，综合考虑各种完成机械功能的可行性;同时要综合考虑光、机、电、液等各相关领域。能用最简单的方法实现同一功能的方案才是最佳方案。

确定工作原理之后，将机械按照使用要求进行功能分解，确定工艺动作。以缝纫机为例，缝纫功能可以分解为刺布、挑线、钩线和送布四大功能，各个功能所对应的动作分别为机针的上下运动、挑线杆供线和收线、梭子钩线和推送缝料四个动作，分别由不同的机构实现。齿轮加工的滚齿和插齿，虽然都属于范成法加工原理，但两种加工机床各运动部件的运动方案是不同的。

原理设计时，在达到机器要求性能指标的前提下，需要根据机构的复杂程度和精度，综合考虑经济性等因素，对不同的设计方案、原理进行比较，选择最优的方案。

机械系统通常由原动机、传动装置、工作机和控制操纵部件及其他辅助零部件组成。工作机是机械系统中的执行部分，原动机是机械系统中的驱动部分，传动装置则是把原动机和工作机有机联系起来，实现能量传递和运动形式转换不可缺少的部分。

执行机构的选择是保证实现工作要求的重要环节。选用执行机构的原则与方法是：

① 依照生产工艺要求，选择恰当的运动规律和机构形式。按执行构件运动形式选用相应的机构形式，在机构的运动误差不超过允许限度的情况下，可以采用近似的实现运动规律的机构，机构的执行构件在工作循环中的速度、加速度的变化应符合要求。

② 结构简单、布局紧凑，尺寸适度，占空间小。在满足要求的前提下，机构的结构力求简单、可靠；由主动件（输入件）到从动件（执行构件）间的运动链要尽可能短，它包括构件和运动副数都要尽量减少。

③ 加工容易、装配简单。在采用低副的机构中，相较移动副，转动副制造简单，易保证运动副元素的配合精度。采用带高副的机构，可以减少运动副数和构件数，但高副元素形状一般较为复杂，制造较困难。

④ 原动机。原动机要根据实际情况适当选择。有气、液源时常利用气动、液压机构，以简化机构结构、便于调节速度；采用电动机后，执行机构又要考虑原动件为连续转动，有时也有不少方便之处。

⑤ 动力特性要优。考虑机构的平衡，使动载荷最小；执行构件的速度、加速度变化应符合要求；采用最大传动角和最小增力系数的机构，以减小原动轴上的力矩。

⑥ 效率高。执行机构要有较高的生产效率。选用合适的机构形式，机构的传动链尽量短，尽量少采用移动副；机构的动力特性好，传力性能要好；原动机的运动方式、功率、转矩及其载荷特性能够相互匹配协调。

12.3 原动机选型

原动机泛指利用能源产生原动力的一切机械，是为机械提供能量输入的设备，是机械设备中的驱动部分。原动机的选择对整个机器的性能和性价比都有重要的影响。在确定了执行构件的运动形式和参数后，需要拟定原动机—传动机构—执行机构的完整方案，需要根据实际情况选择合适的原动机。

原动机按使用的能源可分为热力发动机、水力发动机、风力发动机和电动机等。不同的原动机适合不同的应用场合，在机械产品设计过程中必须根据实际情况，综合考虑所选原动机对整个机械的性能及成本、对机械传动系统的组成及机器的复杂程度等的影响，合理选择原动机的类型和参数。

① 需考虑现场能源供应情况。在有电源的条件下尽可能选择电力驱动；取电不便或无电源时可考虑内燃机；有气源时可选用气压驱动。气压传动动作快速，废气排放无污染（但有噪声），但难获得较大的驱动力，运动精度较差。

② 需考虑原动机的机械特性和工作制度与工作机相匹配。如纺织机械上用的电动机应选连

续工作制，工程机械上用的电动机应根据实际工作的频繁程度选取相应的工作制度。

③ 需考虑工作机对原动机起动、过载、运转平稳性、调制等方面的要求，如高铁动车组等电力机车要求原动机起动力矩大、调速范围宽。

④ 工作环境的因素，如防爆、防尘、防腐蚀等。食品机械必须不能污染食品且便于清洗，若在油缸和气缸之间选择时，应优选气缸。液压驱动可获得大的驱动力，运动精度高，调节控制方便，但液压油泄漏易污染食品。

⑤ 工作可靠性和可维护性。比如在单机集中驱动和多机分别驱动两者之间，考虑到操作维修方便往往选择多机分别驱动为好，但也需要兼顾经济性。

⑥ 经济性。必须考虑设备的经济性，包括初始成本和运转维护成本。

常用原动机的驱动方式有单机集中驱动、多机分别驱动。单机驱动由一台原动机通过传动装置驱动执行机构工作。单机驱动成本较低，传动装置复杂，原动机功率较大，多用于工程机械、运输机械等。由多台原动机分别驱动各个执行机构工作为多机分别驱动。多机驱动传动装置较简单，每个动作原动机功率较小，由于多个原动机，故成本较高。多用于各类机床、轻工机械等。

常用原动机的运动形式有连续转动、往复移动、往复摆动等。

$$运动形式 \begin{cases} 连续转动，如电机、液压/气动马达、内燃机等 \\ 往复移动，如直线电机、液压缸、气缸等 \\ 往复摆动，如摆动油缸、摆动气缸等 \end{cases}$$

电能在现代工农业生产、交通运输、科学技术、信息传输、国防建设以及日常生活中获得了极为广泛的应用，电机是生产、传输、分配及应用电能的主要设备。以电机为动力源的电气伺服系统灵活方便，容易获得驱动能源，没有污染，功率范围大，目前已成为伺服系统的主要形式。而电机是其中最重要的部件之一，电机驱动系统是智能制造装备中应用最为广泛的驱动系统，主要有伺服电机驱动系统、变频电机驱动系统、步进电机驱动系统、直线电机驱动系统等，种类繁多，连接方便，控制简单，尤其适合远程及自动控制，机械效率高，使用过程绿色无污染。交流异步电动机结构简单、运行可靠、价格便宜、过载能力强，在一般机械中得到了最为广泛的应用。

选择电动机应综合考虑的问题如下：

① 根据机械的负载性质和生产工艺对电动机的起动、制动、反转、调速以及工作环境等要求，选择电动机类型及安装方式。

② 根据负载转矩、速度变化范围和起动频繁程度等要求，考虑电动机的温升限制、过载能力和起动转矩，选择电动机功率，并确定冷却通风方式。所选电动机功率应大于或等于计算所需的功率，按靠近的功率等级选择电动机，负荷率一般取 0.8~0.9。过大的备用功率会使电动机效率降低，对于感应电动机，其功率因数将变坏，并使按电动机最大转矩校验强度的生产机械造价提高。

③ 根据使用场所的环境条件，如温度、湿度、灰尘、雨水、瓦斯以及腐蚀和易燃易爆气体等考虑必要的保护方式，选择电动机的结构形式。

④ 根据使用场地的电网电压标准，确定电动机的电压等级和类型。

⑤ 根据生产机械的最高转速和对电力传动调速系统的过渡过程性能的要求,以及机械减速机构的复杂程度,选择电动机额定转速。

此外,选择电机时还需满足节能要求,考虑运行可靠性、设备的供货情况、备品备件的通用性、安装检修的难易,以及产品价格、建设费用、运行和维修费用、生产过程中前期与后期电动机功率变化关系等各种因素。表12.1为电动机类型选择参考表。

表12.1 电动机类型选择参考表

负载性质		生产机械工作状态					电机选型				
平稳	冲击	长期	短时	断续	调速	飞轮储能	异步电动机		同步电动机	直流电动机	
							笼型	绕线型		他励	串励
√		√					√	②	①	√	
√			√				√				
√				√			√			√	√
	√			√						√	
√						√	⑥	√			
	√				√		③	③		√	⑤
√					√		④	③		√	√

说明:

① 对于小功率机械,或起动次数较多而电网容量不大易受冲击时,不推荐采用同步电动机。对于驱动球磨机、压缩机等不要求调速的低转速的机械,常采用同步电动机。

② 对于大中型机械,受电网容量限制时,可选用绕线型电动机。

③ 异步电动机需带测速装置。

④ 小功率机械只要求几级速度时,采用多速笼型电动机。

⑤ 需要起动转矩大的机械,如电车、牵引机车等,采用直流串励电动机。

⑥ 随着变频装置的发展,越来越多笼型电动机用于调速设备,也已有专门用于变频测速的笼型电动机。

当执行构件需无级变速时,可考虑用直流电动机或交流变频电动机。当需精确控制执行构件的位置或运动规律时,可选用伺服电机或步进电机。当执行构件需低速大扭矩时,可考虑用力矩电动机。力矩电动机可产生恒力矩,并可堵转,或由外力拖着反转,故常在收放卷装置中作恒阻力装置。

如前所述,牛头刨床的功能可分解为刀具刨削、工件进给等分功能,设计牛头刨床时,刨头的往复运动既可采用电动机+连杆机构等实现,也可采用液压缸或液压系统来实现。前者结构简单,工作可靠,维修方便,成本低;后者能实现无级调速,运动平稳,但结构复杂,成本高,一般用于规格较大的牛头刨床。

12.4 机构的选型和组合

机构的选型是机械系统方案设计的重要环节。机构的类型有限,但可以组成众多的机械系统方案。大致来说，机构可分为传递连续回转运动、间歇回转运动以及往复运动（含移动和摆动）等几种常见形式。机构的选型是指利用发散思维方法，根据现有机构的运动特性或功能特性，按照原理方案确定的执行机构进行搜索、选择、比较和评价，确定合适的机构形式或将现有机构以适当的方式组合起来，实现执行构件的运动形式、运动参数及运动协调关系或动力特性，满足机械的设计要求，同时需要考虑成本因素以及加工的难易程度。

12.4.1　机构选型的要求

机构应尽量简单。在满足使用要求的前提下，机构的运动链尽可能简短，尺寸尽量小；机构应具有良好的传力性能及动力学特性。原动机的选择也需遵循这个原则，要有利于改善机构运动和简化机构。

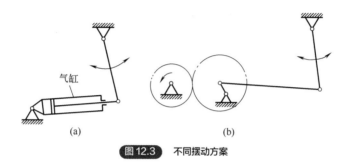

图 12.3　不同摆动方案

图 12.3 所示为不同摆动机构的方案（能够实现往复摆动的机构有多种，这里不再赘述）。图（a）原动机为气缸，图（b）原动机为电机。图（a）方案结构简单，但气缸传动速度不易控制且需要匹配气源；图（b）方案采用旋转电机，速度容易控制，但加了减速环节，结构较图（a）复杂。

机构应尽可能有好的动力性能，尤其高速机械，机构选型要根据机械平衡原理考虑对称布置，回转构件要进行平衡；对传力要求高的机械，要尽可能增大传动角，提高传动效率。

12.4.2　机构的组合

在机械系统设计过程中，有时需要用一个机构约束另一个多自由度机构形成的机构系统，或者将选定的不同机构以适当的方式组合起来，有机联系、相互协调配合，满足机械的设计要求，用于实现一些特殊运动轨迹或运动规律。

（1）串联式组合机构

前后几种机构依次连接，前一级子机构的输出构件为后一级子机构的输入，称为机构的串联组合，如图 12.4 所示。

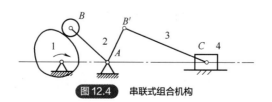

图 12.4　串联式组合机构

图 12.5 所示六杆机构，后一级机构（*MEF*）铰接在 *M* 点，*M* 为前一级四杆机构 *ABCD* 的连杆 *BC* 上一点（后一级机构没有与机架直接相连），其轨迹在 *aa* 段近似为圆弧。若设计杆 4 的长度等于圆弧 *aa* 的曲率半径，并使 *M* 点沿 *aa* 运动时 *E* 点刚好位于 *aa* 的曲率中心，此时杆 5 将做较长时间的近似停歇。

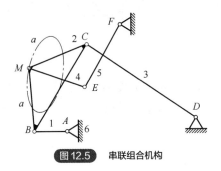

图 12.5 串联组合机构

（2）并联式组合机构

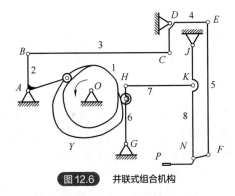

图 12.6 并联式组合机构

在机构组合系统中，一个机构产生若干个分支后续机构，或若干个子机构共用同一输入构件汇合于一个后续机构形成自由度为 1 的构件系统，这种组合方式为机构的并联组合。如图 12.6 所示机构，凸轮 1-1′为一个构件，四杆机构 *ABCD* 和 *GHKM* 在凸轮 1-1′的作用下运动，这两个四杆机构的输出运动同时带动五杆机构 *DEFNM*，使该五杆机构具有确定的运动。

图 12.7 所示为某机型的襟翼操纵机构，由两个直线电动机共同驱动襟翼，若一电机故障，另一电机可单独驱动，增大了操纵系统的安全裕度。

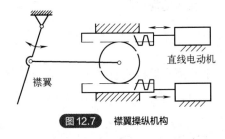

图 12.7 襟翼操纵机构

（3）复合式组合机构

由一个或几个串联的基本机构去封闭一个具有两个或多个自由度的基本机构，称为复合式组合或封闭式组合。如图 12.8 所示，构件 1、4、5 组成自由度为 1 的凸轮机构，构件 1、2、3、4、5 组成自由度为 2 的五杆机构。当构件 1 为主动件时，C 点的运动是构件 1 和构件 4 运动的合成。相较串联式组合，机构 1 和机构 2 也是串联关系，但机构 2 输入运动并不完全是子机构 1 的输出；相较并联式组合，C 点的输出是两个输入运动的合成，两个输入一个是机构 1，另一个是主动件。

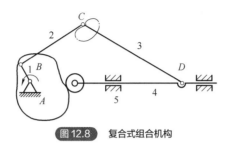

图 12.8　复合式组合机构

12.5　机械系统方案评价与决策

机械产品的设计方案决定着产品的功能、性能及价格。机械系统运动方案的设计主要解决机械工作原理和机构的选型，机械系统运动方案的评价与决策是机械系统设计过程必不可少的环节。在确定机械系统方案之前，必须对设计方案进行评价，从众多方案中选出最优方案。机械系统方案的评价体系是通过一定范围内的专家咨询，确定评价指标和评价方法，根据不同的任务拟定不同的评价体系。能够满足同一要求的不同机构方案，需要从运动性能、工作性能、动力性能等多方面进行综合评价，选择最优方案。

12.5.1　机械系统方案评价的评价目标

评价的依据是评价目标，其合理性是保证评价的科学性的关键问题之一。评价目标一般包括技术评价目标、经济评价目标和社会评价目标三个方面的内容。技术评价目标是指评价方案在技术上的可行性和先进性，包括工作性能指标，可靠性、使用维护性等。经济评价目标是评价方案的经济效益，包括成本、利润、实施方案的费用及投资回收期等。社会评价目标是指评定方案实施后给社会带来的效益和影响，包括是否符合国家科技发展的政策和规划，是否有益于改善环境，是否有利于资源开发和新能源的利用等。

12.5.2　机械系统方案评价的原则

评价要有指标体系，保证评价的客观性和方案的可比性。评价指标体系是全面反映系统目标要求的一种评价模式。评价体系应着重考虑机械运动方案总功能所涉及的对机构系统的各方面要求和指标，不仅是定性的要求，应依据科学知识和专家的经验将各个评价指标进行量化，体现评价指标体系的科学性、全面性和专家经验性。

评价的目的是决策，评价客观与否会影响决策的准确性。评价要客观，评价资料要全面、可靠，评价人员的组成要有代表性，防止评价人员的倾向性。

在实现基本功能的前提下，各方案要有可比性和一致性。有的方案某项功能新颖突出并不能代表其他方面也优秀，评价要全面，有全局观。

12.5.3 评价方法和步骤

（1）经验评价法

当方案不多、问题不太复杂时，可根据评价者的经验，采用简单的评价方法，对方案作定性的粗略评价。

（2）数学分析法

运用数学工具进行分析、推导和计算，得到定量的评价参数供决策者参考，应用最广泛，有排队计分法、评分法、技术经济评价法及模糊评价法等。

（3）试验评价法

对于一些比较重要的方案环节，采用分析计算不够有把握时，应通过模拟试验或样机试验，对方案进行试验评价，得到的评价结果准确，但代价较高。试验评价法的评价步骤如图 12.9 所示。

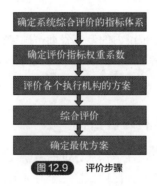

图 12.9 评价步骤

评价指标体系一般包括五类指标：实现功能、工作性能、动力性能、经济性、结构紧凑，均要与机械运动方案设计内容密切相关。指标权重系数是使评价指标体系对各种比较特殊用途和特殊使用场合的机械运动方案进行整体上的调整，使系统评价指标体系有更大的灵活性、广泛性、实用性，使系统评价指标体系有更大的适用范围。

各执行机构的综合评价是机械运动方案评价的基础，对机械运动方案中各执行机构进行综合评价，根据综合评价值选定若干个机构形式。通过形态矩阵法将各子系统(执行机构)可能的方案组合成若干个机械运动方案，在各执行机构评价的基础上进行系统综合评价。整体系统综合评价前可对各子系统进行加权。

另外，在确定最优方案时，还应考虑车间的实际情况，如技术力量、制造装备等，综合经济性等因素考虑选定最优方案。

12.5.4 机械运动方案的评价指标

机械运动方案的评价指标如表 12.2 所示。

表12.2　机械运动方案的评价指标

指标	功能	工作性能	动力性能	经济性	结构紧凑性
描述	运动规律形式 传动精度	应用范围 可调性 运转速度 承载能力	加速度 耐磨性 噪声 可靠性	加工难易 制造误差敏感度 调整方便性 能耗等级	尺寸 重量 结构复杂性

　　机械系统方案常用的机构有连杆机构、凸轮机构、齿轮机构以及组合机构等，其结构特性、工作原理和设计方法都比较成熟，简单实用，因此在机械运动方案构思和拟定时，被普遍采用。

12.6　机械创新设计

　　创新是人类社会文明进步和技术进步的驱动力，在经济社会发展中发挥着重要的作用。机械系统设计也需要与时俱进，利用已有的相关理论知识，借助现代设计理念和工具，进行创新的设计，发展出结构新颖、创造性强、性价比高的机械产品。其过程一般从形象思维开始，通过逻辑推理、判断、分析与决策形成设计方案，然后将该设计方案具体化，建立机械系统模型并进行详细设计。值得一提的是，机械创新设计仍然强调人在设计中的主导作用。

12.6.1　机构创新设计的原则

　　机械运动方案对产品结构的新颖性、产品性能、工作可靠性等方面具有重要的影响。在前面章节的学习中，我们知道机构的组成原理是把若干个基本杆组（自由度为零）依次连接到原动件和机架上，组成自由度数和原动件数相同的新机构。机械创新设计就是确定由若干执行机构组成的机械运动方案。

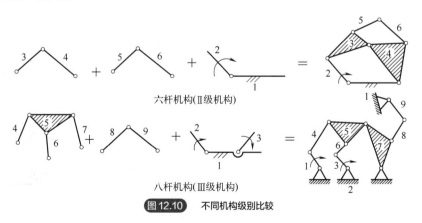

六杆机构(Ⅱ级机构)

八杆机构(Ⅲ级机构)

图12.10　不同机构级别比较

　　对机构进行创新设计时，在满足需求的前提下，机构结构要简单，杆组级别要尽量低，构件和运动副要尽量少（图12.10）。创新机构要立足于巧字，尽量由简单的机构完成较为复杂的动作。

12.6.2　机构创新设计的方法

联想扩展法是由此及彼的联想和发挥扩展思维的创新方法,对现有机构运动链类型进行联想创新。将现有的类似机构作为基础运动链,经过排列组合构型得到组合运动链,或者通过变换机架、改变运动副的形式构造再生运动链产生新的机构。图 12.11 为摩托车后座悬挂机构,六杆七副。六杆七副运动链的一般形式如图 12.12 所示。考虑悬挂需有一杆是机架,一杆为减震,还有一杆为摆杆,可以将一般运动链进行再生,如图 12.13 所示,去除因对称等因素重复的机构,可得创新机构如图 12.14 所示。

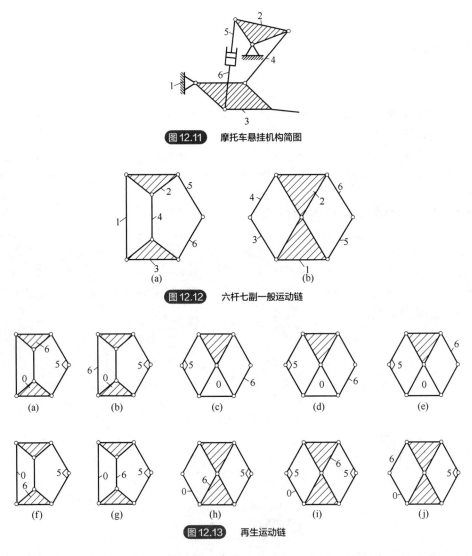

图 12.11　摩托车悬挂机构简图

图 12.12　六杆七副一般运动链

图 12.13　再生运动链

机构创新是一般创新设计法在机构设计领域的应用,除了联想扩展法,还有类比法、类型变异法、组合创新法等。机构创新方法不局限于运动链的生成和机构类型的综合,可以采用多种途径实现。

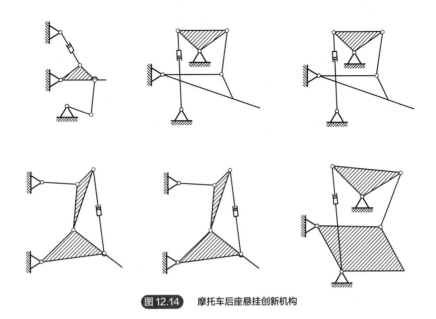

图 12.14　摩托车后座悬挂创新机构

思考和练习题

12-1　设计机械系统方案要考虑哪些基本要求？评价机械系统方案优劣的指标有哪些？

12-2　为什么要对机械进行功能分析？对机械系统设计有何指导意义？

12-3　何谓机械的工作循环图？有哪些形式？有什么作用？

12-4　机构的变异与组合各有哪些方式？

12-5　现有一六工位料盘（较大转动惯量）实现不同原材料的供料，料架要求可正反转，单次步进 60°且停歇位置较为准确，单次停歇时间小于 1s。试设计此传动系统的方案。

12-6　某机器执行部分要求行程为 150mm 的近似等速往复运动，行程速比系数 k=1.2。工作行程 5s，回程结束要求有 2s 停歇。试设计该执行构件的传动系统。

参 考 文 献

［1］ 孙桓，葛文杰. 机械原理［M］. 9 版. 北京：高等教育出版社，2021.

［2］ 申永胜. 机械原理教程［M］. 3 版. 北京：清华大学出版社，2015.

［3］ 邓宗全，于红英，王知行. 机械原理［M］. 3 版. 北京：高等教育出版社，2015.

［4］ 邹慧君，郭为忠. 机械原理［M］. 3 版. 北京：高等教育出版社，2018.

［5］ 申永胜. 机械原理教程［M］. 3 版. 北京：清华大学出版社，2015.

［6］ 杨家军，程远雄，许剑锋. 机械原理［M］. 3 版. 武汉：华中科技大学出版社，2021.

［7］ 成大先. 机械设计手册［M］. 5 版. 北京：化学工业出版社，2012.

［8］ Neil Sclate. 机械设计实用机构与装置图册（原书第 5 版）［M］. 邹平 译. 5 版. 北京：机械工业出版社，2014.

［9］ 武丽梅，回丽. 机械原理［M］. 北京：北京理工大学出版社，2015.

［10］ 李东和，丁韧. 机械设计基础［M］. 北京：国防工业出版社，2015.

［11］ 孙志宏，周申华. 机械原理课程设计［M］. 上海：东华大学出版社，2015.

［12］ 张荣. 机械原理［M］. 武汉：华中科技大学出版社，2015.

［13］ 王源，张耀成，杨兆建，等. 转盘式间歇运动机构的设计与特性分析［J］. 机械设计与制造，2020，357（11）：1-4.

［14］ 韩继光，何贞志. 对心椭圆曲柄滑块间歇运动机构综合［J］. 机械设计，2019，36（07）：37-41.

［15］ 张丽杰，李立华，孙爱丽. 机械设计原理与技术方法［M］. 北京：化学工业出版社，2020.

［16］ Alexander H S. 精密机械设计［M］. 王建华，等，译. 北京：机械工业出版社，2017.

［17］ 韩建友，杨通，于靖军. 高等机构学［M］. 北京：机械工业出版社，2015.

［18］ 张颖，张春林. 机械原理［M］. 北京：机械工业出版社，2016.

［19］ 郭卫东. 机械原理［M］. 北京：机械工业出版社，2021.

［20］ McCarthy J M，Soh G S. Geometric design of linkages［M］. Berlin，Springer Science & Business Media. 2010.

［21］ 哈尔滨工业大学理论力学教研室. 理论力学［M］. 9 版. 北京：高等教育出版社，2023.

［22］ Robert L N. Design of machinery［M］. 5 版. 北京：机械工业出版社，2017.